正当与德性

康德伦理学的反思与重构

东北师范大学青年学者出版资助
中央高校基本科研业务费专项资金资助

刘 静 著

中国社会科学出版社

图书在版编目(CIP)数据

正当与德性：康德伦理学的反思与重构/刘静著.—北京：中国社会科学
出版社，2015.7

ISBN 978 - 7 - 5161 - 6321 - 4

Ⅰ.①正…　Ⅱ.①刘…　Ⅲ.①康德,I.(1724～1804)—伦理学—研究
Ⅳ.①B516.31②B82 - 095.16

中国版本图书馆 CIP 数据核字(2015)第 131103 号

出 版 人	赵剑英	
责任编辑	徐　申	
责任校对	古　月	
责任印制	王　超	

出　　版	中国社会科学出版社	
社　　址	北京鼓楼西大街甲 158 号	
邮　　编	100720	
网　　址	http://www.csspw.cn	
发 行 部	010 - 84083685	
门 市 部	010 - 84029450	
经　　销	新华书店及其他书店	

印刷装订	北京君升印刷有限公司	
版　　次	2015 年 7 月第 1 版	
印　　次	2015 年 7 月第 1 次印刷	

开　　本	710×1000　1/16	
印　　张	16	
插　　页	2	
字　　数	271 千字	
定　　价	58.00 元	

序　言

　　20 世纪中叶后，随着元伦理学的衰落和实践哲学的复苏，使学者们对康德伦理学的兴趣日益增强，掀起了康德伦理学的当代复兴。康德伦理学之所以引起学术界的广泛关注，主要是因为他在整体的道德形而上学体系中反思人类的道德与政治生活，对人的自由进行辩护，最终寻找到人性的尊严和价值。其中，罗尔斯 1971 年出版的《正义论》，被视为康德伦理学在当代复兴的典型代表，使得康德伦理学的复兴不仅体现在道德哲学领域，还延伸到了政治哲学领域。然而，无论是在支持者还是在反对者眼中，康德伦理学都被打上了"义务论"的标签，成为了现代道德哲学中较有影响力的流派——"义务论"的典型代表。当然，这种"义务论"的康德伦理学，受到了最为严厉的批评和拒斥，即"空洞的形式主义"和"现代性启蒙筹划的失败"，特别是当代德性伦理学者们将其指控为"现代伦理理论的精神分裂"。而许多当代的康德伦理学的支持者们，也明确承认是对康德伦理学"道义论"的发展，这种发展并非是"康德的伦理学"（Kant's Ethics）的所有和全部，只能说是一种部分地"康德式伦理学"（Kantian Ethics）的发展。基于此，我采取的则是另外一种解读方式，在康德道德形而上学的体系中，重新反思康德伦理学的思想主题，重构正当与德性的关系，在实践理性的基础上寻找正当与德性的统一。特别是在德性伦理学复兴的背景下，针对当代德性伦理学的诘难，对康德伦理学进行一种"德性式"的解读：康德伦理学在根本上更是一种德性论，他以现代人的立场寻找现代人的道德观念和道德生活，为培养一种真正的现代"自主道德人"而努力，为现代人和现代自由奠基。

　　对康德伦理学的这种"德性式"解读，主要是基于康德晚期文本《道德形而上学》（*Die Metaphysik der Sitten*），特别是借鉴英美世界康德伦理学的最新研究，以分析进路的方式，通过论证早期文本《道德形而上学原理》和晚期文本《道德形而上学》的思想关系，来重构康德道德形而上学体系中正当与德性的关系。康德晚期作品的发现和重视，为康德伦理学的德性式解读创造了条件，提供了一种全新的视角。长期以来，人们对康德伦理学的理解都来自《道德形而上学原理》，这种状况直到最近几十年随着对康德其它伦理学著述的研究和重视才有所改观。康德学者伍德认为只有《道德形而上学》才是康德伦理学理论的最终形式。当人们的视线逐渐从《道德形而上学原理》和《实践理性批判》转移到《道德形而上学》的过程中，人们对康德伦理学产生了新的理解和认识。康德晚期的《道德形而上学》是在前两本著作的基础上真正展开了他的道德形而上学，并且在实践理性基础上发展出了一种正当（法权）学说和德性学说。特别是在《道德形而上学》第二部分德性论（*Tugendlehre*）中，康德提出了德性概念，即一种作为意志力量的德性。当然，重构康德伦理学的德性与正当关系的意义，并非仅仅在于康德伦理学是"义务论"或"德性论"的解读，或界分"康德的伦理学"和"康德式伦理学"的边界，而在于用建立在道德形而上学基础上的实践理性去唤醒和激活"正义"和"美德"，为人类的整体的实践生活，即道德生活和政治生活，寻找道德基础。由此，康德对于道德形而上学的奠基和建构，并非仅仅是狭义伦理学意义上的，康德的道德形而上学体系更是整体性的，在先验的道德形而上学层面上为正当性概念奠基，并在此基础上发展了法权的形而上学和德性的形而上学，于是形成了他的正义理论和德性理论。其中，在康德的整个道德形而上学的体系和思考中，实践理性的绝对命令在建构正当与德性中起到了核心性作用。面对基于经验和欲求基础之上的现代道德与政治生活，康德通过纯粹实践理性的自由理念，为现代人的自由和正当性基础进行形而上学的奠基，从而实现人作为人的尊严之所在。

因此，本书的研究中交织着两个重要线索，主线主要是通过文本分析的方式，力图重构康德道德形而上学体系中"正当"与"德性"的关系，分析康德如何在《道德形而上学原理》的道德最高原则－－绝对命令的基础上，推演出《道德形而上学》的法权部分和德性部分。其中，力图将康德的德性论放在康德的整个道德形而上学的体系中来理解，通过正当与德性关系的重构，重点论证德性论部分，分别从个人的德性完善和对他人的公共友爱德性展开，最后得出核心观点：康德的伦理学在根本上更是一种德性论。这种作为意志力量的德性，虽然保有亚里士多德和斯多亚德性思想的痕迹，但与传统的德性观念还是存在很大的差别，更是一种建立在现代自由基础上的意志力量的德性。当然，康德的作为意志力量的德性，也并非仅仅是一些批评者所认为的，仅仅是一种心理式的个人内在意志德性，相反，更是一种基于爱和敬重的公共友爱德性，具有更广泛的利他性和开放性。同时，本书还暗含和交织着另外一条线索，就是对现代性道德困境和康德德性伦理思想的思考。针对德性伦理学与现代道德哲学的当代对峙，以及现代性道德的整体性危机，本书试图提出一种解决现代性道德困境的康德伦理学路径，即正当与德性的融合之路。

本书主要是在博士论文修改的基础上完成的。从硕士开始选择康德作为研究方向到现在已经近 10 年的时光。无论是从"思"的层面，还是在"做"的层面，康德都在深深地影响我的成长。这也正像康德本人所说的，他并不是教人如何学习哲学，而是教人如何学会哲学的思考。康德哲学让我领略到了哲学思考的乐趣和理性思辨的魅力，人要勇敢地运用自己的理性，自由而独立地思考；康德哲学让我认识到人作为人存在的尊严，要学会尊重人，因为人永远是目的，而不仅仅是手段；康德哲学更让我深深地体会到了人内心强大的作为意志品质存在的德性力量。如今，当我手里翻阅着这本近二十万字的文字的时候，内心忐忑不安，不知道自己提交的这份思考的作品是否合格，更深知论文中还有很多问题需要进一步的研究和完善。经过这几年的沉淀和思考之后，愈发感受到康德伦理学的广博和深邃，很多问题值得进一步的思考和研究，如康德道德形而上学体系中的法权论（正义理论）和道德形而上学基础的关系，如何在当代政治哲学的视域中重新审视康德的法权哲学，以及与当代政治自由主义的对话；康德伦理学与亚里士多德伦理学的思想关系，究竟是"康德对亚里士多德"还是"康德与亚里士多德"，这种思想谱系关系值得重新审视；面对着当代德性伦理学与现代道德哲学的当代对峙，如何在"美德反对正义"或"正义反对美德"的困境中，寻找一条美德与正义的统一之路。由此，这本著作只是康德伦理学研究的前奏，康德伦理学研究的序曲刚刚开始……自 2012 工作之后，我有幸申请到国家社会科学青年项目"现代性道德困境与康德的德性伦理思想"，目前正在研究之中，对以上拓展的问题进行了深入地研究，并且取得了阶段性的成果，陆续发表了一系列的研究性论文；也期待第二部专著早日完成，将以上的问题在未来的研究成果中拓展和加深。

虽然深感学术研究之路是艰辛的，特别是对康德道德哲学的研究更是难上加难，但同时也感到自己是非常幸运的。一路走来，获得了很多人的支持和帮助，正是你们的关心和支持，才使我能够安心、宁静地做学问，内心里充满了感动和谢意。首先感谢我的导师晏辉教授，感谢他从硕士到博士六年以来对我的精心培养和谆谆教诲，以及毕业之后对我学术成长的关心和支持；同时，特别感谢廖申白老师，他是一位真正的学者，把我带入了古希腊伦理学的世界，在博士论文的写作中也经常交织着"亚里士多德与康德"的隐微对话，感谢他在北师大求学六年中给予我的细心指导和生活中"慈父般"的教诲和关心；另外，也非常感谢贾新奇老师和马永翔老师对我的帮助和指导，以及北京师范大学伦理学专业这个温暖的大家庭对我的培育。另外，我要特别感谢波恩大学哲学系的博士联合导师Christoph Horn 教授，通过一次次与教授的交流和讨论，以及最新康德研究资料的查阅，促进了我的博士论文的写作。这一年的学习与生活，可以说是我一生中的一段最难忘和美好的回忆，忘不了莱茵河畔的宁静与美丽、明斯特广场的贝多芬雕像和扣人心弦的古典音乐、德国朋友的勤劳和友善、伴我思考的风景如画的田间小路……当然，我也非常庆幸能够回到东北师范大学工作，从事自己喜欢的伦理学的教学与研究工作，能够成为哲学学院这个如精神家园般的"学术共同体"的一名成员。非常感谢胡海波老师、庞立生老师、魏书胜老师等的关照和支持，也非常感谢同事们的相互砥砺。本书能够最终出版，特别感谢东北师范大学社科处和东北师范大学马克思主义学部对年轻学者的提携和支持！

最后，更要感谢一直与我相伴的家人，我的父母、爱人和女儿。是你们的默默支持和无私的爱，才使得我能够坚持到现在。父母的恩情永远难忘，无论是对于学业的支持还是工作之后的大力帮助，才能够使我静心做学问。另外，特别感谢我的爱人对我的支持、付出和牺牲，是我内心最坚强的支柱和爱的港湾。修改本书的过程，也是我的可爱女儿丁丁孕育和成长的过程，非常感谢女儿的到来，为我的生活带来了更多的快乐和希望。

2015 年 3 月于长春东师

目　　录

第一章　康德的伦理学:义务论还是德性论?

随着德性伦理学的复兴,当代德性伦理学者们掀起了一场声势浩大的德性伦理学运动。当代德性伦理学复兴的过程,正是在批评以康德义务论和功利主义为主要代表的现代道德哲学基础上展开的,特别是对康德的义务论展开了猛烈的攻击。他们认为,现代道德哲学更强调义务和责任,关注行为是否正当,以人的"行为"(act‐centred)为中心,把"我应该做什么"作为基本问题进行研究。相反,当代德性伦理学理论则更加强调行为者的品质,以"行动者"(agent‐centred)为中心,更多地关注"我应该成为何种人"以及"怎样的生活是一种善的生活"等问题①。他们对康德伦理学的理解,更多地是停留在一种义务论理解之上,认为康德伦理学恰恰缺少对德性的关注,德性在康德伦理学中并没有起到重要的作用,这也成为他们攻击康德伦理学的一个最重要的靶子。于是,随着德性伦理学的复兴,逐渐形成了当代德性伦理学理论与现代道德哲学对峙的局面,特别是对于"正当与德性"的关系,双方都坚持一种二者互不相容

---

① 以"行为为中心"(act‐centred)和以"行动者为中心"(agent‐centred)的概念,首先由当代德性伦理学的重要的代表人物罗莎琳德·荷斯特豪斯(Rosalind Hursthouse)提出,把这种以"行为为中心"和以"行动者为中心"作为德性伦理学和其他伦理学区分的主要依据。荷斯特豪斯在其 *On Virtue Ethics* 一书中,概括了德性伦理学的特征为:(1)德性伦理学作为一种以"行动者为中心"(agent‐centred)的伦理学,而不是以"行为为中心"(act‐centred)的伦理学;(2)它强调的问题是"我应该成为何种人"(What sort of person should I be?),而不是"我应该做什么"(What sorts of action should I do?);(3)它采用特定的德性概念,如(善、德性),而不是义务的概念(如正当、义务、责任);(4)它拒斥把伦理学当作一种能够提供特殊行为指导规则或原则的汇集。主要参考:Rosalind Hursthouse, 1999, *On Virtue Ethics*, Oxford: Oxford University Press, p. 16. 高国希:《当代西方德性伦理学运动》,《哲学动态》2004 年第 5 期,第 30—33 页。

的立场。

在这种当代德性伦理学理论与现代道德哲学对峙的局面下，在康德伦理学阵营内部，一些当代康德学者也掀起了轰轰烈烈的"新康德伦理学（Neokantian Ethics）"思潮，对康德伦理学进行了"德性式"的解读，对康德德性学说的研究取得了一定的成果①。特别是随着对康德晚期的伦理学著作，如《道德形而上学》②、《实用人类学》、《单纯理性限度内的宗教》、《伦理学笔记》③ 等的最新研究，学者们越来越认为德性在康德伦理学中占据重要的地位，他们认为康德的德性是一种建立在实践理性内在自由基础上的作为力量的德性。当代著名的康德学者欧诺拉·奥尼尔（Onora O'Neill）甚至提出，"康德的道德哲学在首要意义上是一种德性

---

①　近年来，大量关于康德德性在道德理论中作用的讨论出现在以下的研究文献中：Nancy Sherman, *Making a Necessity of Virtue —Aristotle and Kant on Virtue*, Cambridge：Cambridge University Press, 1997；Marcia W. Baron, *Kantian Ethics Almost Without Apology*, Cornell University Press, 1999；Herman, *The Practice of Moral Judgment*, Cambridge, MA：Harvard University Press, 1993；Thomas E. Hill, Jr, "*Kantian Virtue and 'Virtue Ethics'*"；Robert N. Johnson, "*Was Kant a Virtue Ethicist?*"；Philip Stratton Lake, *Being Virtuous and the Virtues：Two Aspects of Kant's Doctrine*, in Monika Betaler（ed）, *Kant's Ethics of Virtue*, Berlin：Walter de Gruyter, 2008；Wood, *Kant's Ethical Thought*, New York：Cambridge University Press, 1999；Onora O'Neill, "*Kant's Virtues*", in Crisp（ed）, *How Should One Live? Essays on the virtue*, Oxford：Clarendon Press, 1996；Denis, *Kant's conception of virtue*, in Guyer（ed）, The Cambridge Companion to Kant and Modern Philosophy, New York：Cambridge University Press, 2006；Otfried Höffe, *Immanuel Kant*, München, Beck, 1983；G. Felicit Munzel, *Kant's Conception of Moral Chracter：The "Critical" Link of Morality, Anthropology, and Reflective Judgment*, Chicago and London：The University of Chicago Press, 1999；Anne Margaret Baxley, *Kant's Theory of Virtue：The Value of Autocracy*, Modern European Philosophy, 2010.

②　康德在其《道德形而上学》（*Die Metaphysik der Sitten*）中将道德形而上学分为两类，正当（法权）形而上学与德性形而上学，分别通过《法权论》（*Die Rechtslehre*）（*The Doctrine of Right*）和《德性论》（*Die Tugendlehre*）（*The Doctrine of Virtue*）来完成。在康德的有生之年《法权论》和《德性论》并没有出现在合订本中，只是在最新的英文版中才出现。（Kant, I. *The Metaphysics of Morals*, in Gregor, M., *Practical Philosophy*, Cambridge：Cambridge University Press, 1996）对于《道德形而上学》的中文译本，《法权论》部分已有中文译本，即沈叔平译的《法的形而上学原理——权利的科学》。在写德性论之前，康德曾写了一个长长的18节导言，用于说明德性论和普遍法则的关系，这个序言在《康德文集》中已有中文译本。最近才刚刚有了对康德《道德形而上学》，包括《法权论》和《德性论》部分的中文译本，即李秋零主编：《康德著作全集》（6），中国人民大学出版社2006年版。

③　Lecture on ethics是康德近30年来在大学开设的伦理学的课堂中学生的听课笔记，其中主要收录了康德的四个学生的伦理学笔记，即Part I. Kant's Practical Philosophy：Herder's Lecture notes（selections）；Part II. Moral Philosophy：Collins's Lecture notes；III. Morality according to Prof. Kant：Mrongovius's Second Set of Lecture notes（selections）；Part IV. Kant on the Metaphysics of Morals：Vigilantius's lecture notes. 参考：Immanuel Kant,（ed.）Peter Heath and J. B. Schneewind,（trans.）Peter Heath, 1997, *Lecture on ethics*, Cambridge：Cambridge University Press.

理论,而不是一种规则学说"①。由此可见,随着德性伦理学的复兴,德性伦理学的研究也朝着多元化的方向发展,并不仅仅局限在对传统亚里士多德德性理论进行解读,而是试图通过不同的视角来研究德性。于是,康德伦理学与德性伦理学之间的联系和讨论也随之建立起来。

第一节　作为"义务论"的康德伦理学

一　德性伦理学对现代道德哲学的批评

德性伦理学复兴是在对现代道德哲学批判的基础上展开的,因此,代表着现代道德哲学最有影响力的两大规范伦理学理论——康德伦理学和功利主义自然而然受到了当代德性伦理学家们的猛烈攻击,他们分别从不同角度展开了批评,如安斯库姆(Anscombe)首先发起了对现代道德哲学的批判、麦金太尔(MacIntyre)对现代性道德合理性启蒙筹划的失败进行论证、威廉斯(Williams)对现代道德哲学的不偏不倚性进行批评、斯托克(Stocker)将现代性伦理理论描绘为道德精神分裂,等等。于是在批评现代性道德哲学的基础上,展开了一场轰轰烈烈的德性伦理学运动②,形成了德性伦理学、义务论和功利主义三足鼎立的局面。

(一)发起对现代道德哲学的批判

1958 年,安斯库姆的《现代道德哲学》一文的发表,发起了对现代道德哲学的批判。学术界广泛认为,安斯库姆通过对康德式道德义务概念和后果主义道德思维的猛烈批评,不仅指出了美德伦理学的发展方向,这也标志着美德伦理学的当代复兴。在文章中,安斯库姆首先提出了亚里士多德所代表的古代伦理学与现代道德哲学的巨大差异:在现代人那里起着主要作用的义务和责任概念,在亚里士多德那里似乎是缺乏的,或者说是

---

① Onora O'Neill, "Kant's Virtues", in Crisp (ed), *How Should One Live? Essays on the virtue*, Oxford: Clarendon Press, 1996.

② 随着德性伦理学的复兴,在批评主流现代道德哲学(以康德的义务论和功利主义为主要代表)的基础上,逐渐发展成了一场声势浩大的"德性伦理学运动"。其中著名的代表人物是:较早期的安斯库姆(Elizabeth Anscombe)、费丽·福特(Philippa Foot),扛鼎的有麦金太尔、努斯鲍曼,相呼应的有伯纳德·威廉斯(Bernard Williams)、约翰·麦克道尔(John Mc-Dowell)、迈克尔·斯洛特(Michael Slote),以及后起之秀罗莎琳德·荷斯特豪斯(Rosalind Hursthouse)、朱丽叶·安那斯(Julia Annas)等。主要参考:高国希:《当代西方德性伦理学运动》,《哲学动态》2004 年第 5 期,第 30—33 页。

包含在德性之中的①。亚里士多德将道德美德区分为理智的和道德的美德，在他看来一个人在理智美德上的失败也是可以责备的。可见，比起传统的德性，现代道德哲学的道德概念范围则小的多，把道德限定在一个狭小的范围之内，与一个人的行为的正当相关，而对一个人的品质似乎不感兴趣。为什么会出现这种变化呢？安斯库姆认为："答案存在于历史当中：在亚里士多德和我们之间出现了基督教，以及与之相伴的对于伦理的法律观。"②这种伦理的法律观认为，任何包含于对人类美德之遵从当中的东西，都是为神圣法所要求的，即遵从美德所需要的东西就是为神圣法律所要求的东西。在基督教看来，上帝就是这个法律的制定者。虽然现代社会以来，随着宗教改革运动和启蒙运动，这种神圣法律的信仰早已被抛弃，但这种义务概念中仍然保留着这种伦理的法律观，毕竟这种观念主导了几个世纪。

安斯库姆在挖掘现代道德哲学义务和责任概念历史根源的基础上，集中地对康德的"人为自己立法"进行了批评。她指出在神圣法律的伦理观中可以寻找到这种义务和责任概念的历史源头，但对于一个拒斥神圣立法者观念的人，却存在着没有神圣立法者的法律观念的可能性。而这时，道德义务与责任的观念就可能是一个"社会的规范"或"为自己的考虑"，还有另外一种可能性："义务"可能是契约性的③。在安斯库姆看来，康德伦理学对道德义务的理解乃是立足于"上帝作为立法者"这个思想之上的，因此一旦这个思想被放弃，道德义务的概念也就随之丧失了其意义的根据；而后果主义的道德理论则取决于我们对价值的日常理解，本身并不是一个自足的理论。因此，安斯库姆得出了她的结论：要在人类美德中寻找规范，这就需要我们对人类心理和人类幸福进行研究和考察。这样，就使我们与亚里士多德主义的伦理学更近了，进而为我们指出了美德伦理学的发展方向——在人类美德中寻找规范。

（二）论证道德合理性启蒙筹划的失败

麦金太尔在《追寻美德》一书中，对启蒙运动的理性概念和道德观念进行了批评，他认为启蒙运动论证道德合理性的筹划是失败的。启蒙

---

① 伊丽莎白·安斯库姆：《现代道德哲学》，谭安奎译，徐向东编：《美德伦理与道德要求》，江苏人民出版社 2007 年版，第 41 页。

② 同上书，第 45 页。

③ 同上书，第 51—52 页。

思想家论证道德合理性的筹划就是试图从他们各自理解的人性特征出发,推导出有关道德的规则。论证的关键在于描述人性的某一特征或某些特征,从而推导出具有这样人性特征的存在者所接受的规则。而麦金太尔则认为,启蒙运动道德合理性的证明中存在着矛盾,"因为在他们共有的道德规则与训诫的概念和他们人性概念中共有的东西(尽管他们人性概念也有较大的差别)之间,存在着一种根深蒂固地不一致。这两个概念都有各自的历史,并且它们之间的关系只有按照这种历史才可以理解"。① 因此,任何建立在一种抽象的人性论基础上,脱离了人们所生活的社会历史的道德合理性的证明都注定失败。相反,麦金太尔则坚持一种社群主义的主张,主张回到社会历史生活中去寻找道德基础,通过亚里士多德的目的论体系进行论证和解决。他认为,亚里士多德的目的论体系有三个构成要素:"'未受教化的人性概念'——'理性伦理学的训诫'——'实现其目的而可能所是的概念',而伦理学的任务就是使人从'偶然所是的人'(man as he happen be)转化到'实现其目的所是的人'(man as he could be if he realized his essential nature)"②,通过道德训诫以及行为习惯的培养,教导我们如何把潜能变为行动,如何实现我们的真实本性,并达到真实的目的。但是,随着启蒙运动对宗教神学和亚里士多德主义的拒斥,消除了任何有关"实现其目的所是的人",放弃了任何目的的概念,从而留下了两种残存要素:一是某种特定内容,一系列丧失了目的论语境的命令;另一个是某种未经教化的人性概念。麦金太尔正是在对启蒙运动的理性概念和道德观念批评的基础上,发展了亚里士多德的德性观念,提出德性需要三个内在要素:善的内在利益、传统和整体的生活,认为道德是与我们所生活的特定的道德实践或文化传统相联系的,不可能有独立于传统和实践而存在的普遍抽象的道德自我。

(三)对不偏不倚性的批判

威廉斯对现代道德哲学的批评,主要集中于对不偏不倚性的批评。在他看来,现代道德哲学中,最具代表性的两大规范伦理学理论——功

---

① [美] A. 麦金太尔:《追寻美德——伦理理论研究》,宋继杰译,商务印书馆 2004 年版。

② 同上书,第 67 页。

利主义和康德伦理学，都承诺了一种不偏不倚的观点。所谓不偏不倚的观点主要是指一种公正、平等的原则，是启蒙运动个人平等的理想在伦理学中的一个自然结果①。功利主义要求行动者从一个不偏不倚的观点来促进最大多数人的最大幸福，而不应该仅仅把我自己的幸福看作唯一的目的，其实每一个人的幸福都同样重要，没有任何一个人的幸福比其他人的幸福更重要。康德伦理学则要求行动者从一个不偏不倚的观点坚持一种普遍化的道德法则，将道德建立在普遍和不偏不倚的合理性的法则之上。我不应该偏爱我的朋友，应该把我的朋友和其他陌生人同样看待，他们都是平等的，都是有尊严的理性的人。这种不偏不倚的观点，始终要求一种公正、平等的原则，将道德决定建立在客观、普遍的理性之上，要排除主观上的情感、爱好和偏好的影响。在威廉斯看来，由于功利主义和康德伦理学对一种不偏不倚观点的承诺，相伴随地产生了一些不可接受的结果：不偏不倚性是以它与特定的人所处的任何特定关系的冷漠来表征的。按照威廉斯的观点，康德伦理学是将人从特殊情境和各方的特殊特征中进行抽象，使人从特殊性和统一性中分离出来，人最后成为了一个仅仅具有善良意志的抽象的人，进而成为按照普遍化原则行动的道德主体②。而康德对不偏不倚强调的代价则是对品格的忽视和对个体的漠视。

（四）现代伦理理论的精神分裂

斯托克继承和发展了安斯库姆的主题，从"人类幸福"和"好生活"观念的基础上来理解道德。他认为："一种好生活就是一个人的动机与其理由、价值观与辩护根据之间的和谐一致，而这种和谐就是好生活的标志。"③但在现代社会中，道德脱离了"人类幸福"和"好生活"这样的根基，造成了一个人的动机和理由之间的分离，现代人患上了一种精神上的病患。这种疾患，被斯托克称为"道德分裂症"。正如，他在其《现代伦理理论的精神分裂症》一文中，对现代伦理学进行了尖

---

①　徐向东：《道德要求与现代道德哲学》，徐向东编：《美德伦理与道德要求》，江苏人民出版社 2007 年版，第 3 页。

②　伯纳德·威廉斯：《个人、品格与道德》，徐向东译，徐向东编：《美德伦理与道德要求》，江苏人民出版社 2007 年版，第 156—157 页。

③　迈克尔·斯托克：《现代伦理理论的精神分裂症》，谭安奎译，徐向东编：《美德伦理与道德要求》，江苏人民出版社 2007 年版，第 59 页。

锐的批评:"这种现代伦理理论有着严重的缺陷:它们在极其普遍的价值领域里把理由与动机之间的分裂必然化了,它们给了我们一种道德上极其贫乏的生活的和谐,一种极为缺乏有价值之元素的生活的和谐。"①因为责任、义务和正当性只是伦理学的一小部分,一个枯燥无味的最小的部分。在这个部分之外,还有一个关于道德善良、优点和美德的领域,但这个领域的目标并不是行为的正当,而是以好的生活为目的。在这种整体的好生活中,包含着能够实现爱、友谊、温情、和谐亲善和共同体等这些重大的善。在这些重大的善中,人们拥有着动机,并使动机和理由之间达到一种和谐。在现代伦理理论中,如果我们按照责任、义务及正当性要求来行动,我们就不可能拥有爱和友谊这些东西;而相反,如果我们直接出于爱和友谊行动,而不考虑现代伦理理论行为的理由根据,我们的动机与理论之间就会出现一种不和谐的状态——道德上的精神分裂。

二 "康德式伦理学"的发展

虽然现代德性伦理学者们分别从不同角度对康德伦理学进行了批评,但其中有一个共同的特征,就是对康德伦理学都停留在一种义务论的理解之上,无论是安斯库姆、麦金太尔、斯托克还是威廉斯,他们更集中于对康德的义务论批评,把义务和责任作为攻击康德伦理学的最重要的靶子。认为义务、责任、正当在康德伦理学中担当着重要的角色,更关注行为的正当,追求普遍的道德规则,把行为和规则作为关注的焦点。道德哲学的核心问题是"我们应该如何行动",而不是"我们应该成为怎样的人"以及"怎样的生活是一种好生活"。针对现代德性伦理学对康德义务论的批评以及与德性伦理学理论的比较可知,"康德义务论"的基本特征主要体现在以下几个方面:

首先,义务论伦理学是关于正当性行为或正当性概念的伦理学,而这种正当的推出并不是直接从善的目的或德性引出,而是由行为本身自身的性质或内在价值(如康德的先验论责任伦理学)或是一种共同体交往中的交互性原则(如契约论伦理学)引出,即这里的正当概念不依赖于外

---

① 迈克尔·斯托克:《现代伦理理论的精神分裂症》,谭安奎译,徐向东编:《美德伦理与道德要求》,江苏人民出版社 2007 年版,第 59—72 页。

在于行为自身的善的目的。相反，在德性伦理学中，则不含有独立于善的目的的正当或正确概念，在幸福的目的以及向着这个目的做合德性的行为中自然包含着怎样的行为是正当的或正确的①。因此，两者的推演方式是不同的，义务论的正当是由理性自身或者说理性之间的交互性原则推出；而德性论的正当则是从善的目的得出。安斯库姆敏锐地看到了这一变化，她把这种原因归于历史当中，特别是基督教伦理的律法主义对康德产生了很大的影响，正当并不是从善的目的中推出，而是从一种神圣立法中推出。麦金太尔则把这种变化归结于建立在抽象人性论基础上的启蒙筹划的失败，脱离了人们所生活的道德实践和文化传统，最重要的一点是放弃了任何目的概念。

　　其次，这种关于正当性的伦理强调普遍的道德规则，坚持一种不偏不倚的观点。在康德看来，应该坚持一种可普遍化原则，这种可普遍化并不是仅仅局限于和自己有着特殊关系的人，而是普遍到每一个具有理性的人。在每一个理性人做出道德判断和道德选择的过程中，当且仅当自己的准则成为普遍的法则的时候才能够行动。由于对这种普遍的道德法则的强调，要求所有的理性人要坚持一种不偏不倚的观点。这种不偏不倚的观点是一种公正、平等的原则，要把每一个理性人都同时看作目的，而不能仅仅看作手段。相反，德性伦理学者却坚持一种偏倚性的观点，他们认为由于现代道德哲学过分地强调了理性的普遍道德规则以及不偏不倚观点，却忽视了个人的品格和个体的特殊关系，特别是对人的偏倚性情感（如友爱和爱的情感）的忽略，人变成了仅仅是分离的、抽象的人，而不是一个完整的、真实的人。因此，威廉斯将其描绘为抽象的、仅仅具有善良意志的人，而斯托克则更强烈地将其称为是患有"精神分裂症"的分离的人。

　　再次，在这种义务论的伦理学中，应当和正当成为了伦理学的核心概念，比善目的概念处于更核心的地位。由普遍的道德规则引出的是权利和责任的概念，而不是善、幸福、德性概念。在这种义务论的伦理学中"正当优先于善"，而不再是德性伦理学所认为的那样"善优先于正当"。因此，可以看出，这种义务论更重视行为的正当，理性人所考虑

---

① 此观点主要受益于廖申白教授，参见廖申白：《伦理学概论》，北京师范大学出版社2009年版。

的仅仅是一种"我们如何行动"，从而不侵犯他人的权利和自由，坚持一种普遍的道德规则和不偏不倚的原则，而不是行为者自身的德性完善和对好生活的追求。相反，在德性伦理学看来，德性与善更处于核心的地位，善优先于正当，德性的生活与好生活是一个整体。由于义务论过多地追求行为的正当性和外在性，造成了一系列严重的后果：对品格的忽略、对德性的忽视，人们逐渐成为仅仅具有善意意志抽象的道德自我，而距离作为目的的"好生活"与"人类幸福"似乎越来越遥远了。而现代德性伦理学所追求的正是这种"好生活"与"人类幸福"，他们认为责任、义务、正当仅仅是伦理学的一小部分，在这个部分之外包含着更丰富的内容，因此他们提出了一种德性伦理学的发展方向——在人类德性中寻找规范。

的确，现代德性伦理学者们很敏锐地看到了这种义务论的困境和存在的问题。在这种义务论的框架下，康德的伦理学得到了最系统、最深远的发展，使康德的伦理学（Kant's Ethics）获得了一种"康德式"（Kantian Ethics）的发展①。这种"康德式的发展"体现在"义务论"的发展，康德伦理学成为了义务论的典型代表。一直以来，康德伦理学都被认为是规范伦理学中义务论的典型代表，并且与另一支伦理学说目的论相对立，两者共同构成了规范伦理学，成为规范伦理学的两个最具有影响力的伦理学说②。目的论总是把"善"（good）、"好"、"幸福"、"效用"作为基本概念，而义务论则总是把"正当"（right）、"责任"、"权利"作为基本概念③。

---

① 徐向东：《道德要求与现代道德哲学》，徐向东编：《美德伦理与道德要求》，江苏人民出版社 2007 年版，第 1—40 页。

② 目的论（Teleology）一词主要来自希腊语 "$\tau' \varepsilon \lambda o s$"，意为目的（end, purpose），主要是用来表述自然本性中的终极的目的因；义务论（Deontology）一词则来源于希腊语的 "$\delta' \varepsilon o \nu$"，意为责任或义务（obligation, duty），主要体现为行为规则或正当。目的论包括幸福论、快乐主义、功利主义等，且以功利主义为典型的代表；而义务论包括责任论、契约论和程序论等，并以康德的责任论为典型的代表。

③ 对于目的论与义务论的区分和分歧，何怀宏教授在其书《底线伦理》中，其中一章专门对于"目的论和义务论"做出了深入的讨论，参考：何怀宏：《底线伦理》，辽宁人民出版社 1998 年版。另外，廖申白教授在其《伦理学概念》中对目的论和义务论也做出了细致的区分，参考：廖申白：《伦理学概论》，北京师范大学出版社 2009 年版，第 19 页。

第二节 对康德伦理学的"德性式"解读

一 新康德伦理学的兴起

面对着当代德性伦理学者们的猛烈批评，一些当代康德学者们也积极地做出了回应，康德伦理学研究热潮也随之开始大范围地展开，如芭芭拉·赫尔曼（Barbara Herman）、欧诺拉·奥尼尔（Onora O'Neill）、亨利·阿利森（Herry E. Allison）、玛西亚·巴容（Marcia W. Baron）、艾伦·伍德（Allen. W. Wood）、克里斯汀·考斯加德（Christine Korsgaard）、奥特弗利德·赫费（Otfried Höffe）、保罗·盖耶儿（Paul Guyer）、托马斯·希尔（Thomas Hill）、安德鲁·雷思（Andrew Reath）、劳拉·丹尼斯（Lara Denis）、南希·谢尔曼（Nancy Sherman）等学者。他们不再仅仅局限于对康德正义理论的解读，而且开始尝试从不同角度对康德伦理学进行了德性式的解读，并出现了一种新的流派——新康德伦理学（Neokantian Ethics）①。那么，这场新康德伦理学思潮的兴起，主要来自两个方面的推动：

其一，这种对康德伦理学的德性式解读是在当代德性伦理学复兴的背景下展开的，是当代康德学者们针对当代德性伦理学们的批评做出的一种康德式回应。一直以来，康德伦理学都被看作义务论的典型代表，特别是他著名的普遍道德法则——绝对命令，在其伦理学中占据着核心地位。虽然当代德性伦理学者们对康德的义务论进行了猛烈的批评，但从另一个方面，这种批评也促进了康德伦理学的发展。面对着这种批评，在康德伦理学阵营内部，一些当代康德学者开始重新反思康德伦理学思想。他们提出康德的伦理学不仅仅是义务论，"康德的伦理学"比"康德式伦理学"涵盖的内容更多、也更广泛。同时，德性伦理学的当代复兴，也引起了学者对德性的关注，使得一些康德学者们开始从德性的角度重新解读康德伦理学。相对于轰轰烈烈的德性伦理学运动，康德伦理学内部对德性的讨论也如火如荼地展开，开始出现了一些对康德德性理论的最新研究：如欧诺

---

① 当然，新康德伦理学（Neokantian Ethics）这个流派不同于盛行于 19 世纪晚期和 20 世纪初的新康德主义（Neo‑Kantianism），它是比新康德主义还要新的一种伦理学研究浪潮，主要是对康德道德哲学的一种重新解读和重构。张传有、张清：《康德伦理学的当代复兴——西方康德伦理学研究综述》，《湘潭大学学报（哲学社会科学版）》2005 年第 3 期，第 29—33 页。

拉·奥尼尔(Onora O'Neill)的《康德的德性》①,劳拉·丹尼斯(Lara Denis)的《康德的德性概念》②,玛西亚·巴容(Marcia W. Baron)的《几乎不用道歉的康德伦理学》③,南希·谢尔曼(Nancy Sherman)在《德性的必要性——亚里士多德和康德论德性》(*Making a Necessity of Virtue —Aristotle and Kant on Virtue*)④,Monika Betzler 主编的《康德的德性的伦理学》⑤,艾伦·伍德(Allen. W. Wood)的《康德的伦理学》⑥,保罗·盖耶儿(Paul Guyer)在其书《康德》(*Kant*)中谈到康德的义务系统时,对德性的义务进行分析⑦,赫费在其书《康德生平、著作与影响》中,谈到了康德的准则伦理学,认为这种准则伦理学优于规则或规范伦理学,⑧ 等等。

其二,康德晚期作品的发现和重视,也为康德伦理学的德性式解读创造了条件。长期以来,人们对康德伦理学的理解都来自《道德形而上学原理》,这种状况直到最近几十年随着对康德其他伦理学著述的研究和重视才有所改观。艾伦·伍德指出"尽管篇幅很小,《道德形而上学原理》仍然是哲学史上最伟大和最有影响的著作之一。然而必须承认,这部著作被给予了过多的学术关注"。⑨伍德认为只有《道德形而上学》才是康德伦理学理论的最终形式。在康德的道德哲学文本研究上,人们的视线逐渐地从《道德形而上学原理》和《实践理性批判》转移到其另一本重要的伦理学著作《道德形而上学》。在这种视线转移的过程中,人们对康德伦理学进行了重新的理解和认识,认为在康德那里,存在着正义学说和美德学说。其实,康德晚期的《道德形而上学》是在前两本著作的基础上真

---

① Onora O'Neill, 1996, "*Kant's Virtues*", in Crisp (ed), *How Should One Live? Essays on the virtue*, Oxford: Clarendon Press.

② Lara Denis, 2006, "*Kant's conception of virtue*", in Guyer (ed), The Cambridge Companion to Kant and Modern Philosophy, Cambridge: Cambridge University Press.

③ Marcia W. Baron, 1995, *Kantian Ethics Almost without apology*, New York: Cornell University Press.

④ Nancy Sherman, 1997, *Making a Necessity of virtue —Aristotle and Kant on virtue*. Cambridge: Cambridge University Press.

⑤ Betzler (ed.), 2008, *Kant's Ethics of Virtue*, Berlin: Walter de Gruyter.

⑥ Allen. W. Wood, 2008, *Kantian Ethics*, Cambridge: Cambridge University Press.

⑦ Paul Guyer, 2006, *Kant*, London: Routledge.

⑧ [德]赫费:《康德生平、著作与影响》,郑伊倩译,人民出版社2007年版,第170页。

⑨ 主要参考:张传有、张清:《康德伦理学的当代复兴——西方康德伦理学研究综述》,《湘潭大学学报(哲学社会科学版)》2005年第3期,第29—33页。

正展开了他的道德形而上学，并且在实践理性基础上发展出了一种正当（法权）学说和德性学说。特别是在《道德形而上学》第二部分德性论（*Tugendlehre*）中，康德提出了德性概念，即一种作为意志力量的德性。同时，他还提出了两种同时是责任的目的：自我的完善和他人的幸福，即对他人的爱和敬重的德性责任。这些康德晚期的伦理思想引起了当代康德学者的兴趣和重视，为康德伦理学的研究提供了一种全新的视角，越来越多的学者认为德性在康德伦理学中占据重要的地位。另外，除了《道德形而上学》，一些康德学者也开始重视康德晚期其他著作的研究，如《实用人类学》（1798）、《单纯理性限度内的宗教》（1793）、《伦理学笔记》（*Lecture on Ethics*）等。这些康德的晚期作品和伦理学讲课笔记，不但有助于我们更好、更全面地理解和把握康德的整个道德哲学体系，同时也推动了新康德伦理学思潮的兴起。

二　"康德对亚里士多德"还是"康德与亚里士多德"

当我们把康德伦理学和德性伦理学放在一起的时候，两者之间似乎更多的是一种对立和冲突。特别是当代德性伦理学对现代道德哲学的批评似乎更加剧了这种情况。毋庸置疑，在这场德性伦理学复兴的运动中，亚里士多德始终扮演重要角色，更多的当代德性伦理学学者们纷纷展开对亚里士多德伦理学的研究，产生了"新亚里士多德主义"（Neo - Aristotelianism）①。同时，随着对康德道德哲学的重新解读和最新研究，越来越多的学者推翻原有的观点，开始寻找亚里士多德与康德的沟通和对话。一些学者提出，康德与亚里士多德之间更多的是"康德与亚里士多德"，而不是"康德对亚里士多德"②，要将康德伦理学与亚里士多德伦理学结合起来加

---

①　这种"新亚里士多德主义"（"Neo - Aristotelianism"）是随着德性伦理学的复兴而兴起的，它并不同于以前的"亚里士多德主义"（Aristotlism），它有其"新"（Neo）的视角。这种新亚里士多德主义之"新"处在于，并不仅仅局限于亚里士多德的思想和方法，而是对其重新解读，并且进行批评式的改造。这种"新亚里士多德主义"的主要代表人物为：MacIntyre、Foot、McDowell 、Slote、Hursthouse 等。主要参考：Rosalind, Hursthouse, 1999, *On Virtue Ethics*, Oxford：Oxford University Press, pp. 9—15.

②　一些德语区的伦理学家提出是"亚里士多德与康德"而不是"亚里士多德对康德"。其中的代表是德国图宾根大学的赫费教授，表明了要将亚里士多德的伦理学与康德的伦理学结合起来加以研究。主要参考：［德］赫费：《康德生平、著作与影响》，郑伊倩译，人民出版社2007年版，第157页；Otfried Höffe, (trans.) Christine Salazar, 2003, *Aristotle*, New York：State University of New York Press.

以研究，而不应将两者僵硬地对立起来。

首先，随着英美德性伦理学的复兴，近年来道德哲学家对德性的研究兴趣逐渐上升，越来越多的学者开始重新评价德性在亚里士多德和康德著作中的作用，这种重新评价逐渐拉近了康德与亚里士多德的距离。例如，南希·谢尔曼（Nancy Sherman）就在 *Making a Necessity of Virtue —Aristotle and Kant on Virtue* 一书中尝试着沟通康德与亚里士多德的伦理学。她认为德性伦理学复兴中最引人注目的就是亚里士多德与康德之间的对话，这种对话和沟通主要围绕着以下几个方面展开：秩序和规则在道德中的作用，外在的善在道德价值观念中的作用，情感在道德品质中的地位，正义与德性的关系，朋友在最好生活中的价值，等等。她提出，康德在他的道德理论中始终保持着德性概念，而这种德性概念具有亚里士多德和斯多亚德性传统的印记。特别是康德的复杂的道德人类学惊异地使他成为了亚里士多德的盟友，而不是对立者，在很多方面两者是相通的，而不是相互对立的①。此外，南希·谢尔曼（Nancy Sherman）还重点探讨了情感在亚里士多德和康德德性中的重要作用，指出康德的情感既是对亚里士多德和斯多亚情感的继承，也是对它们的发展，并指出康德的情感是一种积极的、理性的情感，情感在康德的道德哲学中占有重要的地位，是对责任的有力支持②。

另外，一些学者也尝试着从其他角度，展开亚里士多德和康德的比较和沟通，提出了很多新的见解和主张，可以说这是对"传统与现代伦理学根本对立"这一传统观点的严重挑战。例如，斯蒂芬·恩斯特罗姆（Stephen Engstrom）和珍妮弗·惠廷（Jennifer Whiting）主编的《亚里士多德、康德、斯多亚——对幸福和责任的反思》（*Aristotle, Kant, and Stoics—Rethinking Happiness and Duty*），分别从五个不同的角度比较亚里士多德、康德和斯多亚德性思想：第一，从实践考虑和道德发展的角度；第二，关于幸福（eudaimonism）的思考；第三，对于"自爱"和"自我价值"的分析；第四，实践理性和道德心理学的比较；第五，康德与斯多

---

① Nancy Sherman, 1997, *Making a Necessity of virtue —Aristotle and Kant on virtue*. Cambridge : Cambridge University Press.

② Ibid..

亚伦理思想的渊源关系。①其中，特别是从"实践与德性"的角度，学者们对于亚里士多德与康德伦理学展开了很多对话和沟通。虽然新亚里士多德主义者约翰·麦克道威尔（John McDowell）主要谈论亚里士多德的实践考虑和道德判断，而新康德伦理学者芭芭拉·赫尔曼（Barbara Herman）主要探析康德的实践考虑和判断，但两者在"实践与德性"上却有着很多惊人的相似之处。可以说，麦克道威尔更像一种"康德式"的亚里士多德主义，而赫尔曼更像是一种"亚里士多德式"的康德主义②。无论是麦克道威尔还是赫尔曼都拒绝承认对亚里士多德和康德伦理学理论的划分：将亚里士多德的伦理思想划分为目的论，而将康德的伦理思想划分为义务论。

其次，新康德伦理学也引起了德语区伦理学家们的关注和兴趣。例如，图宾根大学的赫费教授看到了康德道德形而上学的重要性，一方面他很重视对康德法哲学的研究，另一方面也看到了德性论的重要性。他认为，康德伦理学更多的是一种"准则伦理学"，而不是一种"规范伦理学"③。对于亚里士多德与康德的关系，他提出"已经成为哲学史惯用语的对立立场'亚里士多德对康德'和'康德或黑格尔'迫切需要予以纠正"，相反，亚里士多德与康德之间的关系更多的是"亚里士多德与康德"，而不是"亚里士多德对康德"④。在《亚里士多德》一书中，他提出，亚里士多德伦理学中的实践判断的力量和好生活同样在康德那里起着

① 几种不同的角度分别如下：（1）"Deleberation and Moral Development"：1. John McDowell, 1996, *Deliberation and Moral Development in Aristotle's Ethics*, pp. 19—35；2. Barbara Herman, 1996, *Making Room for Character*, pp. 36—62；（2）"Eudaimonism"：1. T. H. Irwin, *Kant's Cristicisms of Eudaemonism*, pp. 63—101；2. Stephen Engstrom, *Happiness and the Highest Good in Aristotle and Kant*, pp. 102—140；（3）"Self - love and Self - Worth"：1. Allen W. Wood, *Self - love*, *Self - Benevolence*, *and Self - Conceit*. pp. 141—161；2. Jennifer Whiting, Self - love and Authoritative Virtue：Prolegomenon to a Kantian Reading of Eudemian Ethics viii 3. pp. 162—202；（4）"Practial Reason and Moral Psychology"：1. Christine M. Korsgaard, *From Duty and for the sake of the Nobel*：*Kant and Aristotle on Morally Good Action*, pp. 203—236；2. Julia Annas, *Aristotle and Kant on Morality and Practical Reasoning*, pp. 237—260；（5）"Stoicism"：1. John M. Cooper, *Eudaimonism*, *the Appeal to Nature*, *and "Moral Duty" in Stoicism*, pp. 261—284；2. J. B. Schneewind, *Kant and Stoic Ethics*, pp. 285—302. 主要参考：Stephen Engstrom, Jennifer Whiting (ed.), *Aristotle, Kant, and Stoics—rethinking happiness and duty*.

② Jennifer Whiting (ed.), *Aristotle, Kant, and Stoics—rethinking happiness and duty*, Cambridge：Cambridge University Press, p. 3.

③ ［德］赫费：《康德生平、著作与影响》，郑伊倩译，人民出版社 2007 年版，第 171 页。

④ 同上书，第 157 页。

作用，同时，公正也是亚里士多德伦理学的重要部分①。另外，德语区的其他伦理学家还主张防止虚构康德伦理学和亚里士多德伦理学的僵硬对立，主张将德性和规则结合起来研究。如维也纳大学保尔—施图德（Herlinde Pauer‑Studer）教授强调，"德性伦理学的特点在于：通过一个好人，即一个有德性的人将做什么来定义善。应该做的是通过有德性的个人行为方式而被规定的。而在义务论的观点中，义务概念处于核心地位，德性是次要的，仅仅限于道德原则的实施和由原则规定的行为方式的执行。但完全否认'应该'概念则是过头的。作为规范学科，如果没有戒律理念，没有关于什么应该做和不应该做的概念，伦理学根本就无法发挥其功能"。②

三　对绝对命令的重新解读

康德对绝对命令的阐释，主要是通过绝对命令的几个公式展开，因此如何理解绝对命令的公式及其关系非常关键。关于三个公式之间关系的讨论，以及哪一个公式更处于主导性位置的争论，这也是学者们争论的焦点。以往无论是康德的反对者和支持者都很重视绝对命令的第一个公式（FUL/FLN），并把这个形式公式作为绝对命令的主要特征，在绝对命令中占据着主导性位置。但是，由于过分地重视了自然法则公式在绝对命令中的作用，从而导致了对康德绝对命令的误解，仅仅把它理解为外在的一种普遍化测试。反对者对于康德绝对命令的批评，也更多地来自对第一个公式的形式性的批评。近年来，随着新康德伦理学的兴起，一些康德学者开始重新解读康德的绝对命令，不仅仅局限于以第一个公式来理解绝对命令，开始重视绝对命令的其他公式以及几个公式之间的相互关系，特别是绝对命令的第二个公式（人性公式）引起了他们的强烈兴趣。一些康德学者越来越倾向地认为，人性公式表达了康德伦理学的主要精神，是对人类理性本身价值的强调。

例如，艾伦·伍德（Allen. W. Wood）在《康德的伦理思想》

---

① Otfried Höffe,（trans.）Christine Salazar, 2003, *Aristotle*, New York: State University of New York Press.

② 陈泽环:《多元视角中的德性伦理学》,《道德与文明》2008 年第 3 期, 第 32—36 页。

（*Kant's Ethical Thought*）一书中，提出绝对命令的第二个公式（人性公式）FH 在绝对命令中起着更重要的作用，它是绝对命令的质料公式。这个质料公式，使人们看到了理性存在者的绝对的、平等的价值，表现为人们之间的自我尊重和相互敬重，这也是康德绝对命令的主要精神所在①。Wood 在强调绝对命令其他公式的同时，并没有否定第一个公式的作用，他认为绝对命令的三个公式是一个整体，并不是彼此分离的，是从不同层次来解说康德的绝对命令：第一个公式更多的是从形式上来解说康德的绝对命令，具有初级性和不完善性；第二个公式（人性公式）是绝对命令的质料公式，是对第一个公式的进一步补充；而第三个公式 FA 是 FUL/FLN 和 FH 的结合，在绝对命令中处于更主导的地位。艾伦·伍德在"康德道德法则的公式化"（*Kant's Formulations of the Moral Law*）一文中，认为只有 FA 才是绝对命令的决定性的、最完整意义上的表达②。

　　另外，在一些学者的视角从绝对命令的第一个公式转向第二个公式（人性公式）的过程中，对绝对命令的解读也逐渐从义务论转向了一种价值论的解读。比如芭芭拉·赫尔曼（Barbara Herman）和克里斯汀·考斯加德（Christine Korsgaard）就分别从价值论的视角对康德的绝对命令进行了重建解读，并取得了新的研究成果，为康德绝对命令的研究注入了新的活力。其中，芭芭拉·赫尔曼尝试着从道德判断实践的视角，重新解读绝对命令，她抛弃了传统的义务论的理解，认为它的核心观点不是义务或责任，而是无条件善的规范的实践合理性，把绝对命令理解为人的道德实践判断的过程③。在这个过程中，包括道德主体的考虑、判断、动机、准则、选择的过程。这种道德判断的过程，并不仅仅是外在的、形式的普遍化测试，而是依据价值概念，这个价值正是人性自身。因此，赫尔曼提出，康德不仅向我们介绍了一种行为理论，而且还呈现了一种价值理论，出于责任的行为自身具有价值④。

　　另一位康德学者，克里斯汀·考斯加德（Christine Korsgaard）在其

　　① Allen. W. Wood, 2008, *Kantian Ethics*, Cambridge : Cambridge University Press, pp. 111—155.

　　② Allen. W. Wood, 2006, "*Kant's Formulations of the moral Law*", in (ed.) Graham Bird, *A Companion to Kant*, Blackwell Publishing, pp. 291—307. "If there is such a thing as a definitive statement of the moral law , it is FA (FRE)".

　　③ Barbara Herman, 1993, *The Practice of moral Judgement*, Harvard University Press.

　　④ Ibid. .

Creating the Kingdom of Ends 一书中，也对康德的绝对命令的第二个公式进行了分析，将康德的人性方式和他的价值理论相连。她认为，康德的价值理论不同于现实主义或经验主义的，不仅仅强调客体中的价值，而且是自身的价值。按照康德的观点，价值就在于我们的理性选择中，目的在自身中（end‐in‐Ourselves）的概念是理性选择的前提。人性（Humanity）概念是这种价值的源泉，这正是康德的人性公式的基础所在①。你的理性选择行动，要把你自己人格中的人性，和其他人格中的人性，在任何时候都看作目的，永远不能只看作手段。从以上学者们对绝对命令公式及其相互关系的重新解读来看，带来了人们对康德伦理学的重新理解，逐渐摆脱了传统的形式的、义务论的理解，而代之以一种实质的价值论的解读方式。

四　对"出于责任"动机的讨论

康德在《道德形而上学原理》中论证责任的时候，提出了"仅仅出于责任的行为具有道德价值"的命题，从此之后这个命题似乎成为了康德义务论的典型代表，也是康德受到质疑最多、也最有争议的地方。特别是康德举的两个典型的责任例子（保存生命和帮助他人的责任），成为了批评者的重要靶子。如康德谈到出于爱好和荣誉而去帮助别人，都不具有真正的道德价值，只有"他从那死一般的无动于衷中挣脱出来，他的行为不受任何爱好的影响，完全出于责任。只有在这种情况下，他的行为才具有真正的道德价值"②。康德的这些说法似乎将"出于责任"的动机和"出于爱好或自我兴趣"的动机完全对立起来，其所描绘的道德人似乎是一个冷漠的、抽象的、分离的人。但近年来，随着康德伦理学研究的升温，一些康德学者重新解读了康德的"仅仅出于责任的行为具有道德价值"这个命题。一方面，他们试图解释康德提出这个命题的理由，并回答为什么康德说"仅仅出于责任的行为具有道德价值"；另一方面，在重新解释的过程中，逐渐形成了一些新的见解，其中最具代表性的是芭芭拉·赫尔曼（Barbara Herman）和玛西亚·巴容（Marcia W. Baron）。她

---

① Christine M. Korsgaard, 1996, *Creaing the Kingdom of Ends*, Cambridge: Cambridge University Press.

② ［德］康德：《道德形而上学原理》，苗力田译，上海人民出版社 2002 年版，第 14 页。

们一致认为，康德虽然提出"仅仅出于责任的行为具有道德价值"，但康德并不是因此而否定或拒绝其他非道德动机（如爱好、自爱等）的存在。在康德的动机行为理论中，道德动机与非道德动机是可以同时共存的①。

赫尔曼在其《道德判断的实践》的第一章"论出于义务动机而行动的价值"②，从一种价值理论的视角重新解读了康德的道德动机理论。首先，赫尔曼对"行为的多重规定"问题进行了讨论：对我们来说相当普遍的情况，有不止一个动机来做我们所做的，并且甚至不只有一个动机按其自身就足以产生一个特殊的行为。一个行为经常既是出于义务的动机也是出于某些其他非道德动机而做出的。并且她在对两种道德动机模型进行分析的基础上，提出了"第三种供选择理论"③。她的结论是：当一个行为具有道德价值时，非道德动机也可以是在场的，但是它们不可以是行为者在行动时的动机。出于非道德动机的行为之所以不具有道德价值的原因是，它与行为的联系经常是一种偶然的联系，这种偶然的联系既可以做出合乎责任的行为，也可以是违背责任的行为。而"出于责任"的动机与行为之间则是一种必然的联系，是行为者做出责任行为的根据，而这时候非道德动机也可以在场，但起决定性作用的却在于责任动机本身。最后，赫尔曼提出了这种责任动机的作用。她提出义务动机的范围不仅仅限于有价值的行为，也适应于那些仅仅是正确或可准许的行为。在这种情况下，义务动机给据其他动机而行动的方式设定一些限制，作为限制性条件而起作用。另外，义务动机的作用还在于它的道德价值作用，"一个行为具有道德价值的条件是，它是由义务所要求的，并且以义务动机作为他的最主要的动机，义务动机并不反映行为者对该行为（其结果）所具有的唯一关切；但是，它必须是决定行为者如他所做的那样行动的直接关切"④。因此，赫尔曼区分了义务动机的不同层级，它比《道德形而上学原理》中例子中谈到的责任要广泛的多，它既可以作为最主要的动机存在（第

---

① Barbara Herman, 1993, *The Practice of moral Judgement*, Harvard University Press; Marcia W. Baron. 1995. *Kantian Ethics Almost without apology*, New York: Cornell University Press.

② Barbara Herman, 1993, *The Practice of moral Judgement*, Harvard University Press, pp. 1—22.

③ Ibid..

④ ［美］赫尔曼：《道德判断的实践》，陈虎平译，东方出版社 2006 年版。

一级的动机），也可以作为起限制性作用的动机（第二级的动机）而存在①。在作为第二级动机存在的情况下，最重要之处是，它提供某种"道德角色"的观念，适合于普通的行为。但当道德动机作为最主要的动机而存在的时候，道德行为并不仅仅是一种正确的或可准许的行为，而是一种具有道德价值的行为。这种道德价值表达的不只是一个道德动机的在场，表达的还是"一种对环境和需要的独立性"，在出于动机而行动时，我们是自由的。因此，在赫尔曼的解读中，康德的"出于责任"的动机具有更广泛的意义，具有着更大的包容性。

另外，另一位康德学者巴容也对"出于责任"的动机进行了重新的解读，基本上同赫尔曼的观点是一致的。关于"出于责任"的动机的讨论主要集中在其《不用道歉的康德伦理学》（*Kantian Ethics Almost Without Apology*）的第二部分，巴容针对着对康德的第二个反对意见"康德太过于强调出于责任行为的道德价值"进行了回应，同时也对"多因素行为"进行了分析，特别是对于"合乎责任同时出于直接爱好的行为"进行了重点分析②。康德指出"因为很容易分辨出来人们做这些合乎责任的事情是出于责任，还是出于其他利己意图。最困难的事情是分辨哪些合乎责任，而人们又有直接爱好去实行的行为"，这也是康德在《道德形而上学原理》中提出的最困难的区分。巴容认为，康德所说的更难的区分并不是在于动机的区分，而在于概念的区分。接着，她对这种"合乎责任同时出于直接爱好的行为是否具有道德价值"进行了深入的讨论，认为出于爱好的行为是能够同出于责任的行为共存、相容的，即出于爱好的行为的缺席并不是出于责任行为具有道德价值的必要条件。因此，巴容认为这种行为也是具有道德价值的。当然，这里的责任行为并不是主要出于爱好的行为，而是出于责任的行为同时伴随着爱好，在这种情况下，两者是能够相容的。由此，也就引出了多重行为的多种动机的问题，主要由"主要动机"和"其他伴有爱好的动机"组成，而其中起主要作用的是主要的动机，而且出于责任的行为是否具有道德价值并不在于动机本身，而在于行动的准则。

---

　　① 张传有、张清：《康德伦理学的当代复兴——西方康德伦理学研究综述》，《湘潭大学学报（哲学社会科学版）》2005 年第 3 期，第 29—33 页。

　　② Marcia W. Baron，1995，*Kantian Ethics Almost without apology*，New York：Cornell University Press，pp. 117—229.

第三节 重思康德伦理学的思想主题

一 问题的提出:"义务论"还是"德性论"

在道德哲学论域内,康德的伦理学一直以来被认为是规范伦理学中义务论的典型代表。在这种义务论的框架下,康德伦理学得到了最系统和深远的发展,成为规范伦理学中最具有影响力的伦理学说之一。但随着当代德性伦理学的复兴,无论是在当代德性伦理学阵营中,还是在康德伦理学阵营中,开始挖掘康德伦理学中的德性资源,对康德伦理学进行"德性式"的解读。于是,对于康德伦理学自身造成传统"义务式"和当代"德性式"的两种不同解读:

第一种观点,传统的"义务式"的解读方式。在道德哲学论域内,这种传统的"义务论"已经成为一种定见,不仅体现在康德阵营内部,还体现在康德的反对者和批评者阵营内。在康德阵营内部,无论是在国内还是国外,这种"义务论"理解成为主流观点。他们主要围绕着康德《道德形而上学原理》和《实践理性批判》两部著作,立足于康德提出的普遍的绝对命令,在此基础上作了"康德式"的发展。在《道德形而上学原理》中为了寻找到普遍的道德法则,康德把"绝对命令"置于最高的地位,重点讨论了绝对命令及其公式之间的关系。于是,康德道德哲学给我们的首要印象更多的是对道德法则和义务的强调,特别是他的普遍法则公式,更像是一种"普遍化公式"。康德道德哲学的"绝对命令"对后来的伦理学产生了深远的影响。在康德的基础上,发展出了许多不同的义务论,根据对义务的不同理解,义务论被区分为规则义务论、行为义务论等类型。另外,这种"康德式的发展"还体现在近年来自由正义理论的发展,特别是权利学说和政治哲学的盛行,罗尔斯的正义理论被视为康德义务论在现代复兴的典型代表。在罗尔斯之后,还有很多的当代正义自由理论家从不同的方面,发展了这种"康德式的伦理学",如程序伦理学、商谈伦理学以及其他正义自由理论等。

在反对者和批评者阵营内,康德的"义务论"一直成为他们批评的对象,特别是康德著名的普遍法则——绝对命令成为批评的主要靶子。如黑格尔对绝对命令的形式性做出了最激烈、最尖锐的批判,认为康德的绝对命令,"为义务而义务",是一切不切实际的"空洞的形式主义"。随后，叔本华进一步对绝对命令的形式性进行了强烈和犀利的批评，把绝对命令称为是"没有内核的空壳"。特别是随着德性伦理学的复兴，当代德性伦理学家对代表现代道德哲学的康德伦理学展开了猛烈的批评和攻击，他们更集中对康德的正义的自由理论和义务论进行批评。他们认为，现代道德哲学更强调义务和责任，关注行为是否正当，以人的"行为"（act-centred）为中心，把"我应该做什么"作为基本问题进行研究。相反，当代德性伦理学理论则更加强调行为者的品质，以"行动者"（agent-centred）为中心，更多地关注"我应该成为何种人"以及"怎样的生活是一种善的生活"等问题。他们对康德伦理学的理解，更多地是停留在一种义务论理解之上，认为康德伦理学恰恰缺少对德性的关注，德性在康德伦理学中并没有起到重要的作用，这也成为他们攻击康德伦理学的一个最重要的武器。

第二种观点，当代的"德性式"的解读方式。这种当代的"德性式"解读，也分别体现两个阵营，即当代德性伦理学的阵营和康德伦理学的阵营中。随着德性伦理学的复兴，德性伦理学的研究也朝着多元化的方向发展，不仅仅局限在对传统亚里士多德德性理论的研究，而是分别从斯多亚、阿奎那、休谟，甚至是从功用主义和康德的伦理学中挖掘德性思想。来自康德伦理学阵营内的学者发展出了康德作为德性伦理学典范的理论，掀起了"新康德伦理学"思潮。特别是随着对康德晚期的伦理学著作，如《道德形而上学》、《实用人类学》、《单纯理性限度内的宗教》、《伦理学笔记》等的最新研究，学者们越来越认为德性在康德伦理学中占据重要的地位，他们认为康德的德性是一种建立在实践理性内在自由基础上的作为力量的德性。当代著名的康德学者欧诺拉·奥尼尔（Onora O'Neill）甚至提出，"康德的道德哲学在首要意义上是一种德性理论，而不是一种规则学说"[①]。对康德伦理学的"德性式"解读中，虽然还不是主流观点，但带来了一些新的思想和声音，取得了一定的研究成果。关于康德的德性理论的研究文献中，有着不同的主题，他们分别从不同的角度对康德的德性论进行探究。

以上关于康德伦理学的"义务论"和"德性论"之争，引起了我们

---

① Onora O'Neill, "Kant's Virtues", in Crisp (ed), *How Should One Live? Essays on the virtue*, Oxford: Clarendon Press, 1996.

对康德伦理学的重新定位和思考：为什么对同一个人的伦理思想，能够形成两种完全不同甚至是思想对立的伦理形态；康德伦理学思想自身存在着思想分裂，还是我们将康德解读为"两个康德"；康德的伦理学究竟是"义务论"抑或是"德性论"，还是综合融合了义务和德性。本论文主要基于这些问题，立足于康德的道德形而上学体系，即正当形而上学体系和德性形而上学体系，重新解读康德的伦理学。最后提出，康德的伦理学思想体系是整体统一的，既包含着义务论理解中的"正义理论"，也包含德性论理解中的"德性理论"，而且在根本上更是一种德性理论。

二　康德的伦理学：正义学说与德性学说

（一）"康德式伦理学"与"康德的伦理学"的区分

随着新康德伦理学的兴起，特别是对康德德性理论的关注，一些康德伦理学者逐渐意识到了"康德的伦理学"（Kant's Ethics）与"康德式伦理学"（Kantian Ethics）是有区别的。康德的伦理学主要是指康德自身的伦理思想，而康德式的伦理学则是指康德学派或者是后来的康德学者对康德伦理思想的发展。欧诺拉·奥尼尔（Onora O'Neill）在其《理性的建构》（*Constructions of Reason*）一书中对康德的哲学方法、理性、自由、自主性与行动进行了重新审视，特别是重新解读了康德的绝对命令。另外，在《理性的建构》（*Constructions of Reason*）的第三部分［"康德的伦理学与康德式伦理学"（*Kant's Ethics and Kantian Ethics*）］中，奥尼尔区分了"康德的伦理学"（Kant Ethics）和"康德式伦理学"（Kantian Ethics）[1]。在她看来，康德的伦理学建立在对人类自由和人性的敬重的道德形而上学基础上，而一些所谓的"康德式"伦理学者们则试图抛弃这种道德形而上学基础，将道德建立在经验的基础上，即当代流行的自由理论或正义理论，特别是以罗尔斯为代表的正义论[2]。此外，奥尼尔还分别从"不完全责任的重要性"、"道德考虑和判断的本性"以及近年来对于"构成主义"和"康德式"的正义权利理论的比较中，重点区分了二者的不同。在《康德的美德》一文中，奥尼尔提出德性伦理学的批评更是对"康德式伦

---

① Onora O'Neill, 1989, *Constructions of Reason - Explorations of Kant's Practical Philosophy*, Cambridge : Cambridge University Press, p. ix.

② Ibid..

理学"的批评，这些指责是否适用或在多大程度上适用于康德的伦理学值得推敲:

"近年来大多数德性伦理学的支持者们在康德式伦理学中都没有发现什么可取之处。他们把康德式伦理学描绘为严格的受规则支配的，未能重视人和病人（Persons and cases）之间的区别，基于对自我、自由和行动的不具有说明力的解释，负载着过分的个体主义，集中注意力于权利，尤其是不能对美德给出一种充分的解释。其中有一些（如果不是全部的话）以及一些相近的指责对近来某些有关的正义理论（liberal theories of justice）来说可能是适用的，这些理论约定俗成地被规定为'康德式的'，其中相当一部分确实没有谈及美德。但是这些指责是否或者在多大程度上适用于康德的伦理学则是不那么显而易见的。尤其是，康德认为他的实践推理观可以被用来发展出一种美德学说和正义学说，他在《道德形而上学基础》的第二部分详细地表述了这种学说，并在其他著作中频繁提及且阐述了这一学说。"①

"康德的伦理学"与"康德式伦理学"的不同不但引起了国外学者们的重视，而且国内的一些研究康德的学者们也开始意识到对这两个概念的区别。如徐向东教授在其所编著的《美德伦理与道德要求》一书的导论"道德要求与现代道德哲学"中就指出了二者的不同:"与功利主义相对应，在义务论的理论框架中，得到了最系统的发展、影响最深远的是所谓的'康德式的伦理学'（Kantian Ethics）。这种伦理学并不限制到康德的伦理学——尽管它是在康德的伦理观念的鼓舞下发展起来的，但在一些重要的方面，它与康德的伦理学有所不同。实际上，人们对康德的伦理思想的理解经历了一个逐渐认识和发展的极端，康德的伦理观点比挂在'康德式的伦理学'这个名称下面的理论要复杂得多。"②

（二）康德的道德形而上学体系:正义学说与德性学说

从以上对"康德的伦理学"和"康德式伦理学"的区分，可以看出两者之间存在着复杂的关系。一方面，虽然这种义务论的理论源于康德伦理学、基于康德伦理学，但这种康德式的发展已远远超出了康德伦理学理

---

① 欧诺拉·奥尼尔:《康德的美德》，蔡蓁译，徐向东编:《美德伦理与道德要求》，江苏人民出版社 2007 年版，第 283—301 页。

② 徐向东:《道德要求与现代道德哲学》，徐向东编:《美德伦理与道德要求》，江苏人民出版社 2007 年版，第 1—40 页。

论的本身；另一方面，这种"康德式的伦理学"是与"康德的伦理学"不同的，"康德式的伦理学"远远不能涵盖康德伦理学的全部，"康德的伦理学"比"康德式的伦理学"涵盖的内容更多也更复杂。

首先，康德的整个道德形而上学体系不仅包括正义学说，而且还包括德性学说，在实践理性的基础上两者获得了一种整合和统一。对于"康德式的伦理学"与"康德的伦理学"的区分，是随着伦理学家对康德晚期文本《道德形而上学》的关注开始的，人们的视线逐渐由《道德形而上学原理》转向《道德形而上学》。康德在其《道德形而上学》中将道德形而上学分为两类，正当（法权）形而上学与德性形而上学，分别通过《法权论》（*Rechtslehre*）和《德性论》（*Tugendlehre*）来完成。康德晚期的《道德形而上学》在前两本著作的基础上真正展开了他的道德形而上学，并且在实践理性基础上发展出了一种正当（法权）学说和德性学说，即正当（法权）形而上学和德性形而上学。在康德看来，正当（法权）学说与德性学说是可以结合在一起的，康德认为从他的实践推理观能够发展出一种正当（法权）学说和美德学说。康德在人的实践理性的外在自由中展开了法权论，即正当（法权）形而上学，将自由和正当（法权）相连；在人的实践理性的内在自由基础上展开了德性论，即德性形而上学，将自由和德性相连。因此，康德的伦理学比康德式的伦理学的范围更广，它不仅包括一个正当（法权）学说，还包括一个美德学说。现代德性伦理学家对康德理解的仅仅局限于对康德的正当（法权）部分，没有看到他的德性论部分，因此他们的批评也只是集中在对"康德式的伦理学"的批判。

其次，在康德的伦理思想中，正当的形而上学仅仅是道德形而上学的第一阶段，德性的形而上学才是更高的阶段。这种德性形而上学在根本上仍然是目的论的，而不是义务论的。随着对康德的伦理学的重新解读，以及"康德伦理学"和"康德式伦理学"的区分，康德的目的论思想逐渐吸引了康德学者的视线，并开始关注和研究。①一些学者甚至提出康德的

① 当代康德学者对康德目的论思想的关注和研究：1. Christine M. Korsgaard, 1996, *Creaing the Kingdom of Ends*, Cambridge: Cambridge University Press. 2. Allen. W. Wood, 1999, *Kant' Ethical Thought*, Cambrige: Cambridge University Press. 3. Paul Guyer, 1993, *Kant and the Expirience of Freedom*, Cambridge: Cambridge University Press. 4. Thomas Auxter, 1982, *Kant' Moral teleology*, Mercer: Mercer University Press. 5. John D. Mc - Farland, 1970, Kant's Concept of Teleology, Edinburgh: University of Edinburgh Press.

伦理思想中也存在着目的论思想，而且在康德的伦理学思维在根本上是目的论的①。特别是对《道德形而上学》（德性论）中康德提出的"同时是责任的目的"，这种目的是纯粹实践理性自身的目的，理性为自身设立的目的，具体体现为自我的完善和他人的幸福。一些学者对康德的这种"同时是责任的目的"进行了深入的研究，取得了一定的成果②。

　　因此，针对现代德性伦理学对康德的"义务论"的批评，通过"康德式伦理学"与"康德伦理学"的区分可知，康德的伦理学是一种更加丰富的伦理学说，不仅包括正义理论，还包括一种德性理论。同时，面对着当代德性伦理学者激烈的批评，在康德道德哲学的内部，一些新康德伦理学开始重新关注康德的道德哲学，并对其进行一种德性式的解读。他们认为，德性在康德的道德哲学中起着重要的作用。因此，近年来在康德伦理学阵营内，逐渐出现了很多关于康德德性论的研究文献，许多当代康德学者们分别从不同角度③展开对康德德性论的探究。

三　对康德伦理学的"遗忘"与"重构"

（一）康德是否遗忘了"德性"？

康德伦理学并没有像当代德性伦理学家们所批评的那样遗忘了德性，

---

　　①　主要参考：徐向东《道德要求与现代道德哲学》，徐向东编《美德伦理与道德要求》，江苏人民出版社 2007 年版，第 1—40 页。

　　②　对康德在德性论中提出的"同时是责任的目的"概念，一些学者作了很深入的研究：Herry E. Allison, "Kant's Doctrine of Obligatory Ends", in ed. B. Sharon Byrd, Joachim Hruschka, Jan C. Joerden, Jahrbuch für Recht und Ethik (5), Berlin: Duncker & Humblot, 1997, pp. 7—8; Marcia W. Baron, Melissa Seymour Fahmy. "*Beneficence and Other Duties of Love in The Metaphysics of Morals*", in ed. Hill, Th. E., Jr, *The Blackwell Guide to Kant's Ethics*, Wiley-Blackwell, 2009, pp. 221—228.

　　③　关于康德的德性理论的研究文献中，有着不同的主题，他们分别从不同的角度对康德的德性论进行探究，而且许多主题经常是交错和重叠在一起的：首先，一些康德学者尝试着将康德的德性与德性伦理学进行比较研究，试图寻找两者之间的对话，特别是康德的德性理论和亚里士多德的德性理论（Nancy Herman, Otfried Höffe, Thomas E. Hill）；其次，通过康德的法权论和德性论的比较，一些学者试图考察不完全责任和完全责任之间的关系（Marcia W. Baron, Thomas E. Hill）。他们提出在康德的不完全责任中，存在着更大的自由空间（Latitude）；另外，还有一些康德学者很重视对康德的情感、动机和态度的作用，特别是对于康德的爱与敬重的情感的研究（Elizabeth Anderson, Christoph Horn）；最后，一些学者也意识到康德的德性论和其宗教思想的密切关系（Allen. W. Wood）. 主要参考：Monika Betaler (ed), 2008, *Kant's Ethics of Virtue*, Berlin: Walter de Gruyter.

恰恰相反，德性在康德伦理学中占据重要的地位，甚至可以说康德伦理学在首要意义上是一种"德性的伦理学"而不是一种"规则的伦理学"。这种遗忘并不是康德伦理学本身的遗忘，而是我们对康德伦理学的一种遗忘，康德的德性理论没有受到应有的重视。造成这种遗忘的原因主要来自以下几个方面：首先，是长期以来我们对康德伦理学的义务论理解，在这种义务论的框架下，康德的伦理学获得了康德式的发展；其次，这种遗忘和忽视也和康德的相关的著作长期受到忽视有关，特别是康德后期的《道德形而上学》、《单纯理性限度内的宗教》、《实用人类学》等著作。比如《道德形而上学》在很晚才有了英文版的合订本，将《法权论》部分与《德性论》统一起来。至于《道德形而上学》的中译本就更晚了，直到2006年才出版了由李秋零、张荣从德文译出的完整中译本，至今为止只有这一个中译本。我们对康德伦理学的理解则主要根据《道德形而上学原理》及三大批判之一的《实践理性批判》，可以看出我国对于康德德性论部分的研究非常薄弱。另一方面，随着康德伦理学的复兴，国外伦理学界陆续出现了对康德德性论部分的关注，开始重视康德晚期的一些重要的作品，重新解读康德的伦理学。针对当代德性伦理学对康德伦理学的猛烈批评，康德的研究者们也做出了回应，掀起了对康德德性论的研究。相反，国内对于康德德性理论的研究则比较滞后，虽然也有几个学者对康德的德性论部分有所关注①，但也都是零散的、不系统的。另外，我们对国外关于康德德性论的最新研究成果，关注和翻译的也比较少。因此，对康德德性理论进行研究，具有重要的理论价值和现实意义：

第一，通过对康德德性理论的探求，可以帮助我们重新理解康德的整个道德哲学体系，解除对康德伦理学的一些误解，力图呈现一个真实的康德伦理学思想。我们要认识到，这种对康德伦理学的遗忘并不是康德自身的遗忘，而是我们对康德的遗忘。康德的道德哲学并不像现代德性伦理学所批评的那样，仅仅追求行为的正当，而忽视行为者的德性。康德的伦理

---

①　国内学者对康德德性论的研究：最近，国内一些学者看到了《道德形而上学》对于重新理解康德道德哲学的重要性。对于康德德性论部分，有了一些初步的研究。其中，专门研究康德的德性理论的文献还比较少，如苗力田《德性就是力量——从自主到自制》、高国希《康德的德性理论》；詹世友《康德的美德伦理及其内在困境》；徐向东主编的《美德伦理与道德要求》等。参考：主要参考苗力田先生为《道德形而上学原理》写的序言：《德性的力量——从自主到自律》；高国希：《康德的德性理论》，《道德与文明》2009年第3期，第4—10页；詹世友：《康德的美德伦理及其内在困境》，《天津社会科学》2009年第1期，第31—37页。

学既存在着正当学说，同时也存在着德性学说。康德认为，在他的实践理性中，正当与德性能够获得一种统一。本论文把康德的德性理论放在他的整个道德形而上学的体系中来探讨，通过正当形而上学与德性形而上学的比较，来探寻康德的德性理论。这样，可以帮助我们从康德的整个道德形而上学的体系中去理解他的德性理论，从而重新去理解康德的道德哲学体系，以及正当学说和德性学说在康德的道德哲学中的地位。

第二，有助于我们认识到康德伦理学在伦理学思想发展过程中的重要作用，康德的伦理学是一种承前启后的伦理学，是传统德性伦理学向现代规范伦理学转化过程中的一个重要环节。首先，康德的伦理学是对传统德性伦理学的继承和发展。康德的实践理性受到了亚里士多德的影响，也将人的理性分为理论理性和实践理性两个部分，与亚里士多德不同的是，他认为这种实践理性比理论理性更高，并且把实践理性作为道德的基础。实践理性的善良意志不是来自神，也不是来自目的，而是来自人的先天的实践理性。康德在实践理性的自由基础上，发展出了一种德性论，将德性和实践理性的自由相连；而且这种作为意志力量的德性是一种先天存在的，康德的德性论是一种建立在先天基础上的德性论。只有依照纯粹实践理性的纯粹法则，自己为自己立法，进行一种自我决定、自我选择，并不断实践，才能够使作为意志道德力量的德性真正地成为活生生的力量。康德的这种作为意志力量的德性，将人的德性与自由相连，把德性作为人的实践生命力量的展开，最后把德性释说为一种心灵内在自由的力量，是对亚里士多德实践理智的继承和发展。

其次，康德伦理学又是对传统德性伦理学的背离。康德寻找道德形而上学的过程，也是他摆脱传统目的论伦理学，重新寻找道德基础，从而在实践理性的基础上发展成为以正当为核心的法权论和德性论的过程。[①] 在康德那里，传统的丰富的德性概念被拆解为正当（法权）和意志品质的力量两部分。一方面，在康德的伦理学中，也保有着德性概念，但康德的德性概念已远远不同于传统的德性概念，德性的概念已经发生了变化。传统伦理学德性的观念是与善的观念、幸福以及整体的实践生活分不开的，包含着丰富的内容；而康德的"善"只是指善良意志本身，德性成为了一种意志的力量，在履行义务的过程中所体现的道德力量。另一方面，随

---

① 廖申白：《对伦理学历史演变轨迹的一种概述》，《道德与文明》2007 年第 2 期。

着作为外部性道德自由的正当（法权）的发展，正当逐渐从德性中剥离出来，逐渐成为了同善概念对立的基本概念①。

（二）对康德伦理学的重构

为了解决康德伦理学的"义务论"和"德性论"的争论，本论文立足于康德的整个道德形而上学体系，在"正当与德性"融合的思路下对康德的伦理学进行诠释和重构。人的实践生活是一个整体的生活，正当与德性只是人整体的实践生活的两个不同的维度，正当并不是一定反对德性，德性并不是一定反对正当，二者是相互融合和相互补充的。人首先要过一种正当的生活，在正当的生活中逐渐完善自己的实践理性，同时随着实践理性的慢慢觉解，人逐渐追求个人的德性完善以及心灵的内在自由状态，这也是人的生命展开和完善的过程。具体的重构思路如下：

第一章，康德的伦理学：义务论还是德性论？针对传统与当代的关于康德伦理学的"义务论"和"德性式"两种不同解读方式的基础上，提出本论文的主要问题：康德的伦理学是"义务论"还是"德性论"？并在此基础上提出文论文的研究视角和重构思路。

第二章，道德形而上学的奠基。首先为德性寻找道德形而上学基础，这一部分主要是围绕着道德的最高原则——绝对命令展开，通过重新解读康德的绝对命令以及几个公式之间的关系，来重新理解康德伦理学思想。

第三章，正当的形而上学：走向正义。接下来，首先进入道德形而上学的第一阶段，即正当的形而上学。在绝对命令这个基点的基础上，论证康德如何在绝对命令的基础上推出法权（正当），并进一步讨论了绝对命令公式与权利的普遍原则公式的关系。最后提出，虽然法权（正当）具有优先性，但这种正当之中缺乏德性，因此要从正当上升到德性。

第四章，德性的形而上学：走向德性。在正当的形而上学的基础上，进入道德形而上学的第二阶段，即德性的形而上学。通过从"德性与目的"、"德性与自由"、"责任之外"及"德性与情感"四个维度，证明康德如何在根本上是德性论以及康德特有的德性伦理思想。

第五章，个人的道德完善。在德性形而上学基础上，从内在的个人德性完善的思路探讨这种作为力量的德性。这一部分主要是在人的灵魂结构中，即从恶（根本恶、人的心灵的不纯正、意志软弱或不能自制）—自

①　廖申白：《伦理学概论》，北京师范大学出版社2009年版，第38—39页。

制—德性—神圣（希望）中，来探寻德性的重要地位和作用。其中，这一部分重点分析了人的灵魂的第三个阶段，德性的完善阶段，解析了康德作为力量的德性（*Tugend*）概念以及德性的生成过程。

第六章，对他人的友爱德性。这一部分继续扩充这种作为力量的德性，从主体间性的角度继续追寻德性，讨论了对他人的友爱德性。这一部分提出，作为生活在社会中的人不仅仅处理自己与自己的关系，在更多的情况下面临着自己与他人的关系，也就是说，德性不只是一种个人的、内在心理式的意志德性，更应扩充出来，扩展为一种公共的社会德性。于是，这一部分在分析康德对他人的友爱德性的基础上，重点分析和讨论了两个核心问题:"友爱与不偏不倚是否相容"和"康德的德性是否仅仅是一种心理式的内在性意志品质"，最后提出康德的友爱德性是一种公共的、政治的社会德性。

第七章，走向正当与德性的统一。最后得出本论文的主要观点，走向一种正当与德性相融合的思路。在基于对康德伦理思想重新理解的基础上，从现代性道德困境解决的角度，提出德性和正当关系的看法，并在批判现代正义自由理论和当代德性伦理理论两种思路的基础上，提出了第三种思路——正当与德性相融合之路，希望能够为现代性道德困境的解决提供一种可期望的出路。

第二章　道德形而上学的奠基

第一节　重建道德基础

一　走出传统的形而上学

在《纯粹理性批判》的第一版序言中，康德提出传统的形而上学面临着危机，从曾经的"一切科学的女王"变成"受到驱赶和遗弃的老妇"①。在康德之前，"作为存在的存在"学说的形而上学逐渐成为了一种只追求实体的认识论的形而上学，这种形而上学所追求的仅仅是绝对的、抽象的实体或本体，从人的思辨理性的层面思考形而上学问题，将本体的问题完全放到了认知层面来研究。特别是曾给康德带来很大影响的莱布尼茨－沃尔夫的形而上学，将本体的问题放到认知层面来研究，形而上学的问题似乎仅仅成为了认识问题。这种结果将是一种形而上学的独断论统治，这种认识论并没有对纯粹理性进行批判，未经证明而预先断定自由以及灵魂的存在，仅仅从认识论和宇宙论的层面讨论自由的可能性问题，最后必然地走向一种独断论。同时，随着自然科学的发展，以休谟为代表的经验论对唯理论提出了严厉的批评，特别是休谟对因果关系的质疑，使得形而上学这门古老的学科面临着挑战和危机，而最后这种经验主义不可避免地走向了怀疑论。面临形而上学的危机和理性的困境，康德提出要对理性自身进行批评，建立科学的形而上学，从而拯救成为"受到驱赶和遗弃的老妇"的形而上学。因此，康德通过对理性自身的批评，为理性划界，悬置知识，为信仰留出地盘。他认为形而上学不是认识论的问题，从认识论和宇宙论的层面并不能证明自由的实在性，而是在人的实践理性

---

① ［德］康德：《纯粹理性批判》，邓晓芒译，人民出版社 2004 年版，"第一版序"。

的调节下，以自由意志为基础，去寻找道德的最高原则。因此，康德的形
而上学已经不是在认识论意义上为世界寻找到普遍的原理，也不是去认识
世界最后的本体，而是在形而上学与人的生活和实践相连，与人的存在方
式相关。这样，康德重新将形而上学拉回到人的生活实践上来，而不仅仅
是纯粹外在于人的本体世界，去建立道德的形而上学。

　　康德很早就提出了"道德形而上学"概念（1768），甚至在他开始写
作《纯粹理性批判》之前。康德要在"道德形而上学"的思路下建立他
的道德哲学体系，可以说，他的整个道德哲学体系都是围绕着道德形而上
学展开的。然而，康德追寻道德形而上学之路却是非常漫长的，在完成
《纯粹理性批判》的四年后，康德开始了道德哲学的写作，但他并没有急
于展开他的道德形而上学理论，而是首先为道德形而上学寻找基础，"由
于计划将来写一部道德形而上学，我预先写下了这个基础"①。在《道德
形而上学原理》中，他的主要目的是找出并确立道德的最高原则，最后
他找到了实践理性的普遍法则——绝对命令，并且在这个普遍法则的基础
中发现人是自由的，回答了道德形而上学如何可能的问题。在完成《道
德形而上学原理》的基础上继续讨论道德形而上学的基础问题，在纯粹
实践理性的基础上充分说明了自由，回答了自由如何可能的问题，最后得
出纯粹实践理性本身就是自由。在康德完成第二批判之后，康德还没有开
始道德形而上学的写作，他又分别完成了第三批判《判断力批判》、《单
纯理性限度内的宗教》、《论永久和平》的写作。直到 1797 年，自《道德
形而上学原理》完成的 12 年后，康德实现了他的许诺，完成了《道德
形而上学》，主要以两部分的形式形成了他的道德形而上学思想，分别为第
一部分：法权论（*Rechtslehre*）（1797）；第二部分：德性论（*Tugendlehre*）
（1798）。在康德的有生之年，《法权论》和《德性论》并没有出现在合订
本中，只是在格雷戈尔（Mary J. Gergor）的英文版中才以合订本的形式
出现。康德晚期的《道德形而上学》在前两本著作的基础上真正展开了
他的道德形而上学，并且在实践理性基础上发展出了一种正当（法权）
学说和德性学说，即正当（法权）形而上学和德性形而上学。在康德看
来，正当（法权）学说与德性学说是可以结合在一起的。因此，可以说，

---

　　① ［德］康德：《道德形而上学原理》，苗力田译，上海人民出版社 2002 年版，第 39—
40 页。

康德的整个道德哲学是一个道德形而上学的体系，无论是《道德形而上学原理》、《实践理性批判》还是晚期的《道德形而上学》都是对道德形而上学的追寻，三本著作之间存在着内在的联系，共同构成了康德的道德形而上学体系。

二 何为"道德形而上学"？

康德思考道德形而上学的问题是漫长的，从起初的"道德形而上学"概念的提出到最后《道德形而上学》的完成，历经了近 30 年的时间。那么，到底何为"道德形而上学"，如何理解康德的道德形而上学概念，在不同时期他的道德形而上学概念是否相一致？

首先，康德在《道德形而上学原理》的引言中，对"道德形而上学"概念进行了分析。在说明道德形而上学之前，康德首先对哲学进行分类（如图 1 和图 2）。他还是遵循着古代希腊哲学的分类将哲学分为三部分：物理学、伦理学和逻辑学。通过形式与质料的区分，将哲学分为形式哲学和质料哲学，其中形式哲学为逻辑学，而质料哲学按照所研究的对象及其服从的规律分为两种，把关于自然规律的学问称为物理学；把关于自由规律的学问称为伦理学①。无论是物理学还是伦理学，都包括两部分：经验的部分和理性的部分。全部以经验为依据的哲学称为经验哲学，而把完全以先天原则来制定自己的学说称为纯粹哲学。其中，单纯是形式的纯粹哲学称为逻辑学，"把它限制在知性的一定对象上的时候"②，就称为形而上学。这样就产生了两种形而上学，自然的形而上学和道德的形而上学。

哲学
1. 形式哲学：逻辑学——单纯形式的纯粹哲学
2. 质料哲学
  自然规律——物理学
    自然形而上学（理性）
    物理学（经验）
  自有规律——伦理学
    道德形而上学（理性）
    道德人类学（经验）

图 1

---

① ［德］康德：《道德形而上学原理》，苗力田译，上海人民出版社 2002 年版，第1—2 页。
② 同上书，第 36 页。

哲学	质料哲学		形式哲学
	自然规律	自由规律	
纯粹哲学	自然形而上学	道德形而上学	单纯形式的纯粹哲学（逻辑学）
经验哲学	物理学	道德人类学	

图 2

　　康德的道德形而上学，首先是一个完全清楚一切经验、一切属于人类学的东西纯粹的道德哲学。这就意味着，普遍的道德原则不能从经验中产生，而只能从纯粹的理性自身中产生。另外，这种与纯粹概念相关的知识不能从经验中习得，而只能通过理性获得。因此，康德严格地区分了道德形而上学和道德人类学，划清了两者的界限。其次，这种道德形而上学完全建立在先天综合的原则基础上，义务是一种先天、自明的普遍原则。这条普遍的道德原则作为约束的根据，自身具有绝对的必然性。"约束性的根据既不能在人类本性中寻找，也不能在他所处的世界环境中寻找，而是完全要先天地在纯粹理性的概念中寻找。"① 这条普遍的道德原则一点都不能借助于人的经验知识获得，而是把它当作有理性的东西，先天地赋予其规律。虽然康德在寻找责任的根据的过程中，严格地将普遍法则和经验分离，但并不意味着他并不承认经验的存在。他看到了现实的人的复杂性，并不是完全抽象的理性人，而是一个受制于多方爱好的人，"虽然他能接受纯粹实践理性的理念，但要使它自己的生命历程中具体起作用，却不是件容易的事情"②。这就是先验道德原则如何应用于经验的问题。因此，可以看出，康德的道德形而上学中的"清除一切经验、一切人类学"的意思并不是说完全与经验无关，而是强调义务的根据不是从经验中获得，而是从先天的纯粹理性概念中寻找和获得。康德在《道德形而上学原理》中也谈到，在他寻找到道德的最高原则之后，他会将这个最高原则应用到经验的人类道德实践生活中，"一种道德形而上学不能建立在人类学基础上，但却可以被应用于

---

① ［德］康德：《道德形而上学原理》，苗力田译，上海人民出版社 2002 年版，第 4 页。
② 同上。

它"①。因此，道德形而上学所要研究的是，纯粹的意志的观念和原则，而不是人的一般意愿的行为和条件。

接着，让我们分析《道德形而上学》中对于"道德形而上学"概念的界定，进而考察康德的"道德形而上学"概念自始至终是否相一致的问题。康德在《道德形而上学导论》的"一种道德形而上学的理念和必要性"的过程中，进一步分析了"道德形而上学"概念，"如果一个出自纯然概念的先天知识体系叫作形而上学，那么，一种不是以自然，而是以选择的自由为对象的实践哲学就将预设并且需要一种道德形而上学"②，拥有这样的一种形而上学甚至是一种义务，每一个人心中都有这种形而上学。显然，在这里康德还是贯彻了《道德形而上学原理》中提出的对"道德形而上学"概念的理解，普遍的道德原则来自先天的纯粹理性。但同时康德也提出，"我们将经常不得不以人的仅仅通过经验来认识的特殊本性为对象，以便在它上面指明从普遍的道德原则得出的结论，但这样做并没有使后者的纯洁性有所损失，同样也没有使其先天的起源受到怀疑——这要说的恰恰是：一种道德形而上学不能建立在人类学之上，但却可以被应用于它"。③显然，在《道德形而上学》中，康德对于经验的态度有所缓和，而不像《道德形而上学原理》中那样强烈，而是更加重视这种先验的道德法则如何应用于人类学的问题。接着，在导论的 IV 节"道德形而上学的划分"中，康德进一步将道德形而上学分成两部分，分别为"合法性"的正当形而上学和"道德性"的德性的形而上学。在《法权论》和《德性论》中，康德并不像《道德形而上学原理》中主要寻找道德的最高原则，而是更多地讨论具体的法权责任和德性责任，显然康德已经很难地将理性和经验分开，更多地是实践理性的最高原则如何应用到经验中的问题。艾伦·伍德（Allen. W. Wood）在"康德实践哲学的最后形式"（*The Final Form of Kant's Practical Philosophy*）中对"道德形而上学"概念的分析中，指出了这一点。他认为，康德在不同时期运用"道德形而上学"概念是具有不同意思的，特别是对于经验在道德理论中的作用是不同的。道德形

---

① ［德］康德：《道德形而上学》，李秋零译，康德著作全集第 6 卷，中国人民大学出版社 2006 年版，第 224 页。

② 同上书，第 223 页。

③ 同上书，第 224 页。

而上学中，康德允许纯粹的道德原则应用于人类本性中，道德形而上学不能免除原则的应用。① 同时，这种普遍的道德原则在经验中的运用，也召来了康德的学生和批评者的质疑，他们认为康德并没有真正完成他在《道德形而上学原理》中所许诺的道德形而上学的建设，甚至有些批评者认为康德的道德形而上学的建立是失败的，《道德形而上学原理》与《道德形而上学》对于道德形而上学的理解是不一致的、相互矛盾的。对于这些质疑，格雷戈尔（Mary J. Gergor）在《自由法则》（*Laws of Freedom*）的第一部分，即"康德的'道德形而上学'概念"（I. Kant's Conception of a "Metaphysic of Morals"）中对于这种质疑进行回应。她通过区分了"纯粹知识"（Pure Knowledge）和"先验知识"（Priori Knowledge）②，重新解析了康德的"道德形而上学"概念。由于康德很多时候并没有严格区分使用两个不同的概念，所以才会引起对"道德形而上学"概念的不同理解。纯粹知识是一种独立于所有的经验，无论是道德原则还是与原则相关的联系。先验知识指的则是道德的普遍原则的根据源于理性，而不是从经验产生，但并不意味着与经验完全无关。显然，纯粹知识是不同于先验知识的，而康德在《道德形而上学原理》中更多讨论的是一种"先验知识"，而不是"纯粹知识"。这样，对于康德的道德形而上学的"道德哲学的纯粹（理性）部分"就有了两种不同的理解：一种是道德形而上学仅仅含有纯粹概念，不含有任何经验的因素；另一方面，它意味着道德的最高原则作为一种普遍的必然性的先验的道德法则能够应用于人的经验中。

第二节　绝对命令的第一个公式：普遍公式（FUL）

作为道德最高原则的绝对命令，在康德道德哲学中占有核心地位，因此如何理解绝对命令对于理解康德的道德哲学非常重要，可以说它是打开

---

① "Kant now regards a metaphysics of morals as constituted not by a set of wholly pure moral principles, but instead by the system of duties that results when the pure principle is applied to the empirical nature of human beings in general". Allen. W. Wood, " *The Final form of Kant's Practical Philosophy*", in (ed.) Mark Timmons, *Kant's Metaphysics of Morals Interpretative Essays*, Oxford: Oxford University Press. 2002. pp. 1—22.

② Mary J. Gergor , *Laws of freedom—A Study of Kant's Method of Applying the Categorical Imperative in the Metaphysik der Sitten*, New York. Barnes & Noble. INC. pp. 1—17.

康德道德哲学世界的一扇窗。康德的绝对命令就像是一个谜，不同的研究者对于它有着不同的解读方式，同时也是遭到质疑和批评最多的。如黑格尔对绝对命令的形式性做出了最激烈、最尖锐的批判，认为康德的绝对命令，"为义务而义务"，是一切不切实际的"空洞的形式主义"。随后，叔本华进一步对绝对命令的形式性进行了强烈和犀利的批评，把绝对命令称为是"没有内核的空壳"。特别是随着德性伦理学的复兴，当代德性伦理学家对代表现代道德哲学的康德伦理学展开了猛烈的批评和攻击，他们更集中对康德的正义的自由理论和义务论进行批评，把正当和义务作为攻击康德伦理学的最重要的靶子。

　　针对这些批评，下面将试图做出一种反驳，为康德的绝对命令辩护。康德的绝对命令，并不像批评者所认为的那样，不但不是"空洞的形式主义"、"没有内核的空壳"、"没有任何目的的概念"、"道德的精神分裂"，而是一个内涵丰富的，包容着形式、质料、目的、追求精神自由的道德法则。康德的伦理学并不像当代德性伦理学家所批评的仅仅是一种正当学说，更是一种高远的德性学说。康德的绝对命令具有更大的包容性，具有更广泛的含义，既涵盖了正当阶段，又上升到了德性阶段。为了论证绝对命令的包容性，本章将从绝对命令的公式及其关系入手，试图重新理解康德的绝对命令。康德对于绝对命令的解说，主要是通过绝对命令的几个公式展开，因此如何理解绝对命令的公式及其关系对于理解绝对命令非常关键。围绕着绝对命令的公式及其关系，学界展开了激烈的争论，主要集中在两个问题上，第一个问题，康德所说的绝对命令的三个公式，主要是指哪几个，是 FUL、FH、FE，还是 FLN、FH、FE，还是 FUL/FLN、FH、FA/FE ①。紧接着的第二个问题是，绝对命令的三个公式如何是同一个法则的不同公式，如何共同解说绝对命令；三个公式之间是一种相等

---

①　这里的 FUL（Formula of Universal Law）是指普遍规律公式；FLN（The Formula of the law of Nature）是指自然规律公式；FH（Formula of Humanity）是指人性公式；FA（Formula of Autonomy）是指意志自律公式；FE（The Formula of the Realm of Ends）是指目的公式。虽然康德在《原理》中提出绝对命令有三个公式，但他并没有明确提出各个公式分别是哪一个，在康德自己的分析中似乎也有一些不一致的地方，于是就造成了对康德绝对命令三个公式的不同理解。如在证明第三个公式的时候，康德明确提出由第一个原则（FUL/FLN）和第二个原则（FH），引出第三项原则（FA）。而在后面对道德原则的三种方式进行总结的时候，康德又提出三种方式分别是：准则的形式（FUL）、准则的质料（FLN）、准则的完整的规定（FE）。参考：［德］康德：《道德形而上学原理》，苗力田译，上海人民出版社 2002 年版，第 50—51 页。

的关系，还是一种层级的关系，哪一个公式更处于主导性的位置。下面将依次对绝对命令三个公式的推演进行证明，重点论证三个公式之间的关系。

一　FUL 与 FLN 的关系

康德首次提出绝对命令（CI）① 是在 Ground 1 中，通过善意意志、责任以及三个命题的论证引出了绝对命令的原型，"除非我愿意自己的准则也变为普遍规律，我不应该行动"②，但在这里康德没有直接指出这就是绝对命令。紧接着，在 Ground 1 的基础上，康德在 Ground 2 中提出了正式的绝对命令概念，并在道德形而上学阶段，通过绝对命令的几个公式进一步补充完善了绝对命令。

首先康德提出绝对命令的第一个公式（FUL），"要只按照你同时认为也能成为普遍规律的准则去行动"③。紧接着他又提出了 FUL 的一个变体 FLN："你的行动，应该把你的行动准则通过你的意志变为普遍的自然规律。"④可以看出，FLN 并不是一个新的绝对命令公式，而是对绝对命令的第一个公式（FLN）的进一步补充和说明。虽然 FLN 从属于普遍规律公式（FUL），但和前者有着很大的不同，因为它所表示的是自然规律而不是自由规律，自然规律在根本上是因果律的。那么，康德在这里为什么从 FUL 派生出 FLN，FLN 的作用何在，为什么将"普遍法则"变成了"普遍自然法则"？康德的解释是，由于法则的普遍性在最一般的意义上，就它的形式而言，构成了被称为自然的东西，即事物的定在（存在），就它被普遍法则规定而言。从这里看出，康德依然是对法则的普遍性、形式性作进一步地说明，用类比的方式，普遍法则的准则的普遍性，在形式上像普遍自然规律一样具有普遍有效性。因此，本文认为，康德在这里引出

---

① 绝对命令 kategorische Imperativ（英：Categorical imperative），命令式 Imperativ 从拉丁语 imperare（动词）（命令、规定）派生而来，带有一种命令性、强制性、必要性，一般为祈使语气；Kategorisch（英：categorical）源于动词 Kategorisieren（将……分类），名词 Kategorie（英：category，类别、范畴），在德语中为绝对的、无条件之意，与 hypothetisch 相对。

② ［德］康德：《道德形而上学原理》，苗力田译，上海人民出版社 2002 年版，第 18 页。虽然康德没有明确指出这就是绝对命令，但可以看出，它是绝对命令的第一个公式的否定形式的表达。

③ 同上书，第 39 页。

④ 同上书，第 40 页。

"普遍自然法则"，并不是真正地用自然规律规定自由规律，而仅仅是借用普遍自然规律的"形式"。

对此问题，康德在《实践理性批判》的"纯粹实践判断力的模型论"中，作了进一步的解释。自然法则作为感性直观对象本身所服从的法则，必须要有一个图型；而自由的法则，作为某种不是感性条件的原因性，却不能配备任何直观和图型。虽然知性并不为理性理念配置一个感性图型，却配备了一个法则，而这条法则却是一条能够在感官对象上得到表现的法则，而就其形式而言，是作为判断力所要求的法则，因此我们把这种法则称为德性法则的模型。①当我们问自己是否意愿行为的准则能够成为一条普遍法则的时候，于是，我先要问自己是否意愿把行为的准则变为普遍的自然规律。这里要注意的是，并不是行为的准则是否能成为普遍的自然规律，而是你是否意愿（即通过你的意志）而将行为的准则变为普遍的自然规律。在这里，自然法则仅仅在形式上作为自由法则的一个模型。行动的准则如果不具有这样一种经得起自然法则的形式性检验的性状，那么它也就不可能是道德的，因为毕竟自然法则永远为知性的一切最日常的、甚至是经验的判断奠定着基础。由此可以看出，康德引入自然规律，并不是将自由规律转移到自然规律上，而是把自然规律作为自由规律的一个模型，通过将合法性形式与理性自然相联系。因此，作为绝对命令的第一个公式变体的 FLN，首先在行动准则的形式性、普遍性上规定绝对命令，更多的是一种形式的外在立法要求，仅仅是绝对命令形式上的获得，首先要通过自然法则的形式性的检验。同时，我们也要注意，康德要求我们把自己的准则看作仿佛它们是自然规律时，这里的自然规律也不是指完全意义上的因果律的、外在于我们的自然，而是指我们作为有理性的人本身就是自然的一部分，人的自然本性、理性本性是有目的的本性，因此康德依然把它们看作目的规律，康德总体上还是坚持一种内在的自然目的论 ②。

---

① ［德］康德：《实践理性批判》，邓晓芒译，人民出版社 2003 年版，第 94 页。主要参考：邓晓芒《康德道德哲学的三个层次——〈道德形而上学基础〉述评》，《云南大学学报（社会科学版）》2004 年第 4 期。

② 人的先天的善良意志以绝对命令的形式，使得德性具有某种程度的自然性，以一种自然信念的形式在人们的行为中发挥作用。所以，从这一点上可以把康德的伦理学理解为一种自然德性论。德性要求行为主体具有某种"普遍立法的自然倾向"，而这种自然倾向是以自然内化到人的自由意志中，以一种自然生发的形式在人的行为中以"绝对命令"的形式发挥作用。这种自然不在人之外，而在人之内，是人本身的自然。因此，本文认为康德坚持一种内在自然目的论。

二　FLN 与四个例子的证明

为了更好地说明绝对命令的第一个公式，康德提出了四个著名的例子，在这里康德并没有用 FUL 去证明四个例子，而是用 FLN 进行测试。

例子 1：对自己的完全责任：保存生命，不应该自杀

例子 2：对他人的完全责任：守诺，不作虚假承诺

例子 3：对自己的不完全责任：自我的完善

例子 4：对他人的不完全责任：帮助他人的责任，他人的幸福

以上康德运用 FLN 对四种责任的证明中，似乎存在着一定的问题：

首先，FLN 的证明似乎都是一种否定性的普遍化证明。先从各种责任的对立面出发，论证它们是否能够成为一条普遍的自然法则，在这个普遍化的测试中发现了和自然规律自相矛盾的地方，从而为这些责任提供依据。如虚假诺言的例子：A. 能问一问自己，是否可以把虚假诺言变成一条普遍的自然规律。B. 如果这样一条自利原则成为普遍自然规律，将会与自然规律相矛盾。因此由 A、B 得出 C，这一准则永远也不会当成普遍的自然规律，从而也必然不会陷入自相矛盾。作虚假承诺的准则不能成为普遍的自然规律，因此我们应该对他人履行守诺的责任。这种普遍化测试（Universalizability test），无论是在康德的支持者那里还是在反对者那里，都引起了很大的关注。一方面，康德阵营中的一些研究者非常重视绝对命令的第一个公式 FUL ／FLN 的作用，把这个公式作为表达康德绝对命令的主导性公式，所有道德责任的基础，认为在这个基础上可以产生正确的行为。另一方面，在反对者阵营中，对这种普遍化测试展开了猛烈的批评，认为这种普遍化测试不能为一些准则产生正确的结果。如这种普遍化测试容易遭受到一些反例，如可能产生错误的、积极的普遍化测试（一个准则在道德上看起来是错误的，而却能够通过这种测试），同时也可能产生错误的、消极的普遍化测试（在道德上是无错的，而却能通过这种普遍化测试）。[1]

其次，这种否定的普遍化测试似乎不能为责任提供更充分的依据，特别是后两种对于自己和他人的不完全的责任，自我的完善与他人的幸福。

---

[1]　主要参考：Wood, "*Kant's Formulation of the Moral law*", in Bird（ed）, *A Companion to Kant*, Blackwell, 1996.

虽然康德也谈到了人作为有理性的本性，但他并没有对其展开说明。如自我完善的例子，一个人先天地有才能，这种才能不仅体现在自然才能，还体现在道德才能，即成为完善的人的潜质，但由于懒惰或是其他原因，他却不愿意下功夫去发挥和增长自己的才干，使自己的潜质得到最大程度的实现。康德的论证是，也许这可以成为一条普遍自然规律，但他们是否愿意让它成为一条普遍的自然规律。这里，FUL/FLN 只是普遍化形式上，在消极的意义上对自己的不完全责任进行限制，只是人们不愿意使这样的行动准则成为一条普遍的自然规律，而并没有从正面上回答人为什么要追问自我完善，使人的能力获得最大程度的发挥，从而使人性获得完善。

由此可以看出，康德的绝对命令的第一个公式还是一种初级的、不完善的公式，只是在形式的普遍性上对绝对命令进行规定，只是绝对命令的第一个阶段。因此，我们不能把这种形式上的普遍性作为绝对命令的最主要的特征，从而看作康德伦理学的全部。

三　康德式伦理学的发展及批评

由于过分地夸大了绝对命令的第一个公式的普遍性作用，在这种义务论的框架下，康德的伦理学达到了最系统、最深远的发展，使康德的伦理学获得了一种"康德式"的发展。一些伦理学家，如罗尔斯，从这种形式的普遍性中获得启发，把它发展为一种普遍化检验方式（universaliz-ability test）。这种康德式的发展，也使我们对康德伦理学的理解长期地停留在义务论的框架下。相对应地，在康德的批评者的阵营中，他们更多地是针对这种康德式的发展，把批评的火力集中在康德的义务论、正义的自由理论以及绝对命令的形式性上。如我们在引言中所列举的一系列对康德的道德哲学的批评。但从以上对康德的绝对命令的第一个公式的论证中可以看出，FUL/FLN 仅仅是绝对命令的一个部分，在形式上规定了绝对命令，具有初级性和不完善性。如果仅仅把它作为绝对命令的全部，甚至是夸大加以发挥，无论这种发挥是一种正面的康德式的发展，还是反面的对康德伦理学的批评，都是对康德的绝对命令的一种曲解和误读，这并不是康德的本意。

第三节　绝对命令的第二个公式：人性公式（FH）

由于对康德绝对命令的第一个公式（FUL/FLN）的过度关注，造成了一些康德支持者和反对者对绝对命令的形式性的理解。康德虽然通过绝对命令的第一个公式，首先从"形式"上展开对绝对命令的讨论，但显然他对"道德最高原则"的追求才刚刚开始，仅仅是绝对命令发展的第一个阶段，于是，康德把对"形式"的讨论转向了对"质料"（目的）的讨论，试图从"目的"上对绝对命令进行进一步的解说。而且在康德那里，似乎对于 FH 的讨论才真正进入了道德形而上学的阶段。

一　自在目的

在 Ground 1 中，康德似乎更多地将目的和形式对立起来，特别是在命题 2 似乎更突出了这种对立性。"一个出于责任的行为，其道德价值不取决于它所要实现的意图，而取决于它所被规定的准则。"① 意志是站在这样一个十字路口上，一边是行为对象的实现（realized purpose）、意图（aim）、效果（effect）、结果（consequences）、作为质料的后天动机；一边是行动的准则、意愿的原则、作为形式的先天原则。在 Ground 2 中又把"目的"请回来并且作为绝对命令的根据，似乎是一种自相矛盾，与 Ground 1 中的看法不一致。可仔细辨别之后，发现康德并不是说任何行为都没有任何对象和目的，他只是反对把欲望、效果、行为对象的实现作为目的的行为。他在区分假言命令和定言命令的时候，虽然把行动的目的和准则的形式作为区分的标准，提出"定言命令，即绝对命令则把行为本身看作自为地客观必然的，和另外的目的无关"②，但这里康德反对的只是"另外的目的"，而不是"所有的目的"。恰恰相反，康德不但不反对目的，在 Ground 2 中论述了绝对命令的形式性之后，转向了对"目的"的诉说，试图从"目的"上进一步展开对绝对命令的说明。

在论证绝对命令的第二个公式之前，康德首先展开了对"目的"的论述。康德提出："如若有一种东西，它的定在自在地具有绝对价值，它

---

① ［德］康德：《道德形而上学原理》，苗力田译，上海人民出版社 2002 年版，第 16 页。
② 同上书，第 32 页。

作为目的能自在地成为一确定规律的根据。在这样的东西身上，也只有在这样的东西身上，才能找到定言命令的根据，即实践规律的根据。"① 可见，康德所强调的目的（Zweck）并不是一般意义上我们所理解的目的，而是指的是特别的一种目的，这种目的是一种客观的、先在存在的、自在的并具有绝对价值的目的，是实践规律的根据。下面，我们将分别从几个不同的层面解说康德的特殊的"自在目的"（end in itself）：

首先，这种目的是一种客观目的，并不是一种主观目的或相对目的，对所有的理性人都有效，具有普遍性。在《道德形而上学》中，康德分别给"目的"（Zweck）和手段（Mittel）"下了定义："设定目的就是意志自身规定的客观根据，那么，如果这一目的单纯是由理性确立，它一定也适合于一切有理性的东西。反之，那种只包含着行动可能性的根据的东西，就是手段（Mittel），这种行动的结果才是目的。"②接着，康德又分别通过"冲动"（Triebfeder）和"动机"（Beweggrund）的区分，提出了"主观目的"和"客观目的"。他认为冲动更是欲望的主观根据，更是来自冲动的一种主观目的，而相反，动机则是意志的客观根据，更是一种出于动机的客观目的。这种建立在冲动基础上的主观目的，虽然是一种质料根据，但往往同人的欲望和爱好相联系，这种质料目的体现为一种行动结果，是相对的、仅仅对自身是有效的，并不能提供一条普遍的实践规律。相反，建立在动机基础上的客观目的，则对所有的有理性存在物都是有效的，具有普遍有效性。而绝对命令的过程就是，使对自己有效的主观目的成为对所有理性人都有效的客观目的的过程，而最后剩下的只是能够成为客观有效的客观目的的主观目的。

其次，这种目的是一种先在目的或定在目的（existend end），即这种目的是先天存在的，直接来自纯粹的实践理性自身，它们是已经先在存在着的目的。这样的目的并不像主观目的一样只是我们行动的结果。因为如果仅仅是我们行动的结果，则是一种有条件的、相对的目的。人是先在地具有这种目的的，这种目的赋予我们以责任，从而去履行责任行为。也就是说，目的先于责任行动而存在，首先人先在地具有目的，这种先在目的自身向主体发号施令，由目的推出责任行动，而不是通过责任行动从而去达

① ［德］康德：《道德形而上学原理》，苗力田译，上海人民出版社 2002 年版，第 47 页。
② 同上。

到目的。

再次，这种客观先在的目的，还是一种自在目的（end in itself）①，这个特征是康德目的的最重要的特征。那么，首先我们需要考虑的是，如何理解康德的"自在目的"概念？从字面上，这个概念的含义为，目的在自身中，因自身之故，即目的在自身之内、具有自足性，独立于欲望和爱好等主观目的。只有这种自在目的才能够成为确定规律的根据，相反，我们却不能将欲望和爱好这些主观目的作为确定规律的根据。因为，如果我们将这些主观目的作为根据，这种根据并不具有普遍性，在此基础上建立的规则也不具有普遍有效性。因此，康德提出，只有这种自在目的才是实践规律的根据所在。

最后，正因为这种目的的"自在性"和"自足性"，目的就是自身，自身就具有内在价值。这种价值是一种无条件的、绝对的价值，而不是一种有条件的、相对的价值。正因为它是一种无条件的、绝对的价值，才能成为实践规律的根据，对所有的理性人都具有有效性。如果仅仅将一种有条件的、相对的价值作为实践规律的根据，则最后形成的仅仅是主观的、相对的主观准则，而不是客观规律。

二　关于"自在目的"的争论

康德在引出人性公式之前，首先预设一个前提，即"有理性的本性（die vernünftige Natur）作为自在目的而实存"②。然而，对于这个前提，康德并没有给予过多的证明而直接作为人性公式推出的前提。正像马尔霍兰描绘"目的自身概念所存在的诸问题"中，所引证的"沃尔夫的困惑"一样，康德的"目的自身"概念确实存在着疑惑和问题③。由于康德自己对"目的自身"的说法也比较模糊，于是就造成了对这个概念的不同理

---

① 近年来，一些康德学者对于这个"自在目的"（End in itself）给予了很高的重视，并且把这个内在目的作为重新解读康德绝对命令的一个新的突破口，试图对绝对命令进行重新解读。如 Allen. W. Wood 在 *Kant's Ethical Thought*、Korsgaard 在 *Creating the Kingdom of Ends*、Hill 在 *Humanity as an End in Itself* 分别从不同角度对这个内在目的进行解读。主要参考：Allen. W. Wood, 2008, *Kantian Ethics*, Cambridge：Cambridge University Press pp. 114—118；Christine M. Korsgaard, 1996, *Creaing the Kingdom of Ends*, Cambridge：Cambridge University Press pp. 106—132.

② ［德］康德：《道德形而上学原理》，苗力田译，上海人民出版社 2002 年版，第 48 页。

③ ［美］马尔霍兰：《康德的权利体系》，赵明、黄涛译，北京商务印书馆 2011 年版，第 113—114 页。

解和发展，主要体现为"道德价值"的理解和"非道德价值"的理解。

第一种观点，传统的道德价值的理解（善良意志的绝对价值论证）。道德价值的方式更倾向于坚持对康德伦理学的传统理解，将这种目的自身等同于善良意志，只有善良意志具有无条件的善和内在价值。正像康德在《道德形而上学原理》的开篇所提到的，"善良意志，并不因它所促成的事物而善，并不因其他期望的事物而善，也不因它善于达到预定的目标而善，而仅是由于意愿而善，它是自在的善"①。康德在这里提出善良意志的存在，并不是通过理性证明，而是对普通的道德理性知识的考察，在常识道德中发现的善良意志。康德只是在常识道德的层次找到了善良意志，真正展开证明的是通过理性和善良意志的关系来证明善良意志的绝对价值性。"我们终究被赋予了理性，作为实践能力，亦即作为一种能够给意志以影响的能力，所以它的真正使命，并不是去产生完成其他意图的工具，而是去产生在其自身就是善良的意志。"② 理性为了完成自己的实践使命，将善良意志视为最高的善，它是一切其余东西的条件，甚至是对幸福要求的条件。显然，康德遵循了传统理性主义的价值观，特别是深受斯多亚学派的理性主义的影响，按照自然生活就是按照理性生活。由此可见，康德对善良意志的绝对价值论证，还是在理性主义的立场上，善良意志是由理性产生，也是理性的实践使命。在康德伦理学阵营内，这种将"理性"与"善良意志"等同的观点是普遍存在的，一些康德学者通常认为，康德相信"作为目的的理性存在者"的价值依赖于这种存在者拥有一种善良意志。康德专家帕通在 *The Categorical Imperative* 中，明确谈道："目的本身必须……是一种自存之物，而不是某种为我们所创造的东西。因为它拥有绝对的价值，我们已经知道它必须是什么东西——即必须是一种善良意志。"③ 另外两个康德学者，Dean 和 Sensen 分别在 *The Value of Humanity in Kant's Moral Theory* 和 *Kant's Conception of Inner Value* 中都坚持认为善良意志具有绝对价值，是人的尊严根据④。

---

① ［德］康德：《道德形而上学原理》，苗力田译，上海人民出版社 2002 年版，第 9 页。

② 同上书，第 11—12 页。

③ 转引自［美］墨菲：《康德：权利哲学》，吴彦译，中国法制出版社 2010 年版，第 77 页。

④ Dean, *The Value of Humanity in Kant's Moral Theory*, Oxford University Press, 2006；Sensen, *Kant's Conception of Inner Value*, in *European Journal of Philosophy*, Blackwell Publishing Ltd., 2009.

当然将善良意志作为绝对价值的论证思路，也遭到了一些学者的反对。如墨菲在《康德：权利哲学》中质疑了将善良意志作为绝对价值的观点，他认为将目的自身的理性存在者所具有的价值依赖于他拥有的善良意志是不行的，善良意志并不是存在于所有人之中，而且我们永远无法知道另一个人是否拥有善良意志，而且还会使康德陷入可怕的循环论证中。因此，在反对传统观点的基础上，墨菲大胆地提出了自己的观点，即康德通过目的自身具有绝对价值的提示，所想要表达的是它拥有非道德价值——即作为自由选择的能力。而这种自由选择的能力，并不是传统意义上与道德相关的自由意志（Wille），而是非道德意义上的自由任意（Willkür）①。显然，墨菲的观点更是站在法权哲学的基础上提出。另一位康德专家希尔也持类似的观点，他提出了一种价值实在论立场，如他在 *Kant Valuelism* 一文中提出，绝对价值就是内在于人的某种珍贵性，人只有作为理性存在者就都自动具有这种价值，并因而值得无条件敬重。按照希尔的观点，人的尊严根据就在于人作为理性存在者所自动具有的绝对价值，这一绝对价值与道德无关，甚至构成道德法则的基础②。

第二种观点，当代的非道德价值理解（理性存在者的绝对价值论证）。在墨菲和希尔的基础上，一些康德伦理学学者和政治哲学家进一步提出了一种"非道德价值"的理解维度。伍德（Wood）和考斯佳（Korsgaard）更倾向于将这种自在目的从"理性设立目的的能力"的角度理解并发挥。当然，康德在《道德形而上学原理》和晚期的《道德形而上学》文本中，对"理性设立目的的能力"都有所阐释。伍德主要立足于康德《单纯理性限度内的宗教》中，康德对人类本性中的三种原初禀赋的划分，即动物性的禀赋（Animality）、人性的禀赋（Humanity）和人格性禀赋（Personality）③。伍德认为康德在人性公式中所强调的人性（Menschheit）正是介于人的动物性和人格性中间的人性禀赋，他提出"理性本性的整体构成了这样的一种目的。去保存、尊重理性本性就是去保存和尊重他的一切方面的能力，而不仅仅是设立和遵守

---

① ［美］墨菲：《康德：权利哲学》，吴彦译，中国法制出版社 2010 年版，第 81 页。

② 转引自刘睿：《康德尊严学说及其现实启迪》，中国社会科学出版社 2013 年版，第 79 页。

③ ［德］康德：《道德形而上学》，李秋零译，康德著作全集第 6 卷，中国人民大学出版社 2006 年版，第 24—27 页。

道德律的道德能力"①。由此可以看出，他强调作为人性公式之根据的
目的自身更是一种广义的人性，而非仅仅道德的人格性。正像考斯佳在
"人性的公式"（Formula of Humanity）中所谈到的：当康德所说的人性
的性质是设立目的的能力的时候，他不仅仅涉及与人格性相关的、包含
接受道德或足够理性目的的能力。相反，他指的是一般的选择、意欲或
评价目的。这种目的不同于建立在我们基础上的直觉，而是在理性的指
导下进行的。考斯佳抓住了康德对人性的"理性设立目的"的规定，
来论证我们何以要把设立目的的理性存在者当作自在的目的本身。考斯
佳认为，既然我们通过理性来设立目的，那么我们之所以选择某个对象
作为目标，肯定是因为我们认为该对象是值得追求的，或者说是好的。
这样在设立目的的过程中，被选择的对象就有了客观价值（即有用的或
善的），而我们作为理性的存在者具有一种"赋予价值的地位"（a val-
ue – conferring status）②。由此考斯佳在此基础上发展出一种价值理论。
伍德和考斯佳主要还是停留在伦理学内，对目的自身进行重新解读，而
当代的政治哲学家，特别是自由主义者们，则更多地从政治哲学和社会
伦理的角度发展了康德的目的自身概念，"在罗尔斯、哈特和诺齐克等
人关于政治伦理学和社会伦理学的最新讨论中，康德有关目的自身的论
证被认为是时下有关正义与权利之论证进路的基础"③。

三　人性公式的推出及其解析

　　康德在"自在目的"中最终找到了实践规律的根据，这种原则的根
据就是：有理性的本性作为自在目的而实存着。接着，在这个根据的基础

　　①　Wood, *Kantian Ethics*, Cambridge University Press, 2008, pp. 114—118.

　　②　Korsggard, "*Kant's Formula of Humanity*", in Korsgaard, Creating the Kingdom of Ends,
Cambridge University Press, 1996, pp. 106—132.

　　③　［美］马尔霍兰：《康德的权利体系》，赵明、黄涛译，北京商务印书馆 2011 年版，
第 114 页。罗尔斯的"原初状态"的假设和两个正义原则的提出，更是在康德平等的理性存在
者的基础上进行建构，罗尔斯自身也承认自己是追随了康德的"道德建构主义"。诺齐克虽然
与罗尔斯的自由主义思路不同，但他的理论中也能找到康德的"人性公式"的影子，如他在
《政府、国家及乌托邦》中，在提出他的"资格理论"和"边际约束理论"中，也提出对行为
的边界约束反映了康德主义的根本原则：个人是目的，而不仅仅是手段。另外，从社群主义的
批评中也能感觉到现代自由主义对康德理论的吸收和发展。桑德尔在《自由主义与正义的局
限》一书中，重点谈到康德思想如何作为自由主义的基础，桑德尔也正是通过"自我"和
"自我目的"的分离来批评以康德为代表的自由主义的观点。

上，康德推演出了人性公式（The Formula of Humanity）："你的行动，要把你自己身中的人性，和其他人身上的人性，在任何时候都同样看作目的，永远不能只看作手段。"①

下面，我们将对康德的推演过程进行分析，康德是如何在自在目的的基础上，推出绝对命令的第二个公式（人性公式）。康德的论证过程如下：

命题 a. 有理性的本性（die vernünftige Natur）作为自在目的而实存（前提）。

命题 b. 人们必然地这样表象自己的实存，所以它也是人们行为的主观原则。每一个其他有理性的东西，也和我一样，按照同一规律表象自己的实存；所以它同时也是一条客观原则，作为实践的最高依据，从这里必定可以推导出意志的全部规律来。

（注释：把此命题作为预设，其根据见于末章，即第三章第二节"自由必须设定为一切有理性的东西的意志所固有的性质"。）

命题 c. 于是得出了如下的实践命令：你的行动，要把你自己身上的人性，和他人身上的人性，在任何时候都同样看作目的，永远不能只看作手段。

（一）命题 a：有理性的本性作为自在目的而实存

康德的"自在目的"概念之所以引起学者们的传统和当代对峙，即有的学者认为自在目的就是善良意志，有的学者认为自在目的只是一般的理性本性，主要是基于对"有理性的本性"或"人格中的人性"的不同理解。学界之所以产生了以上的分歧，也和康德在不同文本和意义上使用人性（Meischheit）概念有关。有时康德将人性解读为"有理性的本性"（die Vernünftige Natur）；有时将人性解读为"人身中的人性"（die Menschheit in der Person）；有时将人性解读为"设立目的的能力"；有时将人性与动物性、人格性并列为人的本性中向善的三个原初禀赋。从德语的词源上，康德所使用的 Menschheit 既有泛义的人类含义（Human being），也有狭义的人类理性本性。康德在这里更是从狭义上使用这个词，主要指的是人的理性本性，这是获得共识的。但这种理性本性具体指什么，学界的分歧比较大，主要形成了传统的道德理解方式和当代的非道德的理解

———————

① ［德］康德：《道德形而上学原理》，苗力田译，上海人民出版社 2002 年版，第 48 页。

方式。

　　传统的道德理解方式，主要是基于康德的"人身中的人性"的理解。在阐释有理性的本性作为自在目的而实存之前，康德首先对"物件"（Sachen）和"人身"（Personen）进行区分。"那些其实存不以我们的意志为依据，而以自然的意志为依据的东西，如若它们是物理性的东西，就叫作物件（Sachen）。与此相反，有理性的东西，叫作人身（Personen），因为，它们的本性表明自身自在地就是目的，是种不可被当作手段使用的东西，从而限制了一切任性，并且是一个受尊重的对象。"①因此，康德在这里所说的"人身中的人性"（die Menschheit in der Person）就与一般的人性不同，也与一般的人格也不同，而是人身中的人性或人格中的人性。康德所说的"人格"是跨越两界的，一个是现象界（现象），一个是本体界（物自体）。康德所说的"人格中的人性"具有双重性：既是作为现象的人性存在，也作为本体的人性存在。而且康德特别强调人作为"本体的人性"存在的重要性，而这种本体的人性即是指人超感性的自由能力，即道德性。康德在《道德形而上学》中明确提出："人按照其完全超感性的自由能力的属性，因而也仅仅按照其人性，可以并且应当被表现为独立于物理学规定的人格性（作为本体的人），与同一个被表现为受那些规定所累的主体的人（作为现象的人）不同。"② 虽然作为现象的人生活在经验中，不能摆脱经验世界，但人有理性，人能通过自己的理性来思考自己的本性，这正是人和物的区别。作为本体存在的有理性的人，恰恰是具有善良意志的道德自律的人。虽然这里的善良意志可能仅仅是一种原初禀赋和可能性，但纯粹理性的实践使命就是去产生善良意志，使其实现出来。

　　当代的非道德的理解方式，将人性主要是基于康德的"理性设立目的"的能力进行阐释。无论是在《原理》和在《道德形而上学》中，康德多次将人性界定为设定目的的能力。在《道德形而上学原理》中，康德把这种自在目的解释为人的理性本性，而人的理性本性与动物性的区别，正在于它为自己设立了目的。随后，在晚期的《道德形而上学》中，非常注重对"目的"的论述，"目的是自由任性的一个对象，其概念规定

---

　　① ［德］康德：《道德形而上学原理》，苗力田译，上海人民出版社 2002 年版，第47—48 页。
　　② ［德］康德：《道德形而上学》，李秋零译，康德著作全集第 6 卷，中国人民大学出版社2006 年版，第 249—250 页。

任性去采取一个行动（由此那个对象被产生出来）。因此，每一个行动都有其目的，而且既然不自己使其任性的对象成为自己的目的，就没有人能够有一个目的，所以，拥有行动的一个目的，这是行动主体的自由的一个行动，而不是自然的一个作用"。①可见，康德所论述的目的，更是在自然和自由的区分的意义上，强调人的行为的目的性，人具有自由任性（自由选择）的能力，而不受制于自然本性。康德进一步从人与动物的区分上，阐释了人设定目的的能力。"人有义务：努力脱离其本性的粗野，脱离动物性（行为上的），越来越上升到人性，唯有借助人性人才能为自己设定目的；通过教导来弥补其无知，纠正其失误，而这不只是他的其他方面的意图的技术实践理性（技艺）建议给他的，而是道德实践理性绝对地命令他这样做，并且使这一目的成为他的义务，以便和他身上的人性相称。"②可以看出，康德这里所强调的人为自己设立目的的能力确实像Wood 和 Korsgaard 所主张的并不仅仅局限于道德上的设立目的，而是理性一般的设立目的的能力。这种人的理性设立目的的能力，在一定意义上论证了人克服动物性自然本性的偏好和粗野，能够自由选择、自我设立目的的能力，这也是人的理性人性和动物性本性的一个本质的区别。这种对人性的设定目的能力的强调，恰恰为康德进入法权论奠定了基础，这也是当代政治哲学将康德的道德哲学理论作为思想资源的一个重要原因。如果仅仅将这种设立目的的能力，理解为道德上的善良意志，就忽略了康德的法权哲学的维度，窄化了其道德哲学的思想空间。但另一方面，当代自由主义者们（罗尔斯、诺齐克等）对康德的发展，也不能说是完全成功的，在强调法权和自由的同时，却忽略了自在目的的道德性。

由此可见，康德的人性概念既包含作为现象的人的"理性设立目的"的能力，也包含作为本体的"超感性的道德自由"的能力。虽然康德看到了人性的双重存在，即作为"现象"的人性存在和作为"本体"的人性存在，但现象界的人性更是指人的自然本性，而在康德看来，只有本体界的人性，才可能把人当作独立的人格尊重，从而尊重他的自由。在《单纯理性限度内的宗教》中，康德明确提出了人类本性中的三种原初禀

---

① ［德］康德:《道德形而上学原理》，苗力田译，上海人民出版社 2002 年版，第 46 页。
② ［德］康德:《道德形而上学》，李秋零译，康德著作全集第 6 卷，中国人民大学出版社 2006 年版，第 397—398 页。

赋，即动物性的禀赋（Animality）、人性的禀赋（Humanity）和人格性禀赋（Personality）。人作为一种有生命的存在物，具有动物性的禀赋；人作为一种有生命的同时又是有理性的存在者，具有人性的禀赋；人作为有理性的同时又能负责任的存在者，具有人格性的禀赋①。因此，人是经历了从动物性、理性上升到人格性的过程，康德把人格性禀赋作为比动物性禀赋和人性禀赋更高的状态。人不仅需要从动物性上升到理性，还要从理性上升到人格性。虽然康德很强调人的人性禀赋，人性的禀赋在人的生命活动中的作用。也许，它在人的实践的生命活动中具有更广泛的意义，但却不是最高的人生状态。在康德那里，在人的人性禀赋之上，人还具有着人格性禀赋。康德强调，不能将这种人格性禀赋看作已包含在前一种禀赋的概念之中，而是必须把它作为一种特殊的禀赋。因为，在康德看来，从一个有理性存在者具有理性这一点看来，并不能证明这种理性包含着这种人格性禀赋。这种禀赋更体现为一种易于接受对道德法则的敬重，把道德法则当作人性的自身充分的动机的素质。尽管人性中具有自由选择的独立性，使其区别于动物性的任意，但这种自由任意可能是向善的，也可能是向恶的，只是一种消极意义上的自由，并不是真正意义上的自由。康德认为只有道德自律性才是一种真正意义上的自由。这种道德自律性，体现了人的"人性的人格性"，是更高的向善的人生状态。"理性设立目的"的能力更是一般理性的运用，而"超感性的道德自由"能力更是纯粹实践理性的运用。康德提出，"只有那些构成事物作为自在目的而存在的条件（纯粹实践理性的自由）的东西，不但具有相对价值，而且具有尊严……所以，道德就是一个有理性东西能够作为自在目的而存在的唯一条件，因为只有通过道德，他才能成为目的王国的一个立法成员。于是，只有道德以及与道德相适应的人性，才是具有尊严的东西"。② 因此，在康德那里，尊严的基础更是基于纯粹实践理性的"超感性的道德自由"能力。

（二）命题 b：自由的悬设

让我们还是回到康德对人性公式的论证中，前面我们分析了论证 a. 有理性的本性作为自在目的而实存，那么康德在这里为什么要引出"自

---

① ［德］康德：《道德形而上学》，李秋零译，康德著作全集第 6 卷，中国人民大学出版社 2006 年版，第 24—27 页。

② ［德］康德：《道德形而上学原理》，苗力田译，上海人民出版社 2002 年版，第 55 页。

在目的"概念，康德借助目的概念想要实现的真实意图究竟是什么。在论证人性方式之前，康德曾经有这样一段论述："如若有一种东西，它的定在自在地具有绝对价值，它作为目的能自在地成为一确定规律的根据。在这样东西身上，也只有在这样的东西身上，才能找到定言命令的根据，即实践规律的根据。"① 康德似乎要通过目的自身的概念推出绝对命令，目的自身也成为绝对命令的根据（Grund）。

在命题 a 的前提下，康德进一步引出命题 b 和命题 c。命题 b：人们必然地把自身作为自在目的而实存，这是不容置疑的，因为它是人们行为的主观原则。但每一个其他有理性的人为何也一样，把有理性的本性作为自在目的而实存？康德的解决办法是：把命题 c "每一个其他有理性的东西，也和我一样，按照同一规律表象自己的存在"作为一项悬设，即"自由必须被设定为一切有理性的东西的意志所固有的性质"②。这样，前面的问题似乎就清楚了，康德所说的"目的自身"，恰恰是拥有意志自由的有理性存在者所拥有的。在这里，康德关于人性原则的论证在这里加入了另一项特征，即自由的特征。虽然在《实践理性批判》里面有三大悬设：自由、上帝、灵魂不朽，但这个悬设概念（理性自由）在这里已经提出来了。从这个根据里面我们就可以推出来，当我们把自己当作自在目的的时候，这样一个主观的原则，同时就是每个其他理性存在者的客观的原则。之所以能推出来，就是建立在每一个人的自由之上。因此，在康德所说的"目的自身"概念并不是一个道德价值概念（善良意志）或非道德价值概念（理性自由选择的能力），而是作为一个更基础的本体论意义概念。马尔霍兰就提出这样的观点，他认为，"目的自身的概念并非道德观念，也根本不是价值的观念，尽管它对于一般而言的道德和价值理论尤其结果。毋宁说，这是一个理论性的观点"。③ 目的自身概念表达了有理性存在者的本体论结构，这里的目的自身，更是指理性存在者本性中的"自由"本性。自由本性的存在并不是在道德中，而是在理论中。正如康德在《实践理性批判》中所说的："自由却是道德律的'存在理由'。""但自由在思辨理性的一切理念中，也是唯一的这种理念，我们先天地知

---

① ［德］康德：《道德形而上学原理》，苗力田译，上海人民出版社 2002 年版，第 47 页。
② 同上书，第 71 页。
③ ［美］马尔霍兰：《康德的权利体系》，赵明、黄涛译，北京商务印书馆 2011 年版，第 119 页。

道其可能性，但却看不透它，因为它是我们所知道的道德律的条件。"①因此，这里的有理性存在者的自由意志本性，才是整个绝对命令的基础，使有理性存在者成为人格和目的自身。康德并不是从目的自身概念推出意志自由，而是从自律概念推出了目的自身概念。康德虽然提出"自由固然是道德律的 ratio essendi（存在理由）"，但他同时也提出"道德律却是自由的 ratio cognoscendi（认识理由）"②。虽然自由的悬设论证了自由的可能性，但这种可能性并不是经验的可能性，而是逻辑的可能性，即概念的可思想性，有理性的存在者能够思想到，我作为有理性的人是自由的。但它毕竟是一个抽象的、空的自由理性理念，没有任何经验的对象。自由的悬设解决的是"自由何以可能"的问题，而自由的实在性证明则是回答了"自由如何可能"的问题。思辨理性只是论证了自由的可能性，而实践理性解决的却是自由的实在性问题。因此，康德说："自由的概念，一旦其实在性通过实践理性的一条无可置疑的规律而被证明了，它现在就构成了纯粹理性的、甚至思辨理性的体系的整个大厦的拱顶石。"③ 为了进一步理清康德的"目的自身"概念，让我们在自由的实在性证明中，来理解康德是如何从自律概念推出目的自身概念的。这样，就需要我们结合绝对命令的第三个公式（自律公式）来理解绝对命令的第二个公式（人性公式）。虽然两个公式在康德的文本论证顺序，即第二个公式先于第一个公式，但在逻辑关系上，自律公式却是人性公式的基础，康德将自律（实践理性的自主性）作为目的自身的基础。绝对命令的第三个公式（自律公式）的证明如下：

公式1：一切实践立法都是客观地以规则、以法规为依据，它的普遍形式，使它能够按照第一项原则成为规律，甚至可以说是自然规律；它主观地以目的为根据。（意志要服从普遍自然法则的形式）

公式2：按照第二项原则，一切目的的主体是人。（意志在目的中自身成为了普遍法则）

公式3：从这里，于是引申出实践意志的第三项原则，作为自己和全部普遍实践理性相协调的最高条件（作为意志和普遍的实践理性协调意

---

① ［德］康德：《实践理性批判》，邓晓芒译，人民出版社 2003 年版，第 2 页。
② 同上。
③ 同上。

志的至上条件），每个有理性东西的意志的观念都是普遍立法意志的观念（理念）①。

虽然绝对命令的前两个公式，即普遍公式和人性公式，分别从形式和质料上呈现了绝对命令，但并没有从根本上回答绝对命令的根据。绝对命令的第三个公式的出场并不是像前两个以"命令式"的形式，而是以"事实式"的陈述方式，作为一个理念出现——"每个有理性东西的意志的观念都是普遍立法意志的观念"，即一般意志的自我立法或"自律"原则（Autonomie）。前两个公式虽然以命令式的方式出现，但却没有明确给出绝对命令的根据，而自律公式却找到了遵守绝对命令的理由。"人的意志，作为通过它的全部准则而普遍立法的意志，他的原则的合理性可以就定言命令而作进一步证明。只有这种原则从普遍立法的观念出发，不以任何关切为根据，在一切可能的命令式中只有它才是无条件的。"② 这里，有理性的存在者的意志之所以有规律和法则，并不是外在的原因，而恰恰在于自身是一个"立法者"，拥有自我立法的能力。"意志并不去简单地服从规律或法律，他之所以服从，由于他自身也是一个立法者，正由于这规律，法律是他自己制定的，所以他才必须服从。"③ 当然，这种立法者的身份虽然使得道德主体拥有自主性，但却并不是一种"自由任意"（Willkür），而是一种"自由意志"（Wille）。自由任意仅仅是一种自由选择的能力，既可以是设立道德的目的，也可以设立非道德的目的，更是一种消极意义上的自由。而自由意志的自律或自主，更是一种积极意义上的自由，是实践理性的自主性的积极体现。这种积极的"自律"或"自主"能力，并不是仅仅由少数人所拥有，而恰恰是被赋予每一个有理性存在者，是每一个有理性存在者的先天能力。

另外，这种自我立法虽然出自道德主体自身，但却不仅仅是准则，而要使主观准则成为普遍法则，只有能够成为普遍法则的准则才能通过。由此，这里就引出了"普遍立法"的概念。康德所说的"立法概念"既体现了实践理性的自主立法和自由选择能力，即实践理性的自主性；另外，这种"立法概念"还内在地蕴含着执法能力，即实践理性的绝对命令。

---

① ［德］康德：《道德形而上学原理》，苗力田译，上海人民出版社 2002 年版，第 51 页。

② 同上。

③ 同上。

前者体现了一种道德主体的权利，而后者则体现了道德主体的责任。康德将道德与立法相关，从道德主体的自我立法来寻找道德基础，也正是在道德的自我立法中道德主体真实地感受到自身是自由的，康德的道德哲学是一个自由的道德哲学。正如德国康德专家赫费对康德道德哲学的评价："在康德之前人们在自然或共同体的秩序中，在对幸福的要求中，在上帝的意志中或道德情感中寻找道德的起源。康德指出，通过以上方式是无法思考道德对客观有效性的要求的。就像在理论领域中一样，在实践领域中客观性也只有通过主体自身才会成为可能；道德的起源在自律中即在意志的自我立法中。"①

　　为了进一步澄清"普遍立法"概念，康德还引入了"目的王国"的概念。"一切有理性东西都把自己的意志普遍立法概念当作立足点，从这样的立足点来评价自身及其行为，就导致一个与此相关的、富有成果的概念，即目的王国的概念。"② 在这样一个由一切有理性的东西组成的目的王国中，每个有理性的东西都由于意志自由能力而可能成为目的王国中的"立法者"，当然这种立法者的身份对于有理性的存在者来说既是首脑，也是成员。正是这种有理性存在者的普遍立法活动，才使得目的王国成为可能，可见，目的王国概念和道德立法能力是不可分的。随后，在晚期的《道德形而上学》中，康德进一步将这种道德立法能力分为外在立法和内在立法，建立在外在立法基础上的是实践理性的外在自由，而建立在内在立法基础上的是实践理性的内在自由，为法权和德性的区分提供了前提，形成了道德形而上学的第一部分"法权论"和第二部分"德性论"③。

　　于是，康德在有理性存在者的自律原则中，找到了绝对命令的根据。正是因为有理性的存在者意志自由才使存在者成为人格和目的自身，也正是因为自由意志的自我立法，才使得道德主体具有尊严，即人的尊严的基础所在。"唯有立法自身才具有尊严，具有无条件、无可比拟的价值，只有它才配得上有理性东西在称颂它时所用的尊重这个词。所以自律性就是人和任何理性本性的尊严的根据。"④ 这种立法能力的自律，更是一种道

---

　　① ［德］赫费：《康德生平、著作与影响》，郑伊倩译，人民出版社 2007 年版，第 154 页。

　　② ［德］康德：《道德形而上学原理》，苗力田译，上海人民出版社 2002 年版，第 53 页。

　　③ ［德］康德：《道德形而上学》，李秋零译，康德著作全集第 6 卷，中国人民大学出版社 2006 年版，第 221 页。

　　④ ［德］康德：《道德形而上学原理》，苗力田译，上海人民出版社 2002 年版，第 56 页。

德立法能力，即道德性。"道德就是一个有理性的东西能够作为自在目的而存在的唯一条件，因为只有通过道德，他才能成为目的王国的一个立法成员。于是，只有道德以及与道德相适应的人性（Menschheit），才是具有尊严的东西。"① 最终，康德在有理性存在者的立法能力的道德自律身上，找到了人的尊严的根据所在。康德的自由与尊严是一个具有深远道德意涵的概念，只有诉诸于道德观念才能理解"自由"。

（三）命题 c："人是目的"命题

通过命题 a 和命题 b 的分析，康德推演出了命题 c，即人性公式（The Formula of Humanity）："你的行动，要把你自己身中的人性，和其他人身上的人性，在任何时候都同样看作目的，永远不能只看作手段。"②虽然康德论证了 FH 的推演过程，但对这个结论人性公式（FH）本身，康德并没有给予过多的解释，因此还存在很多的疑点和问题。下面，我们将深入地分析这个人性公式（FH）。

其一，"人性公式"与"行动"的关系。像绝对命令的第一个公式（普遍规律公式）一样，康德将绝对命令与行动相结合。我们通常所说的康德的"人是目的，而不仅仅是手段"，并不是抽离的、单一的，而是与人的行动相关，有理性的自在目的的本性要在行动中体现。你在行动的时候，理性要求你要把自己身上的人性和他人身上的人性都看作目的，而不仅仅是手段。理性使人具有意志，而意志被认为是能够按照规律表象自身决定行为的能力，只有在有理性的东西中能够找到这种能力。这种能力主要是指人的理性的自由能力，这种能力使人能够自由选择、自我立法，能够自身规定行为。

其二，人是目的的命题体现了人与人的关系。这个表达包含了两层关系，一种是人与自身的关系，另一种是人与他人的关系。而且这两层关系经常是同时发生的。这个人性公式（FH）并不是说，在这种情况下，你把你自己的身上的人性看作目的，而不只是手段，而不用考虑是否把其他人看作目的或是手段。或者说，在另一种情况下，你只需把他人身上的人性看作目的，而不只是手段，而无须考虑自己身上的人性是否是目的或手段。即这个绝对命令的人性公式的思考是一个不可分离的

---

① ［德］康德：《道德形而上学原理》，苗力田译，上海人民出版社 2002 年版，第 55 页。
② 同上书，第 48 页。

过程，在你进行道德选择或道德行为的过程中，要有一种"普遍理性者"的视角，也就是把你和他人看作同样的作为自在目的的理性人。在你使自己的准则成为普遍规律的过程中，必然要考虑到"他人"的存在，而且你不能把"他人"仅仅当作你的行动的手段，而必须也同时把"他人"当作和你同样的、作为自在目的而存在的有理性的人，而这种目的只能来自纯粹理性。

其三，就是如何理解"人是目的，而不仅仅是手段"。在学界，"人是目的"的命题已经成为了一个定见，也成为了康德思想的代表性命题。对于这个命题，似乎不再需要过多的解释，通常的理解更多的是"人是目的，而不是手段"。这里需要说明的是，康德的确切的表达并不是"人是目的，而不是手段"，而是"在任何时候都同样看作目的，永远不能只看作手段"。这里的一个细节就是，康德并没有说"永远不能看作手段"，而是说"永远不能'只'（仅仅）看作手段"，在看作手段之前还有一个"只"或"仅仅"（merely）。康德正是看到了，在实际的生活中，人们只是过于将自己和他人看作手段，才呼吁人要在任何时候都把自己和他人看作目的，而不要仅仅看作手段。

四　FH 与对四个例子的补充证明（与 FLN 中四个例子的比较）

从这里可以看出，康德的绝对命令的第二个公式（FH），是在绝对命令的第一个公式（FUL/FN）的基础上进一步解说绝对命令，回答了"要只按照你同时也能成为普遍规律的准则去行动"理由，提供了人的行动的准则成为普遍规律的依据，进一步证明了绝对命令的普遍性，它适合于一切有理性的东西。正因为人是作为有理性的存在，每一个人都以这样的方式而存在，它不仅是一条主观的准则，更是一种客观的规律，因此可以说是主观准则与普遍法则之间的重要的连接点。以上我们谈到的康德运用 FLN 对四种责任的证明中，确实存在着一定的问题和不完善性，康德自己似乎也意识到了这些问题。于是康德在提出绝对命令的第二个公式（FH）之后，继续对四个责任例子进行补充证明：

首先，我们对自我的完全责任和对他人的完全责任进行分析，看康德是如何运用人性公式责任例子进行补充证明。下面分别是康德对两个责任的论证：

例子 1：保存生命的责任（对自我的完全责任）

"按照对自己的必然责任的概念，打算自杀的人可以问自己，他的行为是否和把人看作自在目的这一观念相一致，如果为了逃避一时的困难处境，他毁灭自己，那么他就是把自己的人身看作一个把过得去的境况维持到生命终结的工具。然而，人并不是物件，不是一个仅仅作为工具使用的东西，在任何时候都必须在他的一切行动中，把他当作自在目的看待，从而他无权处置代表他人身的人，摧残他、毁灭他。"①

在 FUL 中对"保存生命的责任"的证明中，康德的论证是这种自我伤害的自立原则并不能变成一条普遍的自然规律，它与责任的最高原则是不相容的。保存生命的责任的根据更在于人是作为自在目的的人，因此在任何时候都要把自己的人性当作目的的看待。

例子2：对他人守诺的责任（对他人的完全责任）

"一个人在打算对别人作不兑现的诺言时都看得出来，他这是把别人仅仅当作自己的工具，而不同时把他当作自在目的。"②（意思是不是既可以把别人当作自己的工具，又同时把他人当作自在目的；还是把别人和自己一样仅仅当作自在目的。）

在 FH 的证明中，对他人作虚假诺言的行动准则，已不仅仅是一个与自然规律相矛盾，从而使一切诺言和保证成为不可能的问题了，而是引入了质料（目的）。这种仅仅把让人当作手段的做法，是对他人的自由和权利的侵犯，最终是对人的人格的不尊重。相反，我们应该把他人作为同你一样的有理性的人，把你自己身上的理性，同他人身上的理性，同时看作目的，而不仅仅是手段。如果人们把对他人自由和财产的侵犯作为例子，那么显而易见，这种做法是破坏他人的原则。因为十分清楚，处心积虑地践踏别人的权利，是把别人的人格仅看作我所用的工具，绝不会想到，别人作为有理性的东西，任何时候都应被当作目的，不会对他人行为中所包含的目的同样尊重。

通过运用人性公式对自我的完全责任和对他人的完全责任的证明，相对于形式法则 FUL，康德更多地从质料上为道德法则提供了根据，看到了人（Humanity）自身的内在目的和价值。但人性公式对于两种完全责任的运用，还是在消极意义，而不是积极意义上来展开的。人性公式的作用

---

① ［德］康德：《道德形而上学原理》，苗力田译，上海人民出版社 2002 年版，第 49 页。
② 同上书，第 115 页。

更是从否定的意义上对于自我与他人进行制衡，只是要求行为和人身中的作为自在的目的不相抵触，不把自己和他人仅仅用作满足我们爱好的手段。当我们把自己的人性当作目的来对待的时候，也要把他人的人性当作目的来看待。其次，在 FH 的证明中，对于后两种的对于自己和他人的不完全责任，提供了更加有力的依据。

例子 3：自我的发展责任

"行为只是和在人身中作为自在目的的人性不相抵触是不够的，它们还必须和人性相一致。现在，人性之中有获得更大完善的能力，这种完善也就是在我们主体之中，人之本性的目的，如若忽视这种目的，但也不妨碍把人性作为目的。"①

例子 4：对于他人的行善责任

"至于对他人可嘉的责任，一切人所有的自然目的就是他自己的幸福，虽然除非有意地从这里有所得，就不会有人对他人的幸福做有益之事。不过，与自在目的的人性相一致，在这里仍然是消极的，而不是积极的，倘若人们不尽其所能，促进他人所可能有的目的得以实现、如果这种看法对我充分地起作用，那么，自在目的的主体的目的，一定会尽可能成为我的目的。"②

显然，康德运用人性公式证明对自我和他人的不完全责任是不同的，前者更是要求从消极的意义上来谈，自我的保存责任与对他人的守诺责任只是要求与人的自在本性不相互抵触，不伤害自己人身中的人性和他人人身中的人性。但康德认为，仅仅和自身中作为自在目的的人性不相抵触是不够的，这还是消极的，而不是积极的，人应该去最大限度地实现自己作为自在目的的人性，是纯粹实践理性自身发出的目的，即自我的完善和他人的幸福，这才是真正的、积极的德性责任。因此，他又从积极的意义上，论证了对自我和他人的不完全责任。人性自在目的的意义，更在于积极地去设立目的，从而最大限度地去实现目的。

因此，从以上对 FH 与四个例子的补充证明中可以看出，康德的最终目的并不只是为了寻找普遍化的测试，而是在形式的普遍性基础上加入质

---

① ［德］康德：《道德形而上学原理》，苗力田译，上海人民出版社 2002 年版，第49—50 页。

② 同上书，第 50 页。

料（目的），进一步从质料上规定普遍法则。康德从准则的质料（目的）上进一步挖掘到了绝对命令的根据，为绝对命令寻找到一个更稳固的立足点。绝对命令不仅仅是一个消极的、否定性的普遍性法则，而是积极的、自身含有目的的道德法则，寻找到了人的理性本身。这个稳固的立足点，更充分地为绝对命令提供了依据，回答了人们为什么要使行动的准则成为一条普遍法则的原因，似乎这个理由也更让人信服。在这里，康德不再用否定性的普遍化测试进行证明，而是引入了有理性的目的自身，从正面对四个例子进行补充证明。同时，在 FH 的证明中，康德的责任的概念和分类也似乎越来越清晰了，逐渐显露出法权责任和德性责任的原型。特别是第二个责任例子，对他人的完全责任中，康德提出了权利和人格尊严问题，在康德的《道德形而上学》的"法权论"部分，康德将这种责任发展为一种法权责任、正义责任。而对于后两种对自己和他人的不完全责任，康德把它放在了《道德形而上学》的"德性论"部分，康德将其发展为两种德性责任，自我的完善与他人的幸福。绝对命令的第一个公式 FUL/FLN 作为绝对命令的初级公式，即第一个阶段，仅仅是从形式的普遍性上，对绝对命令进行限定。绝对命令的第二个公式 FH，则是在 FUL/FLN 的基础上进一步补充、丰富绝对命令的内容，使其不是一个冷冰冰的、空洞的形式主义，而是一个有血有肉、内容丰富的目的法则，而这个目的正是人的理性本性本身，一种先验的、纯粹的理性。

第四节　绝对命令的第三个公式：自律公式（FA）

一　FA 的主导性地位

第一个公式（FUL/FLN）从准则的形式性上表现了绝对命令，而第二个公式（FH）进一步从准则的质料（目的）上为绝对命令提供依据。两个公式之间似乎存在着一些内在联系，但彼此之间又是相互独立的，以不同的方式解说同一个道德法则。康德下一步所要做的是：结合两个公式 FUL/FLN 和 FH，推出绝对命令的第三个公式：

A．FUL/FLN 一切实践立法的基础都客观地在规则和普遍性形式中，使它能够按照第一项原则成为规律，甚至可以说是自然规律（FLN）；

B．它主观地以目的为依据。按照第二项原则，一切目的的主体是每一个作为自在目的而存在的有理性的人；

C. 从这里，于是引申出实践意志的第三项原则，作为自己和全部普遍实践理性相协调的最高条件：每个有理性东西的意志的观念都是普遍立法意志的观念。

那么，如何由 FUL/FLN ＋ FH ＝ FA，即由 A ＋ B 推出 C？

绝对命令的第一个公式在准则的形式上保证了实践立法的普遍性，按照 FUL 使行动的准则成为普遍规律，甚至这种普遍规律可以说成是像自然规律那样具有普遍有效性，这样，就在形式上保证了道德法则的普遍有效性；绝对命令的第二个公式则在准则的质料（目的）上为实践立法提供了依据，人的作为自在目的而存在的理性本性的体现，恰恰是人自身作为一个立法者而存在，因为目的自身是意志自身规定的客观根据。这样，康德从准则的质料（目的）上，进一步为这种普遍有效性提供了一个稳定的立足点。因此，将 FUL＼FLN 和 FH 结合，即形式与质料的结合，就推出了绝对命令的第三个原则（FA）。康德把这种"意志自律性（自主性）"作为道德的最高原则，于是，最终形成了康德绝对命令的完整体系。

这里，FA 在表面上似乎同 FUL 有相似之处，但实际上 FA 是与 FUL 有着很大的不同之处：FUL 只是从形式上的普遍性上要求你的行动的准则按照你的意志成为普遍法则，似乎更强调这种普遍化测试，而 FA 在 FUL 的基础上加入了这种准则的质料（目的），从而在这种否定性的普遍化测试中注入了生命和活力，成为一种积极的普遍法则，它比 FUL 更加强烈，要求你自身作为一个立法者，使你的意志观念成为普遍立法意志观念。在你的意志进行普遍立法的过程中，一方面，你作为立法者，自己为自己立法，具有更广泛的自主性；另一方面，你还要注意这种自我立法不是一种主观随意的立法，而是一种普遍立法，一切和意志自身普遍立法不一致的准则都要被抛弃。人之所以服从、遵守普遍法则的原因，不在于外在的原因，恰恰在人自身，因为他自身是一个立法者，这就再一次为绝对命令提供了有力的依据和保证。有理性的人在绝对命令中，所感受到的不是一种外在的强制，而恰恰是一种自我强制，即意志自律①，于是人第一次感受到了人是自由的，正是这种意志自由使人成为目的王国中的立

---

① 这里要注意的是，意志自律公式的得出，仅仅是用来证明自律原则是我们全部道德判断不可缺少的条件，而不是证明了自由的存在。绝对命令如何可能是一个先天综合命题，是下一章纯粹实践理性批判中所要解决的问题，而本章康德所做的仅仅是推出了绝对命令的主要内容。

法者。

因此，可以看出，尽管三个绝对命令从不同的方面，共同诉说绝对命令，但这种诉说并不是一些康德伦理学的反对者或是康德的研究者所理解的那样，仅仅是一种平等的、平行的关系，三个公式之间是有着内在的层级性的。FUL/FLN 仅仅是绝对命令的初级形式，FH 作为 FUL 的进一步补充，而在 FUL/FLN 和 FH 的基础上推出 FA，作为绝对命令的最完整的形式。FA 在绝对命令中处于更主导的地位，包含着 FUL/FLN 和 FH。康德提出的，并不是指每一个公式都包含、构成另外的两个，仅仅是特指其中的一个公式包含着另外的两个①，而本文认为，这个公式正是指 FA，FA 是一个更具有主导性的公式。而一些研究康德的学者，也尝试着重新解读康德的绝对命令及其公式，对三个公式的层次性进行研究。如艾伦·伍德（Allen. W. Wood）在《康德道德法则的公式化》（*Kant's Formulations of the Moral Law* ）一文中，伍德认为只有 FA 才是绝对命令的决定性的、最完整意义上的表达。②

最后，我们可以结束在开始的地方。针对对康德绝对命令的一系列批评，前面的论证主要从绝对命令的三个关系入手，试图做出一种反驳，重新理解康德的绝对命令：

首先，绝对命令只有一条，三个公式是同一法则不同的方式，从不同的方面共同解说同一个法则，是同一个法则不同阶段的呈现。绝对命令分别由三种范畴构成：（1）准则的形式性、普遍性，体现为一种外在的立法要求，是一种形式的获得；（2）准则的质料，自在的目的，一种质料的获得；（3）行动准则的完整性、完善性，意志自律作为最高的道德法则，最后是形式与质料的结合。这三种范畴，并不是一种平行或是相等的，而是具有层次性的：FUL/FLN 只是绝对命令的一个初级的、不完善的，在形式的普遍性上体现着绝对命令；而 FH 体现了绝对命令的质料，包含着目的，这里的目的并不是一个主观目的，而是对一切有理性的存在者都有效的客观目的、自在目的，最后是纯粹实践理性自身的目的：自我

---

① 原文参见："one of many formulas unites the other two in itself"，Kant. *Groundwork for the Metaphysics of Morals*，edited and translated by Wood. New Haven：Yale University，2002，p. 436.

② 原文参见："If there is such a thing as a definitive statement of the moral law，it is FA（FRE）"，Wood，"*Kant's Formulation of the Moral law*"，in Bird（ed），*A Companion to Kant*，Blackwell，1996.

的完善与他人的幸福；公式 3 FA/FE 由公式 1、公式 2 推出，FA 是一个具有主导性的公式，成为绝对命令的最完整的表达，因此康德说"意志自律是道德的最高原则"。另外，这种层级性还体现在具体的道德判断中，是绝对命令不同阶段的呈现，是流动的，而不是静止的。康德认为，在做出一个具体的道德判断的时候，是有着一定的层级性的，"最好是以严格的步骤循序渐进"。首先是要以绝对命令的形式性公式作为基础，它虽然不是绝对命令的最完善形式，具有初级性，但却是道德判断的首要环节，进入普遍道德规律的一个重要的台阶。在这个台阶的基础上，你要想真正为道德规律开辟一个入口，则需要进入到绝对命令的第二个公式，即道德形而上学阶段，最后寻找到最高的道德法则。

　　其次，从绝对命令的三个公式关系的分析可以看出，绝对命令具有更大的包容性，具有更广泛的意义，即具有正当的意义，还有德性的意义。它并不像批评者所形容的那样仅仅是"空洞的形式主义"，准则的普遍形式性公式（FUL/FLN）仅仅是绝对命令的初级公式，而无论是康德的批评者还是一些研究者都似乎过于夸大了这个公式的作用。通过对绝对命令的第二个公式的分析可以看出：绝对命令并不是冷冰冰的形式主义，而是包含着质料的，在根本上目的论，是一种责任目的论。这种目的是人的理性自身的目的，追问的是人的完善：自我的完善和他人的幸福。由第三个公式及其三个公式关系的论证可知，这种完善正是人的心灵的内在自由的状态，永远把"意志自律性（自主性）"作为道德的最高原则，将德性和自由相连。而且这种内在自由，不仅可以发展出一种德性论（德性学说），而且还可以扩展为一种外在自由，在外在自由的基础上发展出一种法权论（正当学说）。在康德那里，德性学说与正当学说在实践理性那里是统一的，正当学说作为道德形而上学的第一个阶段，具有优先性；而德性学说作为道德形而上学的最高阶段，具有更高的地位。因此可以得出，康德的绝对命令具有更大的包容性，具有内在的生命力，是一种精神自由的道德法则。

二　康德关于"自律与自由"的论证是否是循环论证？

　　在第二章"道德形而上学"阶段，康德所做的工作主要是从绝对命令中推演出三条公式，最终在这种推演中找到了道德的最高原则——意志自律性。在这里，康德所运用的证明方法更多的是分析的，通过道德概念的解剖揭示出，自律性是道德的最高原则。在前面的分析演绎中，主要是解决了意志是如何自律的，更是呈现了意志自律这个理念，而对于意志为何（何以）是自律的，康德则在第三章"从道德形而上学过渡到纯粹实践理性批判"中给予了回答和证明。在第三章，却不能通过概念剖析的分析方法来完成，因为自律原则是一个综合命题，需要一个"第三者"来把意志自律性和道德法则综合起来，而这个第三者就是"积极自由"。

（一）自律与自由

在第三章的开篇，康德通过自律和自由的关系，从自由来引出自律，认为自由概念是阐明意志自律性的关键。康德通过对意志和自由概念的界定，从消极自由的阐明（独立性）概念推出自由的积极阐明（自律性）概念。首先，康德从自由的消极阐明开始："意志是有生命东西的一种因果性，如若这些东西是有理性的，那么，自由就是这种因果性所固有的性质，它不受外来原因的限制，而独立地起作用；正是自然必然性是一切无理性所固有的性质，它们的活动在外来原因影响下被规定。"①一切理性存在者究其自身而言都是摆脱感性、摆脱自然因果律而自由的，从而具有一种"独立性"，但这种自由更是一种消极意义上的自由。从理性方面说，它必然会把自己看作自由的，因为理性摆脱了感性，能够在理论上为自己设定一个自由的理念。但康德认为以上只是对自由的消极阐明，而不会很有成效地深入到自由的本质。因为它只回答了"自由不是什么"的问题，自由不是由外来的规定而起作用，而是独立和摆脱外来的规定而起作用，因此对解释其本质并无成效。于是，康德在自由的消极意义的基础上，进一步对自由进行积极阐释："意志的一切行动都是他自身规律这一命题，所表示的也就是这样的原则：行动所依从的准则必定是以自身成为普遍规律为目标的准则。这一原则也就是定言命令的方式，是道德的原则，从而自由意志和服从规律的意志完全是一个东西。"②

于是，康德在消极自由的阐释中，引出了对自由的积极阐释，从正面回答"自由是什么"的问题，即积极的实践自由概念。消极的自由概念只是一个先验自由的理念，是康德在《纯粹理性批判》中提出的，这个自由理念更是一个空的东西，没有任何内容，只是在理论的意义上存在。

---

① ［德］康德：《道德形而上学原理》，苗力田译，上海人民出版社 2002 年版，第 69 页。

② 同上书，第 70 页。

而积极的自由概念则是在实践的意义上的，具有更加丰富的内容。虽然我们在理论上无法认识自由，但在实践上我们可以自由地行动。那么这种积极的实践自由是什么，是否是一个无边界，没有规律的自由？康德的回答是否定的。正像帕通（Paton）所分析的："一个无法无天的自由意志是自相矛盾的，我们必须使我们的描述成为积极的，说自由要服从规律、法律，而这些规律不是某种外在的东西强加的。因为如果规律是外在强加的那就只是自然的必然规律。如若自由规律不能异己强加的，那么必定是自身强加的。也就是说，自由将和自律等同。"① 自由意志虽然摆脱了自然的因果性规律，但并不是说无规律而循，相反，当自由的意志摆脱了感性而行动时，它恰恰要按照理性的法则而行动，自由的行动必然是合乎理性法则的，唯有理性的法则是不受因果律所束缚的一种自由的发展，这就是道德自律。自然的必然性更是一种他律，而唯有意志自由是一种自律，即自由规律是由自身立法并执行的。由此，康德提出"自由意志和服从规律完全是一个东西"。那么，这个作为第三者的"积极自由"是什么，它是怎样从纯粹实践理性中演绎出来的？

康德认为，我们把自由归于一般的意志还不够，还必须把它归于理性存在者，自由必须被设定为一切有理性的东西的意志所固有的属性："道德既然是从自由所固有的性质引申出来，那么，就证明自由是一切有理性的东西所固有的性质，自由不能由某种所对人类本性的经验来充分证明的。这样的证明完全不可能，却能先天地被证明。所以，人们必须证明它一般地属于具有意志的有理性的东西的行动。我这样说：每个只能按照自由观念行动的东西，在实践方面就是真正自由的。"② 于是，康德最终把对道德自律性的确定概念回溯到自由的理念，从理性的性质中预设了自由概念的必然性，即"自由是一切有理性的东西所固有的属性"，每个具有意志的有理性的东西都是自由的，并且依从自由观念而行动。每个按照自由观念行动的有理性者，在实践方面就是真正自由的。

综上所述，康德的主要推论是：康德从"有理性的存在者"出发，设定人是自由的，但这种自由只是理论上的先验的自由理念，更是一种消极意义上的自由，但这并没有深入自由的本质。在此基础上，康德推出了

---

① ［德］康德：《道德形而上学原理》，苗力田译，上海人民出版社 2002 年版，第 70 页。
② 同上书，第 71 页。

实践的积极自由，理性的自我立法，即道德自律。因为具有理性的人的意志是自由意志，因此有理性的意志的人会遵循理性自身颁布的命令，或者像康德所说的"一个自由的意志和一个服从道德法则的意志是一回事"。

（二）"循环论证"问题

康德的这种从自由到自律，从自律到道德律的推论中存在的循环表明，我们还没有为道德律确定根据，即康德的批评者所说的"循环论证"问题。著名康德学者帕通称其为"恶性循环"：我们论证了我们必须设定自己是自由的，因为我们服从道德规律，然后又论证，我们必须服从道德规律，由于我们已经设定自己是自由的①。另一位康德学者阿利森也有类似的批评：只要我们相信自己是自由的，我们就必须相信自己处于道德法则之下，并且我们如果视自身为理性存在者，亦即视自身为拥有意志的理性存在者，则我们必须将我们的意志也视为自由②。由此得出结论：如果一个人将自身视为理性存在者，那么他必须也将自身视为自由的，并处于道德法则之下。以上所批评的康德的循环论证思路如下：

1. 人为什么设定自己是自由的？（p）
2. 因为我们服从道德律（道德律是人的自由的认识理由）（q）
3. 为什么我们服从道德律？（q）
4. 因为我们已经设定自己是自由的（自由是道德律的存在理由）（p）

由如上的论证结构看，康德的论证在形式上和逻辑上都非常像是一种循环论证，自由和道德律互为前提存在。问题是：当康德把"道德律"作为前提，是否像康德所说的回答了自由的实在性问题，即"道德律是人的自由的认识理由"；同时，当康德把"自由观念"作为前提来论证道德自律的时候，是否真正地回答了道德自律的约束性问题，即"自由是道德律的存在理由"。虽然我们设定了自由概念的必然性，但由于人是有限的理性存在者，我们依然无法回答道德自律的根据，即人为什么要服从道德律。当然，对于这个问题，康德自身也意识到了，而且在文本中有所描述：

"这种事情如何可能，道德规律的约束性由何而来，我们还是找不到

---

① ［德］康德：《道德形而上学原理》，苗力田译，上海人民出版社 2002 年版，第 130 页。
② ［美］阿利森：《康德的自由理论》，陈虎平译，辽宁教育出版社 2001 年版，第 333 页。

答案。这里清楚表明，人们必须公开承认有一个似乎无可逃脱的循环。为了把自己想成在目的序列中是服从道德规律的，我们认为自己在作用因的序列中是自由。反过来说，我们由于赋予自身以意志自由，所以把自己想成是服从道德规律的。自由和意志的自身立法，两者都是自律性，从而是相交替的概念，其中的一个不能用来说明另一个，也不能作为它的根据。"①

在康德的自我分析和其他学者的批评看，这种"看似"的"循环论证"主要体现在两点：关系上的循环和概念上的循环。

其一，关系上的循环。我们假定自己在"作用因序列"中是自由（先验的消极自由），是为了在"目的序列"中服从道德规律；我们服从道德规律，是因为作为有理性的存在者我们赋予自身以意志自由（实践的积极自由）。那么，问题就出现了：这种先验的消极自由如何转换为实践的积极自由，这种转换如何可能？先验的自由理念，使我们不摆脱感性自然因果律拥有一种"独立性"，但这种独立性更是消极意义上的。而且，这种先验的自由理念更是理论角度的一种假设，在理论和观念上设想一种自由理念的存在，没有具体的内容，这种"空位"的意义在于为信仰和道德留下地盘。这种空位在实践的道德领域主要是自由意志，是理性的自我立法，理性的自我意志使人服从道德律。

邓晓芒先生对这种从"先验的消极自由"到"实践的积极自由"的转换问题提出了疑惑："一方面，我们假定自由，是为了道德；另一方面，我们服从道德律是为了意志自由。我们为什么要服从道德规则，是因为我们要保持自己的自由；但是这个自由最开始就是为了道德法则而留下的空位。这个自由本来是一个假设，现在你把它当作一个根据来解释这些法则，这不是一种循环论证吗？它本来是一个空位，没有任何内容，只是一种可能性，它就是摆脱一切自然规律，这是对自由的消极规定；那么突然摇身一变，就变成了积极的规定了，我们把意志自由赋予了自己，所以我们才服从道德法则。"② 这种转换问题确实存在一种循环论证：自由和道德律究竟哪个是哪个的根据，两者是否能互为前提而存在？

其二，概念上的循环。正如康德自己所说的，自由和意志的自我立法

---

① ［德］康德：《道德形而上学原理》，苗力田译，上海人民出版社 2002 年版，第 74 页。

② 邓晓芒：康德《道德形而上学原理》句读（下），人民出版社 2012 年版，第 678—679 页。

都是自律，因而是可交换的概念，又如何解释对方，为另一个提供论据？从文本中，可以看到，康德经常将"自由"和"自我立法"等同，两者都是自律。由此可以看出，康德所讲的自由和自我立法主要还是一种道德自律，围绕着自由和道德律的关系。因此，两者是可以互换的，讲自由就是自律，讲自我立法也是自律，讲自律就是道德律，只有自律是真正意义上的自由。在自由、自律及实践理性之间，康德缺少一种分析性联系，使得违背道德性规定而自由行动的可能性无法得到解释。因此，都作为"自律"的"自由"和"意志的自我立法"，如何来解释彼此，为对方提供根据？这也是康德不得不面临的一个问题。

从以上两点，即关系的循环和概念的循环，康德对自由和道德律的论证确实在形式和概念上具有了循环论证的一些特征。康德的证明中自由概念和自律概念又是互相包含和同一的，无法成为彼此的前提，容易陷入循环论证中。

（三）对循环论证的问题的回应与解决

虽然在关系和概念上，康德承认了这种形式上和逻辑上的循环论证，但康德并没有停留于此，而是寻找到另外一条出路，即"当我们通过自由把思考为先天地起作用的原因时，和我们按照作为眼前看到的结果的我们的行动来设想我们自己时，我们采取的是否是不同的立场"①。一个是从先验自由的立场，作为先天的理念，引起一些行动，这是第一种立场；而在这个行动中，带有不同的结果，每一个环节都体现在现象界，这是第二个立场。由此，对以上所谈到"看似"的"循环论证"，康德的解决和回应是通过"双重立场"的方式来摆脱这种循环。康德的这种双重立场主要是立足于《纯粹理性批判》中的"现象和本体"的区分来提出，提出人同时是智性世界（本体界）和感性世界的成员（现象界）。"就自身仅是知觉，就感觉的感受性而言，人属于感觉世界；就不经过感觉直接达到意识，就他的纯粹能动性而言，人属于理智世界。"② 实际上，康德是借用了"两个世界"（本体界和现象界）来摆脱存在于自由和道德法则之间的"隐蔽的循环"："现在我们知道，在我们把自己想成自由的时候，就是把自身置于知性世界中，作为一个成员，并且认识了意志的自律性，

---

① ［德］康德：《道德形而上学原理》，苗力田译，上海人民出版社 2002 年版，第 74 页。
② 同上书，第 75 页。

连同它的结论——道德；在我们把自己想成是受约束的时候，就把自身置于感性世界中，同时又是知性世界的一个成员。"① 当人为作为知性世界的成员的时候，人拥有自由意志，人必然服从道德律，一个自由的意志和一个服从道德法则的意志可以画等号；当人作为感性世界的成员，人的行为易受到感性欲望的影响，可能存在不服从理性道德规律的时候。但由于人又是知性世界的成员，受到理性的束缚和强制，应当服从理性的无条件的命令。由此，康德认为前面所提到的"从自由到自律，从自律到道德规律的推论中暗藏的循环论"是站不住脚的。那么，康德的"双重立场"的思路是否正如他所说的避免和解决了循环论证问题？虽然康德自身为其论证做了进一步的补充和辩护，但从"自由—自律—道德律"的论证中还是存在着一些遗漏和问题，同时也遭到一些康德学者和非康德学者的批评和诟病，成为了康德研究中的一个难题。

康德所谓的"循环论证"表明，每一个理性存在者，只要他的理性使其能够设想自由理念，即"自由必须被预先假定为所有理性存在者之意志的特性"，由此就能推出理性同样在"在实践上也是自由的"。虽然我们预先假定了自由理念，但由于人是有限的理性存在者，我们仍然无法保证从准则到普遍法则的必然性，即人为什么要服从道德律。或者说，有理性的存在者仅仅意识到理性能够"拥有意志自由"，他就必然一定能够做到"自由行为"？康德看到了循环论证的风险，又补充性地用"双重立场"的思路来避免这种循环。于是在《道德形而上学原理》的 III（即从道德形而上学向纯粹理性批判）的结尾处，康德对自由的演绎的完成最终落在了"智性世界"上，他试图从这个"非道德"的前提推出我们事实上是自由的且会服从道德法则。虽然康德通过善良意志、绝对命令和自律原则，最终在"自由意志"中发现了自由，并且通过"双重立场"的思路对自由的实在性演绎进行补充和修正，但这种演绎却仍然是不充分的。因为如果没有从根本上回答"道德确实存在"这个问题，康德就没有最终回答对自由的实在性证明。虽然绝对命令和自律原则表明了自由的实在性，但毕竟还是依赖于非道德的先验自由理念，道德法则仍然仅仅是一个理论观念，因此这种实在性还没有真正地落下来。康德真正的目的还没有达到，康德想要证明的是道德原则真正地应用于我们身上，存在于我

---

① ［德］康德：《道德形而上学原理》，苗力田译，上海人民出版社 2002 年版，第 77 页。

们的思想、情感和行为中。于是，康德在《实践理性批判》中诉诸于"理性事实"的方式，继续推进对自由实在性的演绎和证明，证明确实存在着纯粹实践理性。

康德《实践理性批判》的命名就已经表明了康德的观点，他在序言中也作了说明，认为不存在理性批判意义上对纯粹实践理性进行批判的必要，相反，其任务在于证明存着纯粹实践理性，并在我们的道德思想、情感和行为中存在。纯粹实践理性的存在与否的证明，并不依赖于思辨理性，相反"实践理性本身，无须暗指思辨理性，便能赋予因果性范畴的超感性对象以实在性，亦即赋予自由以实在性。这是一个实践的概念，就此而言，它仅仅服从于实践的运用；但在思辨的批评中仅仅只能被思考的东西现已通过一个事实被确认了①"。于是，康德首次提出了"理性事实"的概念。由于康德并没有前后一致地规定理性事实这个概念，而且这个概念的八次出现也是比较分散的，康德分别对其有着不同的刻画和描绘，因此为理解这个概念带来了一定的困难。康德有时候将其形容为"对道德法则的意识"，有时候又为"道德法则"本身，有时候还将其描绘为"自由意识"等。虽然有时候康德并没有对"道德法则"和"道德意识"作严格的区分，但道德法则毕竟作为一个理性观念而出现，本身缺乏客观实在性，由此它不能与理性事实等价。同时，由于康德多次否认对自由的直接意识的可能性，康德认为我们对自由不具有智性的直观，因此，理性事实也不可能直接是自由意识。由此这里我们选择还是将"道德事实"定义为"对道德法则"的意识，这个道德意识不可分割地与道德律联系起来。

对理性事实的分析，可以看出康德在《实践理性批判》中的思路，比起《道德形而上学原理》确实有很大的变化和转变。《道德形而上学原理》试图从"自由—自律—道德律"的方式来说明人为什么要有道德，而且自由和自律之间还存在互为前提的循环论证问题，康德最后是以一种"非道德"作为前提来解决。在《道德形而上学原理》中，自由作为道德律的本质，除非证明意志是自由的，否则道德律不会成为规定意志的根据，论证的思路是"从自由到道德"。在《实践理性批判》中，康德改变了论证角度，无须通过思辨理性来设定自由理念，然后规定意志、遵守道

———————————

① ［德］康德：《实践理性批判》，邓晓芒译，人民出版社 2003 年版，第 5 页。

德律，而是理性事实本身就确立了道德的有效性，回答了人为什么要有道德，于是自由概念的实在性也就显示出来。《实践理性批判》的论证思路相比《道德形而上学原理》中的"从自由到道德"，而是一种"从道德到自由"的思路。因为自由概念是由理性事实直接确立的，理性事实的客观存在，也保证了自由的实在性，因此康德在有些地方直接将这种"道德意识"看成"自由意识"。

三　康德对于自由的道德哲学证明

为了进一步理清康德关于"自律与自由"的关系，下面的部分将结合康德的《纯粹理性批判》、《道德形而上学原理》以及《实践理性批判》等文本，在康德整个的思想体系中考察康德对自由的哲学证明。自由概念在康德的整个哲学思想体系中，占有核心的地位，也是联结"纯粹理性批判体系"和"实践理性批判体系"的关键。康德对于自由的哲学证明主要分为两步：第一步，在第一批判的二律背反中证明了先验自由理念的可能性；第二步，在《道德形而上学原理》和《实践理性批判》中，用"自律原则"说明了先验自由的实在性。

（一）纯粹理性二律背反中的"先验自由"

康德在《纯粹理性批判》的纯粹理性先验理念的第三个冲突的正题中，提出了"先验自由"的概念，先验理念的第三个冲突，即"按照自然律的因果性并不是世界的全部现象都可以由之导出的唯一因果性。为了解释这些现象，还有必要假定一种由自由而来的因果性"。① 为什么要假定先验自由理念，康德的证明和解释是："如果按照一切都是按照单纯的自然律而发生的，那么任何时候都只有一种特定的开始，而远远没有一个最初的开始，因而一般说来，在一个溯源于另一个诸原因方面并没有什么序列的完备性。"② 也就是说，自然的因果律总是需要追溯更早的原因，它并不能成为最初的始点，所以它的序列就是不充分和不完备的，因此它需要一个始点。因此，如果一切因果性都只有按照自然律发生，"则这个命题在其无限制的普遍性中就是自相矛盾的"。由于自然因果性不能成为唯一的因果性，康德进而提出，我们必须假定一个最初的纯粹自发的因果

---

① ［德］康德：《纯粹理性批判》，邓晓芒译，人民出版社 2004 年版，第 374 页。

② 同上。

性，它本身即是"第一原因"，而不需其他的原因来加以规定，"也就是要假定原因的一种绝对的自发性，它使那个按照自然律进行的现象序列由自身开始，因而是先验的自由，没有它，甚至在自然的进程中现象在原因方面的延续系列也永远不会得到完成"①。由此，康德证明了先验自由的必然性。

当然，这种先验自由的设定更是超越经验世界之上的，康德本人也认识到这一点，而且他还发出了如此的感叹：自由的先验理念，却是"哲学的真正绊脚石"，即哲学承认这样一个无条件原因所面临的不可克服的困难。这种先验自由理念的设定真正来说只是先验的，"并且只是意味着是否必须假定一种由自己开始一个相继诸物或诸状态的序列的能力"②。但这样一种能力是如何可能的，先验自由理念是不可能给出必然的答案的，我们必须仅仅执着于经验。虽然在阐明纯粹先验自由理念上是先验世界展开的，但人们对于随后的状态就可以视为按照自然律的顺序了。于是，康德在纯粹先验自由的基础上，进一步引申出在经验世界内先验自由的设定："但由于这样一来毕竟这种在时间中完全自发地开始一个序列的能力得到了一次证明（虽然不是得到了洞察），所以我们现在也就斗胆在世界进程当中让各种不同序列按照原因性自发地开始，并赋予这些序列的诸实体以一种自由行动的能力。"③ 康德进一步补充到，这种第一开端并不是时间上的，而是原因上的。正如康德所形容的，正如我在日常生活中的一个自由行动，我不受自然原因的必然影响地从椅子上站起来，都开始一个新的序列，这种序列是按照原因上的根据，而不是时间上的。

于是，康德在《纯粹实践理性》中通过第三个二律背反（自由与自然的关系），论证了先验自由的可能性问题。康德更是在理论理性的领域中论证了先验自由，它仅仅是一个先验理念。因此，这种可能性并不是经验的可能性，而是逻辑的可能性，即自由概念的可思想性。它没有任何经验的对象，不具有任何形式的客观实在性，其实质却是空的，无任何内容。虽然这种先验理性概念本身是空的，但对于实践的自由却是不可缺少的，它为一般实践的自由在理论理性中预留地盘。

---

① ［德］康德：《纯粹理性批判》，邓晓芒译，人民出版社 2004 年版，第 375 页。
② 同上书，第 378 页。
③ 同上。

（二）实践自由的两层含义："Wille"和"Willkür"

虽然设想一种"先验自由"理念是必要和可能的，但毕竟仅仅是一种思想的可能性，不具有客观实在性，因此还需要在实践理性中寻找这种实在性。正如康德所说："自由的概念，一旦其实在性通过实践理性的一条无可置疑的规律而被证明了，它现在就构成了纯粹理性的、甚至思辨理性的体系的整个大厦的拱顶石。"① 实践理性的道德律使人认识到人在实践中事实上是自由的，这样这一事实就使自由不再仅仅是《纯粹理性批判》中所设想的那种可能的"先验自由"，而成为了具有客观实在性的"实践的自由"，即"自由意志"。这种实践的自由又分为两层含义："Wille"和"Willkür"。

1. 对"Wille"和"Willkür"的区分

为了进一步理解康德的自由意志和自律的关系，下面有必要就意志的两个含义，即"Wille"和"Willkür"，进行分析。这两个概念既存在着区分，同时又相互联系。在一定意义上，可以说"Wille"和"Willkür"分别是自由的两个不同的层面，分别从积极意义和消极意义上彰显了实践理性的自由概念。

首先，我们从词源上对两个概念进行区分。在描述人的心灵能力或意欲能力的时候，康德分别使用了两个词来形容，即"Wille"和"Willkür"。"Wille"通常被理解为康德所说的"意志"，英语将其翻译为"Will"，而人的理性的自由意志，即为"free will"。康德在使用这个词的时候，经常将其等同于实践理性自身。在康德看来，"意志被认为是一种按照对一定规律的表象自身规定行为的能力，只有在有理性的东西中才能够找到这种能力"②。Wille 具有两种含义，既指一种广泛的含义，总体包括意愿或意志的总体能力；同时也具有一种狭义的含义，主要是指我们之前分析的体现实践理性自主性的立法能力。"Willkür"也用来形容人的意愿或意欲能力，但经常与人的行动相关，更强调责任行为的选择与实现。在德语中，这个词是一个合成词，分别由两个词构成，即"Wille"和"kür"构成，"kür"是自由活动、自由选择的意思，从动词"küren"发展而来，意为选择（choose）、挑选或决定。这个词，主要有两种意思，

---

① ［德］康德：《实践理性批判》，邓晓芒译，人民出版社 2003 年版，第 2 页。
② ［德］康德：《道德形而上学原理》，苗力田译，上海人民出版社 2002 年版，第 46 页。

第一种常用来指个人的自由选择能力，你能够选择任何你喜欢或向往的东西。这种选择常具有一种任意性、随意性，并不是所有的选择或挑选都是好的或适当的；第二种意义是指专断或独裁，主要是运用在政治领域，用来形容专制或独裁统治。在英语中，经常被翻译为"choice"或"arbitrariness"。在中文中，一些学者普遍将其翻译为"任性"或"任意"，也有一些学者也将其翻译为"决意"①。

其次，在康德的文本中，虽然"Wille"和"Willkür"都是用来描述人的心灵能力或意欲能力，但却是在不同的含义上使用这两个词。在《道德形而上学原理》和《实践理性批判》中，康德已经点明了两者的区别，但没有明确将两个概念加以区分。在晚期的《道德形而上学》导言中，康德对于两个概念给予了明确的区分。

第一处区分：Willkür、Wunsch和Wille。在导言中，康德首先明确地定义了"任意"或"决意"（Willkür）、希望（Wunsch）和意志（Wille）：

"从概念上看，如果使欲求能力去行动的规定根据是在其自身里面，而不是在客体里面发现的，那么，这种欲求能力就叫作一种根据喜好有所为或者有所不为的能力。如果它与自己产生客体的行为能力的意识相结合，那么，它的行为就叫作一种任性（Willkür）。但是，如果它不与这种意识相结合，那么，它的行为就叫作一种愿望（Wunsch）。如果欲求能力的内在规定根据，因而喜好本身是在主体的理性中发现的，那么，这种欲求能力就叫作意志（Wille）。所以，意志就是欲求能力，并不（像任性那样）是与行动相关来看的，而是毋宁说是使任性去行动的规定根据相关来看的，而且意志本身在自己面前真正说来没有任何规定根据，相反，就

---

① 苗力田先生和李秋零教授都将"Willkür"翻译为"任性"，参见：［德］康德：《道德形而上学原理》，苗力田译，上海人民出版社1982年版；［德］康德：《道德形而上学》，李秋零译，《康德著作全集第6卷》，中国人民大学出版社2006年，第397页。还有一些台湾学者将"Willkür"翻译为"决意"，如：卢雪昆教授在其《意志与自由——康德道德哲学研究》中，将"Willkür"翻译为"决意"，并且细致地区分了德语中的"Wille"和"Willkür"两词。参见：卢雪昆：《意志与自由——康德道德哲学研究》，文史哲出版社1986年版。本文更倾向于将"Willkür"翻译为决意或选择，Willkür的动词词源主要是一种选择、挑选或决定的意思。这个词更是一个中性词，人的一种能够自由选择的能力，并不具有褒贬之意。本文主要采用了卢雪昆教授的翻译，将其翻译为"决意"或"选择"，而不是"任性"，因为任性在中国文化的语境中更含有一种贬义的意思。

理性能够规定任性而言，意志就是实践理性本身。"①

　　显然，在康德看来，决意（选择）（Willkür）更是与人的行为能力直接相关的，但它必须是与产生客体的行为能力的意识相结合。如果仅仅是一种主观的行为能力的意识，那么就仅仅是一种愿望（Wunsch），而不是真正的决意（选择）行为。相反，意志则并不像决意一样与行动直接相关，而是与决意（选择）行动的根据相关。也就是说，意志更是决意（选择）行动的根据，与实践理性直接相关，在某种意义上，意志就是实践理性本身。这种实践理性或自由意志恰恰是决意（选择）行为的根据，规定着决意（选择）行为。

　　第二处区分："自由的任性（决意）"和"动物的任性（决意）"。接着，康德进一步定义了"自由的任性（决意）"（die freie Willkür），并且区分了"自由的任性（决意）"和"动物的任性（决意）"：

　　"就理性能够规定一般欲求能力而言，在意志之下可以包含任性，但也可以包含纯然的愿望。可以受纯粹理性规定的任性（选择）叫作自由的任性（选择）。而只能由偏好（感性冲动，刺激）来规定的决意则是动物的任意（arbitrium brutum）。相反，人的决意（选择）是这样的决意（选择）；它虽然受到冲动的刺激，但不受它规定，因此本身（没有已经获得的理性技能）不是纯粹的，但却能够被规定从纯粹意志出发去行动。决意（选择）的自由是它不受感性冲动规定的那种独立性。这是它的自由的消极概念。积极的概念是：纯粹理性有能力自身就是实践的。"②

　　在康德那里，任性（决意）（Willkür）仅仅是一种随意的、任意的选择行为，这种选择可以是一种听从理性的选择，也可以是一种追随欲望和爱好的选择。因此，决意（Willkür）本身是中性的，仅仅是一种选择行为。但康德所要强调的是一种自由的决意（die freie Willkür），这种决意或选择具有随意性，在与行为相关的同时不可避免地掺杂了经验和爱好的因素，受到欲望和冲动的刺激，并不像自由意志（Wille）那样纯粹。但它与动物的任性（决意）不同的是，它依然能够被规定从纯粹意志出发去行动。这种决意或选择的"自由"，体现在它不受欲望和爱好所动，依

――――――――――

　　①　［德］康德：《道德形而上学》，李秋零译，康德著作全集第 6 卷，中国人民大学出版社 2006 年版，第 220 页。

　　②　同上。

然遵守理性的选择，在这个意义上它依然被称为是自由的，但却是一种消极意义上的自由，这种自由体现为不受感性冲动规定的独立性。相反，动物的任性则是经受不住欲望和爱好的诱惑，最后随着它们而去。因此，虽然自由的决意（选择）不是积极的自由选择，但却也是一种自由选择、一种消极意义上的自由选择。

第三处区分：任意、准则和行动。康德对 Willkür 和 Wille 的第三次区分，是在《道德形而上学》导论的四部分（道德形而上学的预备概念 自由概念）的末尾处谈到的：

"法则来自意志，准则来自任性。任性在人里面是一种自由的人性；仅仅与法则相关的意志，既不能被称为自由的也不能称为不自由的，因为它与行动无关，而是直接与为行动准则立法（因此是实践理性本身）有关，因此也是觉得必然的，甚至是不能够被强制的，所以，只有人性才能被称作自由的。"①

康德进一步将 Willkür 和 Wille 从准则和法则区别上来理解，法则来自意志，而准则来自任意。这里，康德特别强调了任意与人的行为相关，与人的行为的准则建立了必然联系。而且，康德还提出了这样一种观点：仅仅与法则相关的意志，既不能称为自由的也不能称为不自由的，因为它与行动无关，而仅仅与行动准则相关的任意（Willkür）才被称作自由的。这个观点看起来有点奇怪，和康德通常对 Willkür 和 Wille 的理解有些不同。在康德那里，真的是仅仅自由任意（Willkür）才是自由的吗？我们后面的分析会回答这个问题。但在这里，康德确实强调了自由任意和人的行动、准则的内在联系。

接着，我们分析一下康德下面的论述："但是，人性的自由不能通过遵循或者违背法则来行动的选择能力［libertas indifferentiae（无区别的自由）］来界定——如一些人可能就有过这种尝试——虽然任性作为现象在经验中提供着这方面的一些常见的例子。因为我们只知道自由（正如我们通过道德法则才能够认识的那样）是我们的一种消极的属性，即不受任何感性的规定根据的强制而去行动。但是，作为本体，也就是说，按照纯然作为理智的人的能力来看，正如它就感性的任性而言是强制的那样，

① ［德］康德：《道德形而上学》，李秋零译，康德著作全集第 6 卷，中国人民大学出版社 2006 年版，第 233—234 页。

因而按照其积极的性状来看，他们在理论上却根本不能展示它。我们只能清楚地看出这一点：尽管人作为感官存在者，按照经验来看，表现出一种不仅遵循法则，而且也违背法则做出选择的能力，但毕竟不能由此来界定他作为理知存在者的自由，因为显像不能使任何超感性的客体（毕竟自由的任性就是这类东西）得以理解。而且，自由永远不能被设定在这一点上，即有理性的主体也能够做出一种与他的（立法的）理性相冲突的选择；尽管经验足够经常地正是这种事曾经发生（但我们却无法理解发生这种事的可能性）——因为承认一个经验的命题是一回事，而使之成为自由任性概念的解释原则并且成为普遍的区分标志（与动物的或者奴性的任性相区分）则是另一回事：因为前者并没有断定这标志必然属于概念，前者却是后者所必需的——与理性的内在立法相关的自由本性本来只是一种能力；背离这种立法的可能性就是一种无能。但是，前者如何才能通过后者得到解释呢？这是一个定义，它在实践的概念之上还附加了它的如经验所教导的实施，是一个在错误的光照下展示这个概念的混血的解释。"①

虽然前面的论述，康德看到了自由任意和行动、准则的内在关系，甚至提出让大家质疑的观点：只有自由任意（Willkür）才能被称作自由的。但康德马上话锋一转，"但是，人性的自由不能通过遵循或者违背法则来行动的选择能力来界定"，康德将这种自由任意（Willkür）的选择能力称为一种"无区分的自由"。为什么康德将其称为"无区分的自由"，因为它仅仅是一种行动的选择能力，既能遵循法则选择善的准则和行为，也能违背法则选择恶的准则和行为，在向善则恶的方面是不区分的。而且，这种无区分的自由主要体现为克服感性自然因果性的"独立性"，更是一种消极意义上的自由。因此，康德认为自由永远不能设定在这种无区分的自由上，特别是不能展示有理性的存在者纯然作为本体的自由能力。由此，在康德这里，只有有理性的存在者在本体意义上的自由才是真正意义上的自由。

2."自由意志"的两种含义：Willkür 和 Wille

通过分析和文本梳理，我们看到了自由任意和自由意志的一些区别，

---

① ［德］康德：《道德形而上学》，李秋零译，康德著作全集第 6 卷，中国人民大学出版社 2006 年版，第 234 页。

但无论是康德自身还是研究者，对这个两种含义的辨析还是比较模糊的，如著名的康德研究者贝克（L. W. Beck）指出：在《道德形而上学基础》和《实践理性批判》中，康德模糊地使用了"意志"一词，当然一些康德研究者也开始重视 Willkür 和 Wille 的区分，如阿利森、墨菲、马尔霍兰等。如阿利森主要从立法和执法的向度上来理解 Willkür 和 Wille；由于墨菲对法权哲学的关注，他更重视对 Willkür 的研究，甚至提出只有自由的任意（Willkür）而不是自由意志（Wille）赋予人的尊严，试图弱化自由意志的道德意义，更加强调自由意志的非道德意义。因此，对 Willkür 和 Wille 的当代研究也呈现了多元性的发展。总体来说，对于两者的区分还比较模糊，这样的结果直接影响了对康德的"自由和自律"关系理解得不清楚。由此，我们有必要对两者进行进一步的澄清和比较分析，从而为更好地理解"自由和自律"的关系做必要的准备。

（1）自我选择与自我立法

意志的自由任意（Willkür）更强调一种理性的自我选择能力，具有摆脱感性自然因果性的"自发性"和"独立性"，能够选择遵循道德法则的向善准则，也能够选择违背道德法则的向恶准则。由于这种自我选择具有一种任意性和随意性，它就既可能是一种道德意义上的选择，也可能是一种非道德意义上的选择，因此康德将其称为一种"无区分的自由"。显然，这种自由选择的空间比较广泛，除了道德意义上的自由选择，也为非道德意义上的自由留有空间和可能性。但是，这种无区分的自由，有可能恰恰是一种"无法无天"和"自相矛盾"的自由。而且，由于这种自由任意处于经验的现象界，虽然它具有摆脱感性自然因果性的"独立性"，但也特别容易受到感性经验、爱好和结果（目的）的影响，从而走向一种"道德上恶"的自由之路。

相反，康德认为只有理性的自我立法或者说自律才是真正的"自由意志"，是一种实践的积极自由。这种积极自由主要体现在两个方面：第一，自我立法。有理性的存在者具有一种"立法者"的身份，能够进行自我立法。这种自我立法主要体现为一种内在的道德立法，人之所以遵守和服从法则是因为这个道德法则是他自己制定的，所以他才必须服从和遵守，体现了实践理性的自主性。第二，自我守法。当然，有理性的存在者在作为"立法者"的身份存在时，他同时也作为"执法者"或"守法者"的身份。因此，在理性存在者制定道德法则的同时，既体现了一种自主立法和自由选择，同时也蕴含着自我约束和自我控制。由此，相比于"无法无天"和"自相矛盾"的自由任意，自由意志则更具有双重性：既是自由的，又是非自由的。因此，自由意志的道德自律性，就既有"自主"和"自立"的一面，也有"自律"和"自控"的一面。

（2）人的三种向善禀赋：动物性、人性和人格

在《单纯理性限度内的宗教》中，在"论人的本性中向善的原初禀赋"中，康德明确提出了人类本性中的三种原初禀赋，即动物性的禀赋（Animality）、人性的禀赋（Humanity）和人格性禀赋（Personality）①。其中，康德把人性的禀赋作为位于动物性禀赋和人格性禀赋之间的一种中间性禀赋。下面，让我们在"动物性、人性和人格性"的区分中来理解Willkür 和 Wille 所处的不同位置。

第一，Willkür：动物性和人性的区分。首先，这种人性的禀赋是高于动物性的禀赋的。人仅仅作为一种有生命的存在者具有动物性禀赋，而当人既作为一种有生命同时又有理性的存在者的时候，人具有人性的禀赋。人的动物性的禀赋中，人还处于一种自然的、纯然机械的自爱的原则的支配下，这种自爱并不要求有理性，仅仅体现在保存自己、繁衍族类、与其他人共同生活三个方面。人性的禀赋虽然也是在自爱的原则下，但这种自爱原则是一种比较自爱的原则，要求有理性的参与。特别是康德前面对"自由的任意"和"动物的任意"的区分中，更能凸显人的动物性和人性的区别。人的动物性也存在着任意，即"动物的任意"，但这种任意完全是顺从自然本性的，由感性偏好和刺激所影响，并具备摆脱感性自然因果性的能力。相反，人性的任意虽然也具有一种自发性和任意性，但依然能够从理性出发，克服感性的自然因果性，具有一种"独立性"，从而凸显人的"动物性"和"人性"的区分。

第二，Wille：人性和人格性的区分。虽然康德很强调人的人性禀赋，人性的禀赋在人的生命活动中的作用。也许，它在人的实践的生命活动中具有更广泛的意义，但却不是最高的人生状态。在康德那里，在人的人性禀赋之上，人还具有着人格性禀赋。康德强调，不能将这种人格性禀赋看作已包含在前一种禀赋的概念之中，而是必须把它作为一种特殊的禀赋。

————————

① ［德］康德：《道德形而上学》，李秋零译，康德著作全集第6卷，中国人民大学出版社2006年版，第24—27页。

因为，在康德看来，从一个有理性存在者具有理性这一点看来，并不能证明这种理性包含着这种人格性禀赋。这种禀赋更体现为一种易于接受对道德法则的敬重，把道德法则当作人性的自身充分的动机的素质。尽管人性中具有自由选择的独立性，使其区别于动物性的任意，但这种自由任意可能是向善的，也可能是向恶的，只是一种消极意义上的自由，并不是真正意义上的自由。康德认为只有道德自律性才是一种真正意义上的自由。这种道德自律性，体现了人的"人性的人格性"，是更高的向善的人生状态。

（3）一般实践理性（自由任意）和纯粹实践理性（自由意志）

人性的活动和动物性的活动都体现为一种任意，虽然两种任意都带有一种感性和随意性，但动物的任意更是一种"病理学的"（pathologisch），而人性的任意则可以摆脱感性冲动而具有独立性，就此而言自由任意中已经包含实践理性。但这种实践理性并不是纯粹的实践理性，而是一般的实践理性，蕴含了理性的设立目的的能力。人与动物的一般区别首先体现人的目的性，即设立目的的能力，人通过理性设立目的来抵制感性冲动或本能的强制。当然，这种目的既包括道德意义上的目的，也包括非道德意义上的目的。这种一般实践理性的设立目的的能力，恰恰为其进入法权论奠定了理论基础。如果仅仅将人性理解为道德上的善良意志，则忽略了人与动物一般区分的界定。在后来的《判断力批判》中，康德将其定义为"遵循自然概念的实践"（技术的实践），而在康德看来，真正意义上的实践更是"遵循自由概念的实践"（道德的实践）。自由任意更属于一般实践理性，而只有自由意志才属于纯粹实践理性。自由任意虽然在一定意义上是自由的，具有摆脱感性自然因果性的独立性能力，但最终没有摆脱经验感性的欲求、偏好和目的等，最终只是将理性作为工具和手段，从而实现自己的经验目的。相反，自由意志本身则是超感性的，不受感性的干扰，最终听从理性的命令，从而实现了实践理性的自律。这种超感性的自由能力，即道德性，是纯粹实践理性的能力，是人作为"本体人格"的体现。虽然这种超感性的自由能力先天地存在，但其实现却需要从"一般的实践理性"上升到"纯粹实践理性"。

（4）立法能力与执法能力

Willkür 和 Wille 的区别还体现为一种"立法"和"执法"的区别，著名康德学者贝克和阿利森主要从"立法"和"执法"的意义上区分两者。贝克将 Willkür 和 Wille 理解为人的道德实践的两个环节，Wille 直接同人的纯粹实践理性相关，主要是一种道德法则的制定，体现了人的实践理性的立法能力、自主能力，而 Willkür 更直接与人的行为相关，关乎道德法则的执行或是责任行为的履行，更体现人的实践活动的执法能力或行动能力。显然，这种区分更是立足于康德对"Willkür 和 Wille"的第三处区分："法则来自意志，准则来自任性。任性在人里面是一种自由的人性；仅仅与法则相关的意志，既不能被称为自由的也不能称为不自由的，因为它与行动无关，而是直接与为行动准则立法（因此是实践理性本身）有关……"①

"Wille"虽然具有更广泛的含义，整体代表着人的欲求能力，但它更与人的纯粹实践理性相关。在某些情况下，康德直接将"自由意志"等同于人的纯粹的实践理性。另外，Wille 更与人的立法能力、积极的自由相关，更关乎于道德法则的制定与形成，在这一点上纯粹理性自身就是实践的。因此，"Wille"并不直接与人的行为相关，它更是人的任意（选择）行为的根据和来源。相反，任意（Willkür）则更与人的行为直接相关，在人的意志（Wille）的规定下，依然从纯粹意志出发去行动，保持着不受感性冲动规定的独立性。虽然当这种自由的决意（die freie Willkür）与行为直接相关的过程中不可避免地与经验、欲望和爱好相关，但却不能说它自身就是经验的，它依然受到纯粹实践理性或自由意志的规定。因此，我们不能简单地将先验或经验作为"Wille"和"Willkür"的区分，这样就有些过于简单化了。因为，在康德那里，自由的决意（选择）依然受纯粹实践理性的规定。但它与 Wille 之不同更在于，它直接和行为与准则相关，通过行为与准则实现人的实践理性。

通过以上四点对自由任意和自由意志的区分，可以看出在康德看来，真正严格意义上的自由只能是自由意志（Wille）。自由任意虽然具有摆脱感性经验世界的独立性，在一定意义上可以说是自由的，但它最终并没有摆脱感性世界的欲求，更是一种"技术意义上的自由"，属于一般实践理性，停留在经验的"现象界"。相反，只有自由意志才真正超越了现象界，它是一种超感性的自由能力，属于纯粹实践理性。在人的自由意志

---

① ［德］康德：《道德形而上学》，李秋零译，康德著作全集第 6 卷，中国人民大学出版社 2006 年版，第 233—234 页。

（Wille）中，存在着纯粹实践理性，是真正意义上的"道德的自由"或"道德的实践"。但也要意识到，虽然自由任意和自由意志的差别性很大，但两个概念并不是完全外在对立的，它们都属于欲求能力①。而且，自由意志的实现也并不是一蹴而就的，而是通过从先验自由，经过自由任意的过渡，最后逐渐意识到的作为本体的"自由意志"。"先验自由"更是解决了自由的"可能性"问题，而"自由意志"则回答了自由的"实在性"问题。

---

①　主要参考邓晓芒《康德自由概念的三个层次》，《复旦学报（社会科学版）》2004年第2期。

第三章　正当的形而上学：走向正义

在《道德形而上学原理》中康德找寻到了最高的道德原则——绝对命令，但这只是完成了道德形而上学的奠基工作，为道德形而上学建设做了预备的、初期的、基础的工作。在《道德形而上学原理》中，康德更侧重于为道德形而上学寻找基础，并没有过多地论述如何在道德最高原则（绝对命令）基础上展开他的形而上学，但他暗示了将在这个基础之上展开道德形而上学。《道德形而上学原理》似乎给我们了这样一种印象和期待，在未来的《道德形而上学》中，他将在绝对命令的基础上展开道德形而上学。而让我们感到吃惊的是，在晚期的作品《道德形而上学》中，康德似乎没有过多地谈论绝对命令，以及如何在绝对命令的基础上展开道德的形而上学。相反，他首先将道德的形而上学分为两部分：正当的形而上学和德性的形而上学，并分别于 1797 年和 1798 年完成了第一部分"法权论"（Rechtslehre）和第二部分"德性论"（Tugendlehre）。在法权论中，康德提出了正当的普遍原则（The universal principle of right）；而在德性论中，康德提出了"同时是责任的目的"概念（The ends that are also the duty），即自我的完善（Oneself perfection）和他人的幸福（The happiness of others）。

这样，围绕着《道德形而上学原理》和《道德形而上学》的关系，当代康德伦理学者展开了一系列的讨论，引起了他们的关注和兴趣：首先，是关于道德形而上学的第一部分"法权论"与绝对命令的关系；法权论是否由绝对命令推出；法权论的普遍法则与绝对命令公式之间是否存在对应关系；其次，是道德形而上学的第二部分"德性论"与绝对命令的关系：德性如何由绝对命令推出；对于德性绝对命令仅仅是一个普遍程序，还是一个理性人的道德判断过程；以及德性论中的"同时是责任的目的"与绝对命令的第二个公式（人性公式）之间的关系。再次，就是对于"道德形而上学"概念，康德在《道德形而上学原理》和《道德形而上学》的理解是否相一致的问题。在《道德形而上学原理》中，康德很强烈地强调要严格地将道德形而上学和道德人类学分开，道德的基础是只能是先验的、完全脱离经验的先天的道德原则；在《道德形而上学》中，无论是在法权论中，还是在德性论中，康德很难严格地将道德形而上学和道德人类学分开，相反，他讨论得更多的是道德形而上学的最高原则的应用。

第一节　关于"法权论"与"道德形而上学"关系的争论

近年来，康德的《法权论》引起了一些学者的关注和兴趣，围绕着一系列问题展开了讨论：康德为何把法权论作为道德形而上学的第一部分，《法权论》和《道德形而上学》究竟是何种关系；康德如何在绝对命令的基础上建立法权（正当）形而上学，法权（正当）的普遍原则与绝对命令的关系如何，它对应着绝对命令的哪个公式；等等。

对于《法权论》和《道德形而上学》的关系，主要存在着两种不同的观点：第一种观点，是对康德道德形而上学体系传统的理解，也就是一种"传统的观点"（official view）①。这种观点认为，康德的法权论属于道德形而上学的一部分，从康德道德的最高原则（绝对命令）中引申出来。如著名的康德学者格雷戈尔（Mary J. Gergor）就是这种传统派的主要代表，她在其《自由法则》一书中提出：康德的道德法则是一种自由法则，由这种自由法则引出了实践理性的外在自由和内在自由，从而引出了法权论和德性论。无论是内在自由的立法还是外在自由的立法，都是从纯粹的理性中引出，都是来自纯粹理性的命令②。另外，康德在文本中，似乎也给予了这样的暗示，他将法权部分作为道德形而上学的第一部分来讨论，认为法权部分是从道德哲学中引申出来的："——根据在于：我们唯有通过道德命令式才知道自己的自由（一

---

① "official view", see Marcus Willaschek, *Why the Doctrine of Right does not belong in the metaphysics of Morality*, in （ed.）B. Sharon Byrd, Joachim Hruschka, Jan C. Joerden, Jahrbuch für Recht und Ethik （5）, Berlin: Duncker & Humblot, 1997, pp. 205—228.

② Mary J. Gergor, *Laws of freedom—A Study of Kant's Method of Applying the Categorical Imperative in the Metaphysik der Sitten*, New York. Barnes & Noble. INC. pp. 34—49.

切道德法则，进而甚至一切权利和义务都是从这种自由出发的），道德命令式是一个要求义务的命题，随后从这个命题中可以展开使他人承担义务的能力，以及法权的概念。"① 而对《道德形而上学原理》和《道德形而上学》的关系，康德的论述却不是很清晰。在康德的《道德形而上学》中，康德并没有像他所设想的那样，立刻在道德的最高原则（绝对命令）上建立道德的形而上学。在《道德形而上学》中，绝对命令出现的次数并不是很多，相反，康德重新提出了"法权的普遍法则"和"同时是责任的目的"一些新的概念。康德虽然在《法权论》中提出了"法权（正当）的普遍原则"，但对法权的普遍原则与绝对命令的关系，以及如何在绝对命令基础上推演出这个法权的普遍原则，康德并没有给予直接的论证。因此，这就引起了学者不同的理解和争议。

第二种观点，随着对康德晚期作品《道德形而上学》的重视以及政治哲学的兴起，一些当代康德学者开始挑战传统的解释方式，对康德的法权论和道德哲学的关系，产生了一些新的理解。虽然康德的法权论建立在道德哲学基础之上，其权利概念源于道德哲学中自由概念，但却并不意味着康德法权论的普遍原则直接从绝对命令推出。在他们看来，康德本人也并不认为法权的普遍原则直接来自绝对命令，因为两者是完全不同的推演方式，法权论的普遍原则推演方式是分析的，而德性论的推演方式则是综合的。如艾伦·伍德（Allen. W. Wood）在 *The Final Form of Kant's Practical Philosophy* 一文中，提出：法权原则的分析性是康德忽略这个原则证明的最好说明，因为认为我们需要从一个分析命题提出一个综合命题本身是无意义的②。另外，保罗·盖耶儿（Paul Guyer）在伍德的基础上，进一步分析了这个观点。在其 *Kant's Deductions of the Principles of Right* 一文中，论证了正当原则的推演过程。他一方面承认正当的普遍法则不能直接由绝对命令推出，但却认为它是来源于道德最高原则的自由概念和价值③。虽然伍德和盖耶儿对"传统的观点"提出了质疑和挑战，但在总体的立场上，他们还是坚持把道德形而上学作为法权论的基础，认为权利概

---

① ［德］康德：《康德著作全集》第6卷，李秋零译，中国人民大学出版社2006年版，第249页。

② Allen. W. Wood, "The Final form of Kant's Practical Philosophy", in (ed.) Mark Timmons, *Kant's Metaphysics of Morals Interpretative Essays*, Oxford：Oxford University Press, 2002, pp. 1—22.

③ Paul Guyer, Kant's Deductions of the Principles of Right, in (ed.) Mark Timmons, *Kant's Metaphysics of Morals Interpretative Essays*, Oxford：Oxford University Press, 2002, pp. 23—64.

念的基础来源于道德。

对法权与道德的关系，另外一些当代康德学者比伍德和盖耶儿走得更远，甚至提出康德的法权论不属于他的道德形而上学。如德国康德学者 Marcus Willaschek 在 *Why the Doctrine of Right does not belong in the Metaphysics of Morality* 一文中，明确地提出了以上的观点：正当领域的基本法律是人的自主性的表达，但却是独立于道德领域的 ①。同时，另外两位康德学者也表达了类似的观点，强调了法权的独立性，如，为了回应罗尔斯，Thomas Pogge 在其"康德的法权论是一种'综合自由主义'吗"一文中，对这个反问进行了否定的回答，提出康德的法权论并不像罗尔斯所描绘的，是一种建立在善的基础上的一种"综合自由主义"，其法权论自身具有独立性②。另外一位康德学者 Arthur Ripstein 也对康德的"外部自由"或者说"作为独立性的自由"（freedom as independence）作了深入细致的论述③。

第二节　法权论的普遍原则对应绝对命令的哪个公式？

面对"法权论"和"道德形而上学"关系的"传统与当代"争论，其实质主要都是围绕"康德的法权是否从道德推出"这个核心问题展开。在"传统观点"的思路下，"法权的普遍原则"［The universal principle of right（UPR）］似乎自然地由道德的最高原则（绝对命令）引出，即："任何一个行动，如果它，或者按照其准则每一个人的任性（选择）的自由，都能够与任何人根据一个普遍法则的自由并存，就是正当的。"④那么，如果假定法权论的普遍原则由绝对命令引出，它对应着绝对命令的哪个公式？如果不是，康德的法权论普遍原则的正当性基础又何在？

---

①　Marcus Willaschek, *Why the Doctrine of Right does not belong in the metaphysics of Morality*, in（ ed.）B. Sharon Byrd, Joachim Hruschka, Jan C. Joerden, Jahrbuch für Recht und Ethik（5）, Berlin: Duncker & Humblot, 1997.

②　涛慕思·博格：《康德、罗尔斯与全球正义》，刘莘、徐向东等译，上海译文出版社 2011 年版，第65—95 页。

③　Arthru Ripstein, "Kant on Law and Justice", in（ ed.）Thomas Hill, *The Blackwell Guide to Kant's Ethics*, Chichester: Wiley – Blackwell, 2009, pp. 161—178.

④　［德］康德：《康德著作全集》第 6 卷，李秋零译，中国人民大学出版社 2006 年版，第238 页。

一 UPR 与 FUL 的关系

FUL（Formula of Universal Law）：定言命令只有一条，这就是："要只按照你同时认为也能成为普遍规律的准则去行动。"①

无论是康德的反对者还是一些支持者，都认为法权论的普遍原则主要来自康德的绝对命令第一个公式（FUL）。从表面上看，这条法权的普遍原则似乎同绝对命令第一个公式有相似之处，都是一种自由的普遍立法形式。绝对命令第一个公式是一种普遍的立法形式，而权利的普遍原则是一种外在立法，但是它们却有着共同的立法基础。这种观点主要建立在对康德伦理学的传统义务论理解上，即仅仅把绝对命令理解为一种抽象的普遍化测试和立法形式。我们需要区分和辨明的是：虽然康德的正当的普遍法则（UPR）与绝对命令第一个公式（FUL）有着相似性，但其实是完全不同的两个公式。UPR 规定的是行为的正当，仅仅要求不侵犯他人的自由，与他人的自由相和谐，而 FUL 规定的则是行为的准则，拥有着实践理性的自由人有充分的自由空间去选择能够成为普遍规则的行为准则。如果我们仅仅把 FUL 理解为 UPR，一种普遍化检验方式（universalizability test），那么就降低了 FUL 的要求，仅仅是对康德绝对命令的一种"康德式"的发展，没有真正理解绝对命令的精神。正是由于对康德两个不同公式的混淆，使得我们对康德的伦理学的理解长期停留在一种义务论、形式性或程序式的理解上。

二 UPR 与 FH 的关系

FH（the Formula of Humanity）："你的行动，要把你自己人身中的人性，和其他人身上的人性，在任何时候都同样看作目的，永远不能只看作手段。"②

随着新康德伦理学的兴起，当代康德学者不仅仅局限于通过第一个公式来理解绝对命令，开始重视绝对命令其他公式以及几个公式之间相互关系的研究，特别是对绝对命令的第二个公式（人性公式）产生兴趣。一些学者提出法权论的普遍原则建立在绝对命令的第二个公式基础上，法权

---

① ［德］康德：《道德形而上学原理》，苗力田译，上海人民出版社 2002 年版，第 39 页。
② 同上书，第 48 页。

论所提倡的权利观念正是来源于每一个理性人自身就是目的、具有平等的价值的观念。无论是法权论中谈到的私人权利还是公共权利，都是尊重人的表现，这里主要是对人的自尊的强调。特别是随着人们对绝对命令的第二个公式的重视，并把它作为绝对命令的主要的特征来理解，这种观点具有了更充分的论据。这个质料公式，使人们看到了理性存在者的绝对的、平等的价值，表现为人们之间的自我尊重和相互敬重，这也是康德绝对命令的主要精神所在。

人性公式确实使人感受到人作为理性人的尊严，看到了人作为理性存在者的绝对、平等的价值。可以说，法权的普遍公式（UPR）的基本精神来自绝对命令，特别是权利概念源于绝对命令的自由精神，人正是从绝对命令的绝对命令式中意识到人作为理性的人是自由的，人性自身具有至高无上的尊严。但我们却不能将法权的普遍原则（UPR）直接由绝对命令的人性公式中推演出来，人性公式自身中还包含着目的，追求自我的完善和他人的幸福，而法权的普遍原则仅仅强调行为的正当性和外在性。另外，人性公式不仅仅强调一种自我尊重（自尊），更强调一种相互敬重。每一个理性人相互肯定他们作为自主的道德人的人性，要把每一个理性人身上的人性和他人身上的人性在任何时候都看作目的，永远不能只看手段。在这种相互肯定作为自主道德人的人性的同时，人性公式更体现了一种相互敬重，是对人性本身的敬重。相反，法权的普遍原则（UPR）则更多地体现为一种自尊的情感，我们的权利和每一个人的权利一样受到尊重，彼此的自由相和谐，并不受到侵犯或损害。

三　UPR 与 FA 的关系

FA（Formula of Autonomy）："每一个有理性东西的意志的观念都是普遍立法意志的观念。"[1]

相对于绝对命令的前两个公式，法权论的普遍原则（UPR）似乎与绝对命令的第三个公式（FA）的差别比较大。从立法形式上看，法权的普遍原则（UPR）更多地是一种外在立法，一种客观的法，这种客观的法主要是通过国家、立法机关或理性的主体的相互强制而制定，是一种外在强制和相互强制，仅仅要求一种合法性。这种严格的法权不掺杂

---

① ［德］康德：《道德形而上学原理》，苗力田译，上海人民出版社 2002 年版，第 51 页。

任何伦理性因素的法权，除了外在的规定之外不具有任何主观的动机或目的的考虑。相反，绝对命令的"自由意志"公式（FA），最后则是一种内在立法，是一种主观的法，每一个有理性的人作为立法者，自己为自己立法。在这个自我立法的过程中体现了他的意志自由，具有更广泛的自主性。他之所以服从、遵守道德法则，不在于外在的原因、来自一种外在强制，而恰恰是一种自我强制，即意志自律。因此，在这种自我立法的过程中，拥有意志自由的有理性存在者，组成了目的王国。在这个目的王国中，每一个有理性的人作为普遍的立法者存在，自己为自己立法。

因此，通过对法权（正当）的普遍法则和绝对命令的三个公式的分析，可以得出这样的结论：法权论的普遍法则（UPR）虽然同绝对命令三个公式具有着相似性或存在联系，但却与其中任何公式都不对应，由此就推翻了之前的假设，我们并不能证明法权论的普遍原则直接从绝对命令推出。

第三节　法权与道德在何种意义上存在联系?

既然法权的普遍法则公式（UPR）不能直接从绝对命令推出，那么能否像一些当代康德学者（如 Marcus Willaschek）所认为的那样，法权论完全独立于道德哲学，不属于道德形而上学。那么，他们将不得不面对这样的诘难：康德为什么将道德形而上学分为两部分，并将法权论作为道德形而上学的一部分，并坚持把法权作为一种责任来理解。如果法权的普遍法则公式不是直接从绝对命令推出，那么这种法权责任到底是从康德道德体系中的哪些前提推导出来。法权与道德之间究竟是一种怎样的关系，两者在何种意义上存在联系? 这部分将对"法权是否从道德推出"这个问题进行进一步的追问。

一　如何从纯粹实践理性去论证法权的普遍原则?

康德的法权的普遍原则［The universal principle of right（UPR）］是在

Rechtslehre 的导论中提出。他首先分析了法权（Recht）① 的概念，就它和一个与自己的责任相关而言（亦即法权的道德概念），他提出了三个特征：（1）它只涉及一个人对另一个人的外在的而且是实践的关系；（2）它并不表示一个人的行为对另一个人的意愿或纯粹要求的关系，不问它是仁慈的或者不友好的，它只便是他的自由行为与别人行为自由的关系；（3）在这些有意识行为的相互关系中，它不考虑意志行动的内容，而只问双方自由选择关系中的形式。②

　　法权论处理的更是一个人与另一个人的外在的实践关系，这种实践关系并不涉及行为的意愿与动机，只是要求达到双方的自由相和谐就够了。因此，康德将其称为"外在的自由"，主要是指法权论所要讨论的范围。随之，康德在阐释法权的道德概念之后，没有任何过渡，在第三节的开头，就直接提出了法权的普遍原则。从以上康德对法权普遍公式的论证看来，康德在这里似乎并未尝试从道德的绝对命令直接引出法权的普遍公式，绝对命令在对法权责任的论证中所起的作用比较微弱。但可以看出，从法权的概念分析直接到法权的普遍原则的引出，康德的论证确实存在着很大的鸿沟，这也是康德学者的"传统和当代"争论的焦点所在。康德的论证思路似乎有一些改变：他主要还是立足于《道德形而上学》导论中对"法权"（合法性）和"德性"（道德性）的区分，从法权和德性的

---

　　①　在德语中"Recht"是一个比较复杂的词，具有多重含义。既有法（law）的含义，又有权利和正当（right）的含义，同时还有正义（justice）的意思。因此，无论是在英文中（无论是"law"、"right"还是"justice"）还是在中文（法、权利、正义、法权）中都很难找到更好的、与之相适应的词。我们在本文中权且使用"法权"这个合成词，既具有"法"的含义，也具有"权利"和"正当"的含义。为了更好地讨论康德关于法权和道德的关系，如何理解 Recht 概念非常重要。在德语中，Recht 有一个客观和主观上的区分。一方面，Recht 具有客观的法律和法规的含义，代表着一种客观、外部的法律体系，因此从这个层面上比较接近英文中的"law"。但如果将 Recht 仅仅理解为客观的外在法，却忽略了 Recht 主观上的权利含义，这也是康德之所以在文本中区分"das Recht"和"ein Recht"的意义所在。由此，另一方面，"Recht"还有主观的权利、正当或正义的含义。这样，"Recht"就建立了个体与行动之间的关系，产生了一个人的行为和另外一个人的行为的自由和权限问题。虽然英文中的"justice"也有主观方面的含义，但它主要是从正义或公正的层面上，一般用来描述社会公正或分配公正。而且，在德语中，也有一个专门的词"Gerechtigkeit"用来形容正义或公正。因此在这里，英文中的"right"可能更能够表达 Recht 这种主观上的含义。因此，从这种主客观层面的含义分析可以看出，"Recht"既具有总体上的客观法律体系的含义，同时也具有主观上的法权和正当的含义，关系到个体行为的自由和正当问题。

　　②　［德］康德：《法的形而上学原理——权利的科学》，沈叔平译，商务印书馆1991年版，第39—40页。

区分和比较的意义上来阐释法权概念，并进一步地提出法权的普遍原则。虽然康德试图在从法权和德性区分的意义上来理解法权概念，但可以看出正像他将法权的形而上学作为道德形而上学的第一部分的用意来看，他还是试图将法权从道德概念的角度来理解。正像他所说的，正是通过实践理性最高的绝对命令，人知道了自己是"作为自由的存在者"而存在，"我们唯有通过道德命令式才知道自己的自由（一切道德法则，进而甚至一切权利和义务都是从这种自由出发的），道德命令式是一个要求义务的命题，随后从这个命题中可以展开使他人承担义务的能力，以及法权的概念"。① 虽然康德在道德法则中发现了自由，从意志自律的角度来理解自由，但他所强调的自由规律更是合乎理性的法律关系并不是经验性的条件，而是独立于经验性的纯粹实践理性，它既是纯粹的、非经验的，又是实践的理性能力，只有在实践理性中能够找到这种超感性的纯粹实践理性。虽然建立在法权基础上的自由是一种外在自由，但康德还是坚持认为它也是从纯粹的理性中引出，追寻一种法权的形而上学。由此可以看出，康德这里对法权普遍原则的论证并不是直接从绝对命令及公式展开，而是从体现绝对命令的纯粹实践理性中引出法权概念和法权的普遍公式。

对于这个问题的讨论，德国学者赫费的分析还是非常深刻的，他提出："由于个人道德与政治道德即道德（德行）与法律之间的根本区别，康德不是从个人道德原则即内在自由或意志自律中，而是从纯粹实践理性及其普遍规律性的标准中引申出法律。"② 另外，一些英美的康德学者艾伦·伍德和保罗·盖耶儿等也提出一些相似的观点。虽然他们对法权论与道德哲学的关系提出了一些新的想法，挑战"传统的观点"，但他们并没有完全割裂两者之间的关系，看到了两者之间的联系。伍德提出，法权概念源自道德命令式③；盖耶儿也表达了类似的观点，认为法权概念来源于道德最高原则的自由概念和价值④。因此，在康德那里，正当与道德还是

---

① ［德］康德：《康德著作全集》第 6 卷，李秋零译，中国人民大学出版社 2006 年版，第 249 页。

② ［德］奥特弗里德·赫费：《康德：生平、著作与影响》，郑伊倩译，人民出版社 2007 年版，第 198—199 页。

③ Allen. W. Wood, " The Final form of Kant's Practical Philosophy", in (ed.) Mark Timmons, *Kant's Metaphysics of Morals Interpretative Essays*, Oxford：Oxford University Press. 2002, pp. 1—22.

④ Paul Guyer, Kant's Deductions of the Principles of Right, in (ed.) Mark Timmons, *Kant's Metaphysics of Morals Interpretative Essays*, Oxford：Oxford University Press, pp. 23—64.

存在着某种联系的，它们都是建立在纯粹的实践理性基础之上。这种
"法权学说"或者说"正义理论"，是从纯粹理性中引申出来的体系，这
个体系称为"法权（正当）形而上学"，康德把这部分作为道德形而上学
的第一部分。由此可以得出下面的结论：虽然这种法权概念是来源于纯粹
实践理性道德原则的自由概念和价值，但却不是直接从最高的道德原则推
出的。

二　法权与外在自由

　　这种道德最高原则的自由价值在法权论中的体现，主要表现为一种实
践理性的外在自由。这种外在自由是实践理性的内在自由的一种扩展，是
从实践理性的内在自由中衍生出来的。但无论是在《道德形而上学原理》
还是在《实践理性批判》中，康德都没有对自由概念进行区分。在《道
德形而上学原理》中，康德更倾注于道德最高原则的追寻，最后寻找到
"意志自律"公式；在《实践理性批判》中，康德则回答了"自由何以可
能"的问题。直到在《道德形而上学》中，康德才首次区分了两种不同
层次的自由，即"内在的自由"和"外在的自由"：

　　"与自然法则不同，这些自由法则叫作道德的。就这些法则仅仅涉及
纯然外在的行动及其合法则性而言，它们叫作法学的；但是，如果它们也
要求，它们（法则）本身应当是行动的规定根据，那么，它们就是伦理
的。这样一来人们就说：与前者的一致叫作行动的合法性，与后者的一致
叫作行动的道德性。与前一些法则相关的自由只能是任意的外在应用的自
由，而与后一些法则相关的自由则不仅是任意的外在应用的自由，而与后
一些法则相关的自由则不仅是任意的外在应用的自由，而且也是其内在应
用的自由，只要它是理性法则规定的……无论是在任意的外在应用中，还
是在其内在应用中来考察自由，其法则作为一般自由任意的纯粹实践理性
法则，都毕竟必须同时是这任意的内在规定根据，虽然它们并非总是可以
在这种关系中来考察。"①

　　显然，在康德那里，外在的自由与内在的自由是两个不同的自由层
次，但共同的基础却是内在的自由。虽然法权（正当）的普遍法则不是

---

① ［德］康德：《康德著作全集》第 6 卷，李秋零译，中国人民大学出版社 2006 年版，第
221 页。

直接由绝对命令推出，但却是绝对命令的外在化，它提供了人们相互交往中的法律上的权限。当然，这种绝对命令的外在化的过程中，内在自由的内涵达到了扩展①。首先，体现在自由的主体和空间的扩展。内在的自由更是处理一种内在的实践关系，主要是每一个理性人自身作为立法者，是"我与我"的独白；而外在的自由则主要处理的是外在的实践关系，主要是理性存在者之间的外在强制和相互强制，更是一种"我与你"抑或"我与我们"的对话。由此可以看出，在绝对命令的外在化过程中，无论是自由的主体和自由的空间都在一定程度上扩展了。其次，体现在行动本身的扩展。内在的自由更是强调行动的准则和动机，而外在的自由仅仅强调行动本身的规范。正如康德在《德性论》导论中第六节的题目所言，"伦理学不为行动立法（因为这是法学的事），而是只为行动的准则立法"②。即法权并不要求一个人的行为对另一个行为在意愿或动机上的要求，它只要求他的自由行为与别人的自由行为相容就可以了，即法权对人的动机不做出于责任动机要求，这样允许其他动机（如合于责任或其他的动机）进入到法权责任中。这样，在纯粹实践理性内在自由外在化和扩展的过程中，理性的原则削减了，不再考虑意志的内容，而是形式的普遍性。可以说，康德的这种外在化和扩展，走的更是一条从"普遍化到正义"的道路，使得康德的道德哲学过渡到法权哲学成为可能。由此，康德通过实践理性的内在自由到外在自由的扩展，在实践理性的普遍法则的基础上引申出一种法权的普遍法则，在道德哲学的基础上扩展出一种法权学说或者说正义学说。康德的法权学说（正义理论）作为其实践哲学的重要一部分，是他的道德哲学的扩充和延伸。但在这种实践理性内在自由向外在自由的扩展中，伴随的实质却是道德与政治的逐渐分离。这种分离的直接后果是：作为实践理性外部自由的法权（正当）部分成为独立于道德的部分而存在。

---

①　对于这种实践理性内在自由的扩展，韩水法教授在其《康德的法哲学》一文中进行了深入的分析，他将这种扩展进一步细分为两个方面：第一个扩展是将自由扩展为内在的自由与外在的自由。第二个扩展是自由名下的人的行为的动机或动力的一个扩展。主要参考韩水法：康德的法哲学，高全喜编：《西方法政哲学演讲录》，中国人民大学出版社 2007 年版，第 78—120 页。

②　［德］康德：《康德著作全集》第 6 卷，李秋零译，中国人民大学出版社 2006 年版，第 401 页。

第四节 法权从道德中的分离与独立

在这种绝对命令外在化的过程中，这种外在自由的内涵和外延都发生了变化。在很多情况下，法权（正当）作为独立于道德的部分而存在。这种分离主要体现在两个方面：

第一个分离：是正当与善的分离。康德的法权论中，仅仅要求行为的正当，不侵犯他人的正当并且与他人的自由相容就够了，并不要求行动者自身的完善。在康德那里，追求公平的权利体系和追求好生活是两回事。法权论所处理的仅仅是一种外在的实践关系，为人与人的外在自由和外在行为寻找一种正义原则。这种正义原则的基础并不是像传统的正义理论，"成为好公民"和"成为有德性的人"是相一致的。"成为一个有德性的人"中自然就包含着正当的行为。在康德这里，法权论主要的任务是建立一种公平的自由权利体系，从而保障个体独立的自由和权利。"好公民"与"成为有德性的人"有交叉，但"好公民"并不一定是一个"有德性的人"。因此，在康德那里，原本统一于善的目的论下的道德和政治发生了分离，法权（正当）逐渐脱离德性发展为一种独立于道德的部分，即正当与善的分离①。在这种正当与善分离的直接后果就是，法权（正当）优先于善（德性）。对于政治的、公民的外在的交往实践生活而言，这种法权（正当）是最基本的、更为优先的。

第二种分离：是行动与行动者的分离②。在正当与善分离的过程中，带来的则是行动与行动者的分离。在很多情况下，在这个公平权利体系中，公民的行动可以是完全外在性的，仅仅是行动的正当、与其他人的自由相和谐就足够了，并不要求行动者的德性的完善。在康德那里，德性的完善属于德性论，而不是法权论。因此，在很多情况下，康德的正当的行动完全是一种客观的、外在的行为，不掺杂任何道德的因素、涉及行动者自身的动机或准则。例如，守诺的例子，人们依照契约中的规定而履行契约，完全可以仅仅出自一种外在强制，不掺杂主体自身的动机的考虑。相

---

① 对这种"正当与善（德性）的分离"观点的分析和讨论，参见刘静，正当与德性的分离——康德伦理学在伦理学主题现代转向中的作用 [J]，道德与文明，2011（1）：50—54.

② 参见晏辉：从行动者到行动——伦理主题的现代转换及其问题 [J]，哲学动态，2010（1）：29—33.

应地，如果契约双方其中一方不按照规定履行契约，都可能受到相关的法权或规定的限制或惩罚。在这种情况下，法权（正当）完全可以独立于道德的部分而独立存在。

由此，在这种实践理性内在自由向外在自由的扩展中，伴随的实质是道德与政治的逐渐分离。这种分离的直接后果是：作为实践理性外部自由的法权（正当）部分成为独立于道德的部分而存在。康德的法权学说（正义理论）作为其实践哲学的重要一部分，是他的道德哲学的扩充和延伸。在康德那里，法权与道德之间的关系似乎很微妙，两者之间始终存在着一种张力。一方面，法权逐渐从道德中分离出来，在很多情况下它是作为独立于德性的部分而存在，具有自身的独立性；而另一方面，我们似乎又不能将法权完全地从道德中分离出去，两者之间总是或多或少地存在着某种联系，有着共同的基础，即来源于道德最高原则的自由概念。可以看出，政治与道德在康德那里保持着既分又和的特有的关系，但最后康德追寻的还是一种政治与道德的统一关系，这在他晚期的《永久和平论》①　中有专门的论述。而从康德之后，政治逐渐发展为一种与道德并无关系，甚至是一种彼此对立的状态，可以说这是现代政治哲学中存在着的一种普遍现象。康德的法权哲学②正是位于传统政治哲学与现代政治哲学的十字路口，在从传统到现代的转化中起着关键的作用，是现代政治哲学研究的重要思想源泉。特别是随着当代政治哲学的兴起以及康德晚期政治哲学作品的发现和重视，当代康德学者以及当代政治哲学家逐渐提升了对康德政治哲学思想的关注，并取得了一些最近的研究成果，可以说康德的政治哲学思想获得了当代复兴。这一点从当代政治哲学家（特别是罗尔斯和哈贝马斯）对康德哲学的认同和批评性发展中就可以看出来。因此，研究康德的政治哲学思想具有重要的理论意义和现实价值。这里只是对康德法权

---

①　［德］康德《永久和平论》，何兆武译，上海人民出版社1991年版，第42—65页。

②　对于康德的法权哲学（Rechtslehre）有着几种不同的翻译，有的学者将其翻译为"法权论"或"法哲学"（如李秋零教授在译《康德著作全集》第6卷中，将道德形而上学的第一部分翻译为"法权论"），而有的学者将其翻译为"权利哲学"（如沈叔平将这部分翻译为"法的形而上学原理——权利的科学"），而另外一些学者则直接将其范围为"正义学说"或"政治哲学"（如 Onora O'Neill 和 Thomas Pogge 则把这部分理解为康德的正义学说或政治哲学思想）。可以说，在严格意义上，康德的法权哲学（Rechtslehre）是与政治哲学不同的，不能将两者直接等同，但其法权哲学却与其政治哲学又是密切相关、交叉存在的。

哲学的正当性基础作了一个初步的探寻，更多的问题①值得我们作进一步的研究和探索。

第五节　从正当上升到德性

这样，康德在实践理性的普遍法则的基础上展开了他的道德形而上学，在实践理性的外在自由基础上展开了他的正当形而上学，发展出了他的正当理论；而在实践理性的内在自由基础上展开了他的德性形而上学，发展出了他的德性理论。那么，正当（法权）形而上学与德性形而上学如何共同构成了道德形而上学，正当（法权）形而上学与德性形而上学的关系如何，何者优先何者更高？

一　正当的优先性

正当（法权）形而上学，是道德形而上学的第一部分，康德在德性形而上学之前先写一部关于正当形而上学的《法权论》。正当（法权）责任处理的正是人与人之间的外在的实践关系，关乎人的外在行为和外在自由。这种正当（法权）的形而上学主要应用于人的交往实践活动，为人与人之间的外在的交往实践活动提供一种正义原则，而人的交往实践活动确实也需要这样一种正义原则，这样才会使人与人之间的共同生活成为可能。康德将这种正当（法权）主要分为两部分：第一部分，是私人的正当（法权）；第二部分，是公共的正当（法权）。前者主要是处理公民中的"我和你"的私人交往活动，而后者主要是处理公民社会中的公民的公共性交往活动。康德提出，人要从自然状态的"我的和你的"过渡到一般法律状态的"我的和你的"，人要从自然状态过渡到用公共法律来维护的"我的和你的"文明状态。由此可见，康德的法权论包含着丰富的内容，既为公民的私人交往提供了正义原则，也为公民社会中公共性交往活动提供了正义原则。

首先，这种正当（法权）责任是与意愿无关的，只是关于一个人的

①　康德的政治哲学是非常复杂的，包括他的法权论与德性论的关系、私人法权和公共法权理论、契约思想、惩罚理论、全球正义与永久和平理论、康德的政治哲学与当代自由主义的关系（特别是康德与罗尔斯之间），都成为当代康德学者和政治哲学家关注的焦点。

自由行为和别人自由行为的关系，而且在这种相互关系中，不考虑意志的内容和目的，只是形式本身。这种正当（法律责任）要求的是行为在合于普遍规律时，一个人与另一个人的自由相协调，这样的行为就是正当的，是一种完全的责任；而德性责任要求的则是行为的准则，并通过意志使这种行为的准则同时成为一种普遍法则，是一种不完全的责任。其次，这种正当（法权）责任具有着普遍的强制性。这种强制规定了人的自由行为的权限，人在这个权限内拥有自由，但同时人又不能超出这种权限，去防碍别人的自由。一方面，这种普遍的强制是要求必须做到的，相比较德性责任的自我强制也是容易做到的，这种外在强制更多的是一种基本、底线的要求，而且对于这种外在强制的违反会带来一些实际的惩罚措施。另一方面，这种正当（法权）责任的强制不像德性责任主要体现为一种自我强制，而是体现为一种普遍的相互强制，能够与所有人的自由相协调，这就使正当（法权）的普遍法则具有了一种相互性，而且这种普遍法则的相互性是在人与人的相互承认的基础之上的。再次，这种正当（责任）更多地体现为一种法律、正义、规则、权利、制度、秩序，是通过社会的正义来实现的。所以说，对于交往实践而言，法律责任优先于德性的责任。法律责任处理的是人与人之间的外在的实践关系，最终达到一个人与另一个人的自由的和谐；德性责任处理的是人内心的实践关系，最后达到的是个人的完善和他人的幸福。因此，比起个人的完善和他人的幸福，尊重他人的权利具有更优先的地位；对于社会共同生活而言，体现社会正义的正当（法权）比起德性更具有优先性，也应该起到更重要的作用，它是社会生活、交往实践生活能够正常运行的坚实基础。

因此，对于政治的、公民的交往实践生活而言，这种正当（法权）责任是最基本的、更加优先的。特别是随着公民社会的发展，公共交往和公共生活的增加，这种公民间的基本的交往规则显得非常重要。交往的主体不再是希腊共同体内的熟人之间，而是理性的陌生人之间；交往的空间也不再是局限于主体的私人生活空间，理性的陌生人之间相互交往逐渐扩大了公共的生活空间。因此，为了维护公平的合作条件，交往的主体需要通过法律、法规的方式限制和规定他们之间的行为，从而保证公正的、平等的、公民之间的交往和合作。另外，由于现实的经验世界的复杂性和人的二重性，单单依靠单纯道德立法是远远不够的。这种关乎人的内心活动以及人的内在自由的道德立法如何去解决生活实践中人与人的外在的实践关系，这就需要正当（法权）责任去补充。相反，外在的法律规范对于人而言，具有更大的强制性和威慑力，因为它通过严格的法律法规的惩罚措施对人进行外在的约束。因此，可以说，这种正当法权的部分是公民的、政治生活的重要组成部分，也是人成为社会人的第一步，人首先需成为一个好公民，具有守法、诚实交往、遵守承诺等基本的社会政治德性。

二 正当中德性的缺乏

虽然对于社会共同生活而言，正当（法权）形而上学具有优先的地位，但这只是一个最基本的责任，只是道德形而上学的第一阶段，也只是一种外在自由。德性形而上学才是道德形而上学的最高阶段，人只有在德性形而上学阶段才真正实现了自由。人不仅要从自然状态过渡到用公共法律来维护的"我的和你的"文明状态，而且要上升到自由状态，自由状态才是人的最高境界，才真正是人的目的王国。因此，正当形而上学要上升到德性形而上学。

虽然正当法权的部分是公民政治生活的重要部分，但这只是人类交往行为的一个很小的部分①，对于人只是停留在最低的、底线的要求，并不能代表人的丰富的实践生活。特别是由于现代普遍理性主义对外在的制度性规范的强调，忽略了人的内在心灵的提升和德性的培养。对于现代人而言，似乎仅仅成为一个好公民就足够了，仅仅把遵守和服从社会稳定的规则作为对自己的基本的道德要求。如果仅仅把这种遵守和服从作为行为的道德要求，这似乎降低了人性的高度。每一个理性人都具有向善的可能性，从而成为一个有德性的人或善人，追求内在心灵的道德自由。而且这种内在心灵的完善又会在另一方面促进正当和法权的建设，因为只有人自身才是公民社会的重要成员。因此，德性是比正当更高的阶段，人应该从正当上升到德性阶段。

首先，法律责任处理的是人的一种外在行为、交往行为，与人的外在自由相关，是一个人与另一个人在相互的交往活动中逐渐形成的普遍化的规则。而德性责任处理的是人的内在行为、内心行为，与人的内在自由相关，更多地是向内心诉说着他的行为的准则。其次，德性责任的强制与正当（法权）责任的强制不同，前者是一种相互强制，而且是必须做到的，

---

① 廖申白：《伦理学概论》，北京师范大学出版社 2009 年版。

而后者是一种自我强制，是一种鼓励做到的。建立在外在自由基础上的法律责任，只是一种来自外在所施的强制，并不是真正意义上的自己所施加的，来自自我决定、自由选择的自制。只有这种建立在内在自由基础上的强制才是真正意义上的自我立法、自由选择的自制。只有这样，人才真正地实现了自由，自由意志真正地成为善良意志，"它仍然如一颗宝石一样，自身就发射着耀目的光芒，自身之内就具有价值"。① 其次，这种内在自由基础上的德性，不仅表现为一种自制，而且这种德性责任具有一种同时是责任的目的，人的行为的准则含有一种目的性价值。这种目的不是别人给你的目的，不是外在于你的目的，而是由你自己决定的目的。再次，对于个人而言，这种责任的德性才是最高的境界，它的价值比正当（法权）的价值更高也更为根本。"法律和伦理只是保证了一个相对为好的生活，但它们并不供给人们什么是善、什么是好生活、如何过一种好生活的理念，以及信念、信仰支持。"② 人只有在德性的形而上学阶段，才能真正实现自己的自由，才能真正接近幸福的生活。因此，德性形而上学比正当（法权）形而上学更高，也更为根本，是道德形而上学的最后阶段。

由上可知，在康德那里，法的形而上学和德性的形而上学是两个不同的维度，法的形而上学是横向的，而德性的形而上学是纵向的。在横向的维度中，法的形而上学更优先；而在纵向的维度中，德性的形而上学更高。这种横向的正当（法权）主要是应用于公民社会领域，交往生活领域，作为一种法律的义务（权利义务）；而这种纵向的德性则应用于个人领域，作为一种伦理的义务（德性义务）。在实践理性那里，两者又是相统一的。下面，将重点分析康德的德性理论，包括自我的道德完善责任和对他人的友爱德性责任。

---

① ［德］康德：《道德形而上学原理》，苗力田译，上海人民出版社 2002 年版，第 11 页。
② 晏辉：《现代性语境下的德与法》，《道德与文明》2007 年第 5 期。

第四章　德性的形而上学:走向德性

第一节　德性与目的:康德的责任—目的论

一　关于"义务论"和"目的论"的争论

由于对康德伦理学的"康德式"发展,使其成为典型义务论的代表,把它作为与目的论相对立的伦理学的重要一脉。特别是康德在《道德形而上学原理》中对经验幸福论的批评,更将康德的伦理学思想推向了目的论的反面,似乎康德更是站在对立的立场上来反对目的论。康德在《道德形而上学原理》的第一章中对经验的幸福论展开了严厉的批评,康德所描绘的幸福是与爱好、感觉、经验、欲望、自然本性相关的,具有偶然性和不确定性:"假如在一个既具有理性又具有意志的东西身上,自然的真正目的就是保存它,使它生活舒适,一句话就是幸福,那么,自然选中被创造物得理性作为实现其意图的攻击,它的这种安排也太笨拙了。"①康德认为那种将个人爱好和欲望等动物本能的满足作为幸福原则的幸福观,不能成为道德的根源和基础。这种个人幸福原则,不仅不能说明道德的来源,而且从根本上会颠覆道德,因此康德严格地区分了幸福与道德,将道德与幸福划界。

在《道德形而上学原理》的第二章中,康德一方面反对经验的幸福目的论,另一方面提出人的理性本性自身就是目的,又在分析绝对命令的过程中提出了"人性公式"或"目的公式"。最后,在《道德形而上学》中又把幸福请回来,提出了"同时是责任的目的"概念,即"自我的完善"和"他人的幸福"。

① [德]康德:《道德形而上学原理》,苗力田译,上海人民出版社2002年版,第10页。

其中，这种"同时是责任的目的"与康德的德性学说存在着紧密的联系，可以说在一定意义上，这种"同时是责任的目的"作为康德德性责任的基础和根据，特别是随着新康德伦理学的复兴，一些康德学者尝试着从目的论思维重新解读康德的绝对命令，对"同时是责任的目的"展开了很多的讨论。甚至一些学者提出，康德的伦理学在根本上是目的论的，而不是义务论的①。近年来，《德性论》中的这个"同时是责任的目的"引起了康德学者的很多重视，把它作为理解康德德性论的关键。一些学者认为，虽然这种"同时是责任的目的"似乎同绝对命令的第二个公式（人性）公式存在着紧密联系，但却不能将两者完全等同。如亨利·阿利森（Herry E. Allison）在《康德的责任的目的学说》（*Kant's Doctrine of Obligatory Ends*）一文中提出，《道德形而上学原理》中提出的绝对命令的人性公式还只是一种否定意义上的目的，只要求与人的人性不相违背，并没有在积极的意义上促进人作为理性人的目的。相反，《道德形而上学》中提出的"同时是责任的目的"则是在更积极的意义上追求人作为理性人的目的，即自我的完善与他人的幸福②。另外，另一位康德学者，玛西亚·巴容（Marcia W. Baron）也对这个同时是责任的目的，以及与对他人的爱的德性责任和敬重的德性责任的关系进行了深入的讨论③。这种"同时是责任的目的"对于理解康德的德性，对自我的完善的德性责任和对他人的爱和敬重的德性责任具有重要的意义。

以下部分将要讨论的是绝对命令与道德形而上学的"同时是责任的目的"（即自我的完善与他人的幸福）的关系。在《道德形而上学》的第二部分"德性论"中，并没有很多关于绝对命令的直接讨论。相反，在德性论的引言中，康德首先提出了"同时是责任的目的"的概念，自我的完善和他人的幸福。康德的德性论主要是围绕着这两个"同时是责任

---

① 参见 Paul Guyer, *Kant and the Expirience of Freedom*: Essays on Aesthetics and Morality, Cambridge: Cambridge University Press, 1993; John D. Mc - Farland, *Kant's Concept of Teleology*, Edinburgh: University of Edinburgh Press, 1970. 主要参考徐向东. 道德要求与现代道德哲学. 徐向东编: 美德伦理与道德要求 [M]. 南京: 江苏人民出版社, 2007. 36. 注释①。

② See Herry E. Allison, "Kant's Doctrine of Obligatory Ends", in (ed.) B. Sharon Byrd, Joachim Hruschka, Jan C. Joerden, Jahrbuch für Recht und Ethik (5), Berlin: Duncker & Humblot, 1997, pp. 7—23.

③ Marcia W. Baron, Melissa Seymour Fahmy, "*Beneficence and Other Duties of Love in The Metaphysics of Morals* ", in ed. Hill, Th. E. , Jr, *The Blackwell Guide to Kant's Ethics*, Wiley – Blackwell, 2009, pp. 221—228.

的目的"（自我的完善和他人的幸福）展开的。与自我的完善（包括自然的完善和道德的完善）相对应的，分别是对自己的完全责任和对自己的不完全责任；而与他人的幸福相对应的，则是对他人的爱的责任和对他人的敬重的责任德性。

二　实践理性自身的目的：同时是责任的目的

在《德性论》的导言中首先提出了"同时是责任的目的"的概念，这个概念在康德的德性论部分占有重要的地位，他的德性责任体系也主要是按照这个"同时是责任的目的"展开。那么，何为"同时是责任的目的"；责任如何同时是目的，或目的同时是责任；以及理性何以树立这样一个"同时是责任的目的"，即树立一个同时是责任的目的的根据。

（一）"同时是目的的责任"的概念

在《德性论》中，康德并没有接着《道德形而上学原理》继续谈论道德的最高原则——绝对命令以及绝对命令的各个公式，而是首先在导论中提出了一个新的概念，即"同时是目的的责任"概念。康德首先是从伦理学和法权论的区分中，提出德性论的目的概念：

"法权论只与外在自由的形式条件（当其准则被当作普遍的准则时，通过与自身的一致）相关，也就是说，只与法权相关。反之，伦理学还提供一种质料（自由选择的一个对象），即纯粹理性的一个目的，这个目的同时被表现为客观必然的目的，亦即对人来说被表现为义务。"[①]

康德认为德性论与法权论不同之处就在于，法权论只与外在自由的形式相关，即只强调行为的外在性和正当性，法权论的普遍法则仅仅要求一个人的自由和另一个人的自由相容。相反，伦理学的道德法则不仅包括形式，更重要的是还提供一种质料，即实践理性的一个目的。但这里的目的并不是一般意义的目的，这个目的是一种客观必然的目的。它与建立在偏好基础上的目的不同，这种客观必然的目的建立是纯粹实践理性先天赋予的目的，对人来说表现为义务。可见，《德性论》中所论述的目的是与《道德形而上学原理》中所论述的自在目的相一致的，都是纯粹实践理性的一种先天的、自在的、客观的目的。

---

① ［德］康德：《道德形而上学》，李秋零译，康德著作全集第6卷，中国人民大学出版社2006年版，第393页。

接着，康德在《道德形而上学原理》的自在目的的基础上，进一步提出了"同时是责任的目的"概念："目的是（一个理性存在着的）选择的一个对象，通过它的表象，任性被采取一种产生这个对象的行动——现在，我虽然可能被别人强制采取一些行动，这些行动作为手段指向一个目的，但我绝不可能被别人强制去拥有一个目的，而是只能自己使某种东西成为我的目的。"①在这里，康德首次提出了"同时是责任的目的"的概念，这里的目的虽然同时也是一种责任，但却不是来自外在强制的拥有这个目的，而是主体自身设立的目的，是来自实践理性自身的自我强制。也就是说，我有责任使包含在实践理性概念中的某种东西成为我的目的，这种目的具有一种客观必然性，对我来说既是目的，同时也表现为责任。

虽然我们分析了康德对"同时是责任的目的"概念，但这个概念还是比较抽象，目的如何同时是责任，或者说责任如何同时是目的；在康德那里，是目的在先，还是责任在先？康德提出两种思考目的与责任的关系：一种是从目的出发，发现合乎责任的行动的准则；另一种是从责任出发，发现同时是责任的目的。前者是法权论走的道路，而后者才是德性论走的道路②。法权论主要从一种要达到的目的出发，即为了实现某种目的而去做合乎责任的行为，这样的行为所依据的只是经验的根据。相反，德性论则不是为了实现某种目的而去做责任的行为，而是我们自身有责任将纯粹实践理性中的目的实现出来，只有纯粹实践理性才能成为责任的真正根据。因此，这种目的并不是来自经验，而是来自纯粹实践理性自身，是纯粹实践理性使人有责任做出于责任的行为，从而在这个过程中将实践理性的目的实现出来、产生出来。因此在德性论中，这种目的体现为责任，是从责任概念导向目的，使目的获得实现。康德认为，只有这样才是真正的德性责任。

在康德看来，这种"同时是责任的目的"并不是依赖于爱好，而是先天地给予的，源于纯粹实践理性概念，是实践理性自身的目的。那么，下面的问题是，康德设想一个"同时是责任的目的"的依据何在，理性何以能够树立这样一个"同时是责任的目的"？首先让我们重新回到康德

---

① ［德］康德：《道德形而上学》，李秋零译，康德著作全集第6卷，中国人民大学出版社2006年版，第394页。

② ［德］康德：《道德形而上学原理》，苗力田译，上海人民出版社2002年版，第395页。

的"目的"概念，在《德性论》中康德再一次定义了目的概念，并将目的与自由选择和行为相连。康德提出，目的是一个自由选择的对象，即概念规定选择从而去采取行动，在采取行动的过程中对象（目的）产生出来①。每一个行动都有其目的，不存在无目的的行动。另外，虽然我们被别人强制一些行为，但却不能强制去拥有一个目的，只有我们自己使某种东西成为我的目的②。因此，这里就将实践理性与人的内在自由建立了联系。拥有一个目的，并不是一种自然的作用，而是一个自由的作用。因此，拥有这样一个行动的目的，并不是自然的作用，而是理性主体自由的行为，是人为自己立法的体现。这个目的是理性存在者自由选择的对象，即这个目的并不是别人强加于我的目的，而是我使它成为我自己的目的，我的纯粹实践理性自身含有这种目的。

（二）同时是责任的目的：自我的完善与他人的幸福

那么，哪些目的同时是责任的目的？康德的答案是：自我的完善和他人的幸福。这种自我的完善，不是别人要求我的，而是我自己所追求的；而他人的幸福，更不是为了其他什么外在的目的，而是我自己的理性要求我把他人的目的称为我自己的目的。因此，无论是自我的完善还是他人的幸福，是理性给我们立起这个目的，每一个作为理性的人都具有这种可能性，为自己设立这样的目的。这个目的并不是经验的目的而是先验的目的，是纯粹实践理性自身的目的。那么，理性何以能够树立这样的目的？康德提出人的理性本性自身作为目的而实存，这种自在目的不是别人强加给你的，而是你自己的理性为自己设立的目的，因此在这一点上，你才是真正自由的。自我的完善与他人的幸福，并不是自然的作用，而是理性主体自由的行为，是人为自己立法的体现。在康德的理论中，只有自我的完善和他人的幸福能够满足这样的要求。

康德强调不能将这两个同时是责任的目的相互调换，不能把"他人的幸福"转换为"自我的幸福"，也不能将"自我的完善"转换为"他人的完善"③。康德的解释是，一个人自己的幸福是所有人都具有的目的，是人们不可避免欲求的东西，但这个目的却不能被视作责任，因为责任概

---

① ［德］康德：《道德形而上学原理》，苗力田译，上海人民出版社 2002 年版，第 397—398 页。

② 同上书，第 394 页。

③ 同上书，第 399 页。

念包含了一种强制性。如果我们把每个人欲求的自我的幸福说成一种同时是责任的目的，则是自相矛盾的。同样，如果我们把"他人的完善"作为同时是责任的目的亦是自相矛盾的，因为一个人的完善恰恰是他作为一个人格的体现，他有能力为自己设定同时是责任的目的，而不需要其他人来帮助他来达到这种完善。因此，康德强调如果把追求幸福作为同时是责任的目的，那么就只能是他人的幸福，而不能是自我的幸福。而且这种"他人的幸福"是他自己所认为的幸福，而不能是我所认为的他人的幸福，他人有选择自己幸福的自由。这里的"他人的幸福"是由他人自己决定的，我没有权利决定他人的幸福是什么，他人自身进行自由选择，去选择他们的幸福。我的义务仅仅是努力去促成"他人的幸福"，并把"他人的幸福"作为自己的同时是责任的目的。

那么，对他人的爱的责任和对他人的敬重的责任是如何导向他人的幸福这个目的，使责任和目的联结？这个联结点就是纯粹实践理性的绝对命令式，"要只按照你同时认为也够成为普遍法则的准则而行动"①。我是否愿意善意的准则成为一条普遍的道德法则？我希望别人和我一样，使善意的准则成为一条普遍的道德法则吗？显然，这个善意的准则获得了普遍立法的资格，作为普遍的立法者，将我和我之外的所有他人一起，按照平等的原则包括在交互善意的义务之中，使善意的准则成为一条普遍的道德法则。因此，纯粹实践理性的绝对命令式，把对他人的爱的责任和对他人的敬重的责任导向了他人的幸福（分别是他人的自然的福祉和道德的福乐）。同时，他人的幸福不仅是一种目的，而且是一种责任，是一种同时是责任的目的，并不是为了寻找他人的幸福，而对他人履行爱的责任和敬重的责任，而是在使对他人的爱的准则和敬重的准则成为一条普遍法则的同时，自然达到了实现他人幸福的目的。这种他人的幸福带有一种强制性，行为的必要性，是使主观目的成为客观目的的过程，因此是一种同时是责任的目的。这里的自我的完善与他人的幸福最后都是质料性的东西，但这种质料却不是从经验中来，一种经验性的目的，而是来源于纯粹实践理性自身，是一种先验性的目的。这两种德性目的—责任，自我的完善与他人的幸福，并不是一种外在强制，而是理性自身的自我强制、自我决定、自由选择，在这一点上才可以说是真正意义上的德性责任，是一种建

---

① ［德］康德：《道德形而上学原理》，苗力田译，上海人民出版社 2002 年版，第 39 页。

立在内在自由基础上的德性，体现了道德自由。

三　"同时是责任的目的"与"人性公式"的关系

FH（the Formula of Humanity）："你的行动，要把你自己人身中的人性，和其他人身上的人性，在任何时候都同样看作是目的，永远不能只看作是手段。"①

Tugendlehre："同时是责任的目的"（The ends that are also the duties）："自我的完善"（Self – Perfection）和"他人的幸福"（The happiness of others）。②

在《德性论》中，我们发现康德很少论述绝对命令的 FUL 公式以及由此展开的形式的普遍化测试，相反，他更倾向于在绝对命令的人性公式（质料）的基础上，展开各个具体德性责任的论述，包括对自己的德性责任和对他人的德性责任。德性论中提出的"同时是责任的目的"似乎与绝对命令的质料公式（FH）更加紧密些。康德在人性公式的基础上进一步发展了这种目的，提出"同时是责任的目的"概念，即自我的完善和他人的幸福。绝对命令的人性公式虽然是一种质料公式，但还是一个比较抽象的概念。既然人类理性本性自身就是目的，那么人如何使"你的行动，要把你自己身上的人性，和其他人身上的人性，在任何时候都看作目的，永远不能只看作手段"？这就涉及绝对命令的应用问题。在《德性论》中，康德进一步说明这种"目的在自身中"（End in itself），将其解说为一种"同时是责任的目的"，自我的完善和他人的幸福。虽然"同时是责任的目的"依然是纯粹的实践理性的目的，但他同时也是一种责任。这样，康德通过"同时是责任的目的"概念，将纯粹的实践理性目的与具体的德性责任相连，即他试图打通先验世界与经验世界的界限，将先验的目的概念应用于经验的道德世界。康德把抽象的目的概念，具体化为"自我的完善"和"他人的幸福"两个经验目的，通过对自己的德性责任和对他人的德性责任（包括对他人的爱和敬重）来实现绝对命令。无论是自我的完善还是他人的幸福，都是对人的理性本身的发展，把自己身上

---

① ［德］康德：《道德形而上学原理》，苗力田译，上海人民出版社 2002 年版，第 48 页。
② ［德］康德：《道德形而上学》，李秋零译，康德著作全集第 6 卷，中国人民大学出版社 2006 年版，第 398 页。

的人性和他人身上的人性在任何时候都看作目的，而不仅仅是手段。只有人类理性本身具有至高无上的价值，体现了人类的尊严。在"同时是责任的目的"基础上，康德进一步提出了德性论的至上原则，按照这一原则，仅仅把自己和他人都看作目的而不是手段是不够的，还要使一般而言的人成为自己的目的，这本身对于人来说既是目的又是义务。

那么，下面的问题是："同时是责任的目的"与"人性公式"是一种怎样的关系："同时是责任的目的"如何由"人性公式"发展而来；两者之间哪个外延更大，哪个更积极？

首先，虽然"同时是责任的目的"与"人性公式"之间存在着紧密联系，"同时是责任的目的"更多地是从"人性公式"发展而来，但我们却不能将两者完全等同。可以说，"人性公式"比"同时是责任的目的"的外延更大，"同时是责任的目的"更是"人性公式"的子集。建立在人的人性（Humanity）基础上的"人性公式"，相比于"同时是责任的目的"具有更广泛的外延。因为它不仅仅局限于人的道德生活，而是应用于人的整个实践生活中。这里的理性的设立目的的能力，也不仅仅是道德上的"同时是责任的目的"，还包括其他的非道德目的。另外，虽然人性公式主要建立在人的理性本性基础上，但在其中也夹杂着人的爱好或偏好。因为，人不仅是作为理性的存在者，人同时还是一种有生命的存在者。另外，这个建立在人的理性本性基础上的人性公式具有更大的包容性，它不仅包括仅仅出于责任的行为，而且还容纳了合于责任的行为，即后来发展对他人的正义责任。虽然人的人性禀赋并不是人的最高禀赋，但却是更广泛、具有更大包容性的人的原始禀赋。因此，康德将"人性公式"建立在人性禀赋的基础上，而不是更高的人格禀赋基础上。

其次，虽然"同时是责任的目的"由"人性公式"发展而来，但"同时是责任的目的"比"人性公式"具有更积极[①]的意义。虽然人性公式具有更广泛的意义和更大的包容性，但就像木桶原理一样，当它想从整

[①]　Allision 在其 *Kant's Doctrine of Obligatory Ends* 中区分了积极的目的和消极的目的。Allision 指出，康德的"同时是责任的目的"在康德的德性论中是一个非常重要的概念，对于理解康德的不完全德性责任非常重要。相比于人性公式，"同时是责任的目的"是一个更加积极的目的，是对人类道德完善的追求。相反，人性方式只是一种否定的、消极的目的，只是要求与人的人性不相违背，而不是积极地促进这种人性。主要参考：Herry E. Allison，"*Kant's Doctrine of Obligatory Ends*"，in ed. B. Sharon Byrd, Joachim Hruschka, Jan C. Joerden, Jahrbuch für Recht und Ethik（5），Berlin：Duncker & Humblot, 1997, pp. 7—8.

体既容纳法权责任又兼顾德性责任的时候，在追求广泛性和包容性的同时，必然不得不失去了它的高度。因此，人性公式更多地是在消极、否定的意义上要求行为和人身上的作为自在目的不相互抵触，不把自己和他人仅仅当作满足我们爱好的手段，特别是体现在对自我和他人的完全责任上。在对自我和他人的不完全责任的论证上，康德虽然谈及仅仅和自身中作为自在目的的人性不相抵触还是不够的，还是消极的，而不是积极的，人应该去最大限度地实现作为自在目的的人性，但他却没有过多地论证人如何积极最大限度地实现作为自在目的的人性。在《德性论》部分，康德则通过"同时是责任的目的"和德性的至上原则充分地发展了这种人的自在目的本性，人应充分地使这种自在本性成为自己的目的，并积极地去追求。康德进一步区分了完全的法权责任和不完全的德性责任，"同时是责任的目的"主要是属于伦理学或德性论的，而不可能属于法权论。"同时是责任的目的"（自我的完善与他人的幸福）更多地与不完全的德性责任相对应（自我的完善责任和对他人的爱和敬重的责任），只有这种不完全责任才是真正意义上的德性责任，最后指向人的道德完善和道德进步。

四 康德德性论何以在根本上是目的论？

在这种道德实践的过程中，并不仅仅是"为了义务而义务"的义务论追求，相反，这种"为了义务而义务"正体现了对"出于责任"的内在道德价值的追求，最终是对人的道德完善的向往。通过对绝对命令以及各个公式关系的重新解读（特别是对绝对命令的人性公式的重视）以及对"同时是责任的目的"的探析可知，康德的绝对命令并不是一个冷冰冰的、形式的道德法则，而是一个包含着质料和价值的、以人类纯粹理性本性自身为目的的道德法则。可以说，康德的伦理学思维在根本上更是一种目的论的思维。

（一）"出于责任"的行为的道德价值

1. "出于责任"与"合于责任"

康德的自我立法与自由选择自身也存在目的，并不像一些批评者认为的那样，仅仅追求行为的正当和责任。一些批评者认为，康德的道德哲学更多地是一种义务论，不存在目的，并不追求行为的内在价值。这显然是与康德的分析不相符的，本文将从两个例证为康德辩护。

　　首先，康德在《道德形而上学原理》中对"合于责任"的行为和"出于责任"的行为进行了区分，提出仅仅"出于责任的行为具有道德价值"①。这个命题表面看来似乎非常的严格和苛刻，是一种典型的严格主义，在现实的道德生活中似乎很少能够找到。如康德谈到出于爱好和荣誉而去帮助别人，都不具有真正的道德价值，只有"他从那死一般的无动于衷中挣脱出来，他的行为不受任何爱好的影响，完全出于责任。只有在这种情况下，他的行为才具有真正的道德价值"②。康德的这些说法似乎将"出于责任"的动机和"出于爱好或自我兴趣"的动机完全对立起来，其所描绘的道德人似乎是一个冷漠的、抽象的、分离的人。但从另一个角度来看，康德用这么强烈严格的命题和例子，恰恰是想突出"出于责任"行为的道德价值所在。可以说，康德并不反对"合于责任"的行为，在后来的《法权论》中他恰好发展了这部分完全的法权责任，但这种外在的法权责任在他看来并不具有道德价值，仅仅强调行为的正当性，更是一种外在的责任行为。相反，仅仅是"出于责任的行为"才真正具有道德价值，并不是仅仅强调行为本身的正当，而是追求责任行为本身的善和内在价值。

　　其次，在康德晚期的《单纯理性限度内的宗教》中，他区分了现象的德性（Virtus phaenomenon）和本体的德性（Vitus noumenon）。"在遵循自己的义务方面的这种已经运用自如的坚定决心，就作为其经验性的特性（Virtus phaenomenon）（作为现象的德性）的合法性而言，也叫作德性。"③ 这种现象的德性，就是康德所说的"合于责任"的行为，仅仅强调合法性。这种合于责任的行为虽然从结果上也是与责任相符的，但却掺杂了一些其他的经验的动机，并不是纯粹的道德动机。这种现象的德性，并不需要心灵的革命，只需要习俗的转变。相反，"要某人不是仅仅成为一个律法上善人，而是成为一个道德上的善人（为上帝所喜悦的善人），即根据理知的特性（Vitus noumenon）（作为本体的道德）是有道德的，如果他把某种东西认作义务，那么，除了义务自身的这种观念之外，他就

---

① ［德］康德：《道德形而上学原理》，苗力田译，上海人民出版社 2002 年版，第 16 页。
② 同上书，第 14 页。
③ ［德］康德：《道德形而上学》，李秋零译，康德著作全集第 6 卷，中国人民大学出版社 2006 年版，第 47 页。

不再需要别的任何动机"①。在康德看来，这种本体的德性才是真正意义上的德性，而这种德性的养成则需要一场思维方式的转变和从一种性格的确立开始。

从以上两处文本的分析，可以看出康德的"出于责任的行为"并不是冷冰冰的、抽象的责任行为，而是对行为内在价值或行为的内在善的追求。在康德那里，这种责任行为的内在目的是一种自在目的（end in it-self）。这种目的来自纯粹实践理性自身，并不在人之外去寻找这种内在目的或内在价值，而是因自身之故，即目的在自身中，具有自足性。这种"自在性"和"自足性"决定了它是一种内在价值，一种无条件的、绝对的价值。

2. "出于责任"与"因自身之故"

近年来，随着康德伦理学研究的升温，一些康德学者对康德的"出于责任的行为具有道德价值"的命题进行重新解读，产生了一些新的想法和理解，直接冲击着传统对康德的义务论理解。其中，比较具有代表性的是芭芭拉·赫尔曼（Barbara Herman）和克里斯汀·考斯加德（Chris-tine Korsgaard）。芭芭拉·赫尔曼（Barbara Herman）以一种价值理论的视角重新来解读康德的这个命题，"出于责任"的行为本身是对责任行为的内在的道德价值的追求②。另外，另一位新康德伦理学者，克里斯汀·考斯加德（Christine Korsgaard）在 From Duty and for the Sake of the Noble：Kant and Aristotle on Morally Good Action 一文中提出康德的"出于责任"和亚里士多德的"因自身之故"之间存在着一致之处，试图从"内在价值"的角度寻找亚里士多德与康德的一种沟通③。

康德的"出于责任"与亚里士多德的"因自身之故"之间确实存在很多相通的地方。无论是亚里士多德的作为"灵魂的善"、"内在的善"的德性，还是康德的无条件善，即"善良意志"，都是实践者、生活者的一种内在的善，人的心灵的一种好的、健康的状态。虽然在亚里士多德幸

---

① ［德］康德：《道德形而上学》，李秋零译，康德著作全集第 6 卷，中国人民大学出版社 2006 年版，第 47—48 页。

② Barbara Herman, 1993, *The Practice of moral Judgement*, Harvard University Press, pp. 1—22.

③ Christine M. Korsgaard, *From Duty and for the sake of the Nobel：Kant and Aristotle on Morally Good Action*, pp. 203—236.

福（eujdaimoniva）是最高的善，但是德性在他的善的目的论中占有重要的地位。在亚里士多德的三种善（灵魂的善、身体的善、外在善）中，亚里士多德更重视灵魂的善，即德性。它不仅是一种因"自身之故"而选择的目的善，而且还是一种内在的善。这种善并不像身体的善和外在的善来自人之外，而恰恰是来自人自身、人的内在心灵。另外，从亚里士多德的三种生活，即享乐的生活、政治的生活、沉思的生活，其中沉思的生活才是第一好的幸福生活，而明智的生活则是第二好的幸福生活。因此可以说，虽然亚里士多德的最高善（εὐδαιμονία）融合了身体善和外在善，但这种最高善的核心还是在于灵魂的内在善（德性）。特别是新亚里士多德主义的代表，约翰·麦克道威尔（John McDowell）在"幸福在亚里士多德伦理学中的作用"（The Role of Eudaimonia in Aristotle's Ethics）中，分析了实践理智的选择（προαίρεσιν）与幸福（εὐδαιμονία）的关系。实践理智的选择（προαίρεσιν）是"doing well"（eupraxia）的一个重要的因素，而"Doing well"是"having eudaimonia"的同义词①。因此，这种实践理智的选择是指向善的目的、为着善的（for the sake of, εὐδαιμονία）。

在康德那里，这种内在善或内在价值，更体现为康德所说的"出于责任"（from duty）的行为。康德认为，仅仅出于责任的行为具有道德价值。康德认为，只有纯粹的出于责任的动机才具有道德价值，这里康德不仅排除了身体善、外在善，而且排除了一切与经验、爱好或欲望相关的善，仅仅是出于善良意志。这种善良意志不因它促成的事物而善，也不因为它善于达到预定的目标而善，而仅是出于意愿而善，是一种自在的善。这种善之所以为善仅在于由于意愿而善，即意志仅凭自己的能力而成就的善，因此这种善是自在的、绝对的、无条件的善。从以上对于康德的实践理性的自主性以及"自由选择者"的观点可知，康德的这种"出于责任"的行为，并不是仅仅遵循外在的普遍化公式，而是一种实践理性的自由选择过程。最高的道德法则——绝对命令，也是实践理性的判断、考虑、选择的过程。而且这种自由选择并不仅仅追求行为的正当，而是对行为的内在价值的追求。正像克里斯汀·考斯加德（Christine Korsgaard）所提出的那样，康德的"from the duty"和亚里士多德的"on the safe for"之间确实

---

① John McDowell, 1996, "Deliberation and Moral Development in Aristotle's Ethics", pp. 19—35.

存在一致之处，都是对道德实践行为本身内在价值或内在善的追求①。可见，虽然亚里士多德的伦理学是典型的目的论的代表，而康德的伦理学则是典型的义务论的代表，但两者都是应用于实践的内在目的性活动，最终是对内在价值或内在善的追求。虽然在康德的伦理学中，存在着追求外在善的法权和正当，但其伦理学思维在根本上还是目的论的，特别是他的整个德性责任都是在"同时是责任的目的"基础上展开的。

（二）康德的目的论思想

虽然康德的伦理学在根本上是目的论的，但他的目的论与以往的目的论不同，主要体现在两个方面：它既是一种先验的内在自然目的论，同时又是一种建立在自由基础之上的责任—目的论。

1. 内在自然目的论

首先，康德的目的论是一种先验的目的论，是纯粹实践理性的目的，产生于纯粹的实践理性概念。这种目的不依赖于任何经验、感觉的东西，甚至不依赖幸福这样经验的目的。为了追求纯粹的道德法则，康德坚决地从一个幸福论者，走向了经验幸福论的反面。康德对这种经验幸福论总体上持反对意见，认为这里的幸福还是掺杂着经验、感觉的东西，使普遍的法则变得不纯粹。康德认为，幸福是一个经验性的概念，具有不确定性，不能成为普遍道德法则的基础。他所说的目的（或者说是自身是善而值得追求的事物）不是这种经验的目的，而是先验的纯粹实践理性自身的目的。我们行为是否正当的基础，不再是从经验的目的中寻找，而是从实践理性自身的目的中寻找。这种目的是一种先在目的或定在目的（Existent end），即这种目的是先天存在的，直接来源于纯粹的实践理性自身。也就是说，这种先在的目的并不同于一般的经验的幸福目的，即行为是为着产生幸福的结果，而是首先这个目的在责任行为之前已经先在地存在着，这种先在的目的向主体发号施令，由目的推出责任行为，而不是通过责任行为从而达到目的。

其次，这种先验的目的论又是一种内在的自然目的论。康德的这种先验目的论并不同于柏拉图的超验宇宙目的论，从整个宇宙世界来寻找目的，人只是作为整个宇宙的一个很小的部分而存在。相反，康德的先验目

① Christine M. Korsgaard, From Duty and for the sake of the Nobel: Kant and Aristotle on Morally Good Action, pp. 203—236.

的论是从人自身来寻找这种目的，人作为理性存在者自身就是目的，人的理性本性作为自在目的而存在。因此从这个意义上，康德的先验目的论又是一种内在自然目的论。可以说，康德深受斯多亚的"按照理性生活"或"按照自然生活"的思想影响①。在斯多亚伦理学中，人的理性作为自然的目的。这里的"自然"并不是外在于人之外的自然世界，而是内在于自身的理性自然。理性即是自然，人应听从自己的理性指引，即过一种自然的生活。可见，康德的内在自然目的论思想与斯多亚伦理学存在着紧密的联系。最后康德在先天的纯粹理性概念中寻找到了善良意志，这种善良意志并不是来源于人的感性，而是源于人的实践理性，实践理性的真正使命是去产生其自身就是善良的意志。人性在某种程度上具有先天的向善性，康德把这种向善性理解为人的理性的向善性。"善良意志，并不因它促成的事物而善，并不因它善于达到预定的目标而善，而仅是由于意愿而善，它是自在的善。并且，就它自身来看，它自为地就是无比高贵……它仍然如一颗宝石一样，自身就发射着耀目的光芒，自身之内就具有价值。"②实践理性的善良意志不受人的经验世界和感性利益影响，而是把先天的实践法则作为意志的动机，并通过"绝对命令"向人们发出行为的指令。这样，人的先天的善良意志以绝对命令的形式，使得德性具有某种程度的自然性，以一种自然信念的形式在人们的行为中发挥作用。所以，从这一点上可以把康德的伦理学理解为一种自然德性论。这种自然不在人之外，而在人之内，是人本身的自然。人依靠自己的实践理性，找回了人自己的自然，那就是实践理性的善良意志。因此，可以说康德的最高的道德法则——绝对命令，正是内在于人心中内在的普遍道德法则，自然地存在于每一个有理性的存在者的心中。

2. 建立在自由基础之上的责任—目的论

虽然康德认为每一个有理性的自然本性中，都具有自然的善良意志和普遍的绝对命令，具有向善的原始禀赋，但这只是一种向善的可能性，并

---

①　近年来，一些学者开始注意到康德伦理学与斯多亚伦理学之间的思想渊源，斯多亚的伦理学对康德的伦理思想产生了深远的影响。如：Christoph Horn. *Kant und die Stoiker*；John M. Cooper, *Eudaimonism, the Appeal to Nature, and "Moral Duty" in Stoicism*, in Stephen Engstrom, Jennifer Whiting（ed.）, *Aristotle, Kant, and Stoics—rethinking happiness and duty*. pp. 261—284；J. B. Schneewind, *Kant and Stoic Ethics*, in Stephen Engstrom, Jennifer Whiting（ed.）, *Aristotle, Kant, and Stoics—rethinking happiness and duty*. pp. 285—302.

②　［德］康德：《道德形而上学原理》，苗力田译，上海人民出版社2002年版，第11页。

不是现实存在的。因此，康德在看到这种自然性的同时，更看到人的理性自由的力量。每一个有理性的人都需要运用人类理性本性中的自由力量，使这种向善的可能性获得实现。因此，康德的目的论又是一种建立在自由基础上的责任—目的论。

首先，这种目的论是一种积极的、自由的目的。由于这种目的论来源于人的纯粹的实践理性自身，是理性为自身树立的目的。拥有这样一个目的，源自每一个有理性存在者的自由本性，因此是一种自由的作用，而不是自然的作用。于是，这里就将实践理性与人的内在自由建立了联系。虽然我们可以强制着去做某种有责任的作为，但我们却不能强制着去拥有一个目的，每一个目的的设立都是出自理性主体自身的自由决定和自由选择。当然，康德的这种建立在自由基础上的目的论思想也是逐渐清晰和成熟的。在《道德形而上学原理》中，康德虽然提出了"自在目的"（End in self）和"目的公式"，但更是一种消极意义上的目的，更多地是在否定的意义上要求行为与人身上的作为自在的目的不相抵触，不把自己和他人仅仅当作手段。在《道德形而上学》中，康德则进一步提出了"同时是责任的目的"概念，并把它作为建立德性论的基础。这种"同时是责任的目的"更是一种积极的、自由的目的，充分地发展了人的自在目的本性，人应充分地使这种自在本性成为自己的目的，并积极地、努力地去追求，最终指向人性的完善。

另外，这种积极自由目的又同时是一种责任，正像康德所说的，是一种"同时是责任的目的"或"同时是目的的责任"，康德的目的论又是一种责任—目的论。这种"同时是责任的目的"将先验的、纯粹的实践理性目的落实到人的实践生活中，将目的与责任相连。在康德那里，目的和责任并不是相分离的，而是结合在一起的。康德在《德性论》的导言中，首先提出了"同时是责任的目的"概念，即自我的完善与他人的幸福。他认为德性论不同于法权论，并不是从目的出发到责任，而是从责任出发达到目的。也就是说，在康德那里，并不是先有了自我完善的目的和他人的幸福，然后推出相应的责任；相反，是通过履行自我完善的责任和对他人的爱和敬重的责任，最后自然地实现自我的完善和他人的幸福这两个目的。虽然这两个目的是与经验相联系的，但却不是由经验推出，而是来自纯粹的实践理性概念。在这里，"自我的完善"和"他人的幸福"具有多重的角色，既是目的，又是德性，同时也是责任。因此，在这个意义上，我们说康德的目的论又是一种责任论，一种责任—目的论。

五　"目的论对义务论"还是"目的论和义务论"

提起"目的论"和"义务论"，似乎两者之间始终是一种紧张的关系，两者之间更像是一对"矛盾"或"对立方"，更多地是"目的论对义务论"，而不是"目的论与义务论"。于是，在规范伦理学体现内，目的论伦理学与义务论伦理学始终是一种对立和冲突的局面，似乎两者更是一种非此即彼的关系，非要在两者之间做出一种决断和选择。这种"非此即彼"的关系，带来的却是伦理学的困境，而不是伦理学的发展。因此，在大力渲染这种对立和冲突的过程中，不要忘记了两者之间的内在联系和相互融合之处。因为，伦理学研究的最终目的并不是构建出多么完善的、与众不同的伦理学系统，而是为了解决人现实的、实践的生活问题。

虽然康德伦理学被看作典型的义务论的代表，与目的论伦理学相对立，但这仅仅是一种"康德式的发展"。在康德的自身的伦理学中，似乎不存在以上所说的目的论与义务论的"非此即彼"的关系，目的与义务在康德的伦理学中很好地整合在一起，康德的伦理学在根本上更是一种目的论的思维，追求一种内在价值和道德的完善。康德并不是真正地反对目的论思维，而是反对把经验的幸福或个人的爱好作为目的的个人主义幸福论或者说功利主义的幸福论。由于建立在经验基础上的幸福论，仅仅把外在善或外在价值作为责任行为目的，而忽略行为本身自身的内在善或内在价值。在康德的伦理学中，特别是在他的德性论中，他也很重视目的在德性中的作用，强调出于责任行为的内在善或内在价值。如，新康德伦理学家芭芭拉·赫尔曼（Barbara Herman）对康德的解读责任更偏向于一种亚里士多德式的解读，她提出康德的伦理学所集中的更像是亚里士多德的善，而不是传统意义上所理解的责任①。另外，虽然亚里士多德的伦理学被看作典型的目的论的代表，与义务论相对立，但在其伦理学理论中，也存在着义务或规则，只是它们是与目的、德性结合在一起的。如当代新亚

---

① "We read Kant's ethics as focused, like Aristotle's, on the good rather than, as traditionally claimed, on duty". Barbara Herman, 1996, *Making Room for Character*, in Stephen Engstrom, Jennifer Whiting (ed.), *Aristotle, Kant, and Stoics—rethinking happiness and duty*. pp. 36—62.

里士多德主义代表约翰·麦克道威尔（John McDowell），对亚里士多德的解读更偏向于一种康德式的解读，讨论幸福在德性中的作用以及亚里士多德的实践理智的判断和考虑与德性的关系。他甚至提出，绝对命令与亚里士多德的伦理学不是完全不相容的。①

因此可以看出，在两个最能够代表目的论和义务论的伦理学——亚里士多德的伦理学与康德的伦理学之间存在着很多的一致之处和内在联系。近年来，也有很多新亚里士多德学者和新康德学者开始重视两者的沟通和对话，并取得了一定的成果。我们更需要的是"目的论与义务论"，而不是"目的论对义务论"。追寻两者的沟通与对话，将目的论伦理学与义务论伦理学结合起来，相互补充、相互融合，从而为当前的规范伦理学内义务论和目的论二元对立的伦理学困境的解决提供一种思路。

第二节　德性与自由

一　德性与自由意志（der freie Wille）

从对作为力量的德性的概念的分析中可知，康德德性的第一层含义首先是一种理性能力或思考能力，在首要意义上是一种理智德性（Intellectual virtue）。作为"善的意向"（Gute Gesinnung）的德性与理性的思考方式（Denkungsart）之间存在着紧密的联系。首先，善的意向的形成需要理性的思考方式，Denkungsart 作为一种思想活动或行为，促进 Gesinnung 的培养和发展，就像一种理智之光指引着人的实践生活的思想活动和行为。在康德那里，并不是存在多种理性，而是只有一种理性，只是理性的不同运用。理性在理论中的运用，称为理论理性；而理性在实践中的运用，则称为实践理性。因此，像亚里士多德一样，康德也将理性划分为理论德性和实践理性两部分，但与亚里士多德不同的是，他认为这种实践理性比理论理性更高，只有在实践理性中人才能真正获得自由的实在性，从而为信仰和自由留有地盘。这种实践理性并不是指纯粹的理性和逻辑的推

---

① "Categorical imperatives are not entirely alien to Aristotle's ethics". John McDowell, *Deliberation and Moral Development in Aristotle's Ethics*, in Stephen Engstrom, Jennifer Whiting (ed.), *Aristotle, Kant, and Stoics—rethinking happiness and duty*. pp. 19—35.

理或判断，思考关于科学的、数学的或逻辑的证明问题，而是专门对人的实践生活的思想活动或行为的思考。因此，在这种实践的思想活动和行为中，并不是纯粹理智的问题，而是具有混合性质的。但在这种具有混合性质的实践的思考活动和行为中，康德更加强调理性或思考方式对于德性的作用，他时刻提醒人们不要忘了"人是有理性的"，要公开且充分地运用自己的理性。因此，理性的思考、判断、选择在康德的德性论中非常重要，康德的德性在首要意义上是一种理智德性。特别是在后来的《单纯理性限度内的宗教》中康德提出了要进行"思维方式的革命"（Revolution der Denkungsart）的口号，"人的道德修养必须不是从习俗的改善，而是从思维方式的转变和从一种性格的确立开始"①。没有思维方式的革命，善的意向不能够获得真正的发展和提高。同时，也正是通善的意向在实践生活的不断发展和完善中，理性的思维方式这种特别在实践中运用的理性能力也得到了提高。因此，下面的部分将重点讨论康德的德性的第一层含义："德性与理性"的关系，重点分析康德的实践理性对于德性的作用，探寻实践理性的判断、意愿、选择、考虑、行动的道德判断实践的过程。本文认为，康德的绝对命令并不是抽象的普遍化的公式，而是理性主体的道德判断实践的过程。同时，这一节试图从"实践与德性"关系的角度，寻找康德与亚里士多德的沟通和对话。

（一）自由与习惯之争

对于自由与习惯，康德在《道德形而上学》的导言的第 14 节中的附录中，有这样一段讨论：

"习性［自然倾向（habitus）］是一种行为能力和一种选择的主观完善，但并非任何这样的一种能力都是自由习性（ habitus libertatis）。如果这种习性是一种习惯（habit, assuetudo），即仅仅是一种由于不断重复而成为必然性行为的一致性的话，那它就是不是出于自由，因此也不是一种道德习性。在康德看来，仅仅遵守法律的行为还不是德性，除非在这个习性上加上一种自我决定，这种习性不是选择的一个属性，而是意志的属性，使行为的准则成为一种普遍的法则。只有这样的自由习性才称为德

①　［德］康德：《道德形而上学》，李秋零译，康德著作全集第 6 卷，中国人民大学出版社 2006 年版，第 49 页。

性，德性要求一种内部自由。"①

从这段讨论可以看出，康德坚决反对把德性仅仅理解为一种不断重复行为必然性，因为在他看来，如果德性变成了一种机械的、习惯性的、不经过理性思考的自然习性，这样就和其他的技术习性没有区别。如果人一直习惯于生活在这种习惯性的习性中，行动者主体将失去了选择行动准则的自由。这种重复性的自然习性并不是一种道德习性，因为康德认为道德习性是必定出于自由的，是道德主体的自我决定的结果。如果称德性为一种习性，那一定是一种自由习性，而不简单是一种合法的行为习性。显然，康德非常强调德性与内在自由的关系，他将自己的德性论建立在一种内在自由基础之上。

对于这段康德对"习惯"的批评，学界形成了不同的看法。对于这段批评传统的看法是：这段批评是针对亚里士多德的"习惯"。亚里士多德曾在《尼各马可伦理学》中，提出"德性生成于习惯"。在亚里士多德看来，德性生成于德性的实现活动。一个人做了一件公正的事，并不能说这个人就是公正的人，一个人必须不断地做公正的事，才能形成一种恒常的行为习惯，在这种情况下，这个人才可以成为公正的人。亚里士多德的德性，似乎很像是康德所批评的"不断重复的习惯性行为"。因此，很多学者把这段对"习惯"的批评和前面的对"中道"的批评一起都看作康德对亚里士多德的批评。如劳拉·丹尼斯（Lara Denis）在其文《康德的德性概念》（*Kant's the Concept of Virtue*）中明确地提出是针对亚里士多德的习惯的批评。②显然，劳拉·丹尼斯（Lara Denis）是将康德与亚里士多德在"习惯"问题上放在了对立面，认为康德的这段批评是针对亚里士

---

① An aptitude (habitus) is a facility in acting and a subjective perfection of choice. — But not every such facility is a free aptitude (habitus libertatis); for if it is a habit (assuetudo), that is, a uniformity in action that has become a necessity through frequent repetition, it is not one that proceeds from freedom, and therefore not a moral aptitude. Hence virtue cannot be defined as an aptitude for free actions in conformity with law unless there is added "to determine oneself to act through the thought of the law", and then this aptitude is not a property of choice but of the will, which is a faculty of desire that, in adopting a rule, also gives it as a universal law. Only such an aptitude can be counted as virtue. Kant, *The Metaphysics of Morals*, in Gregor, M., *Practical Philosophy*, Cambridge: Cambridge Press, 1996, XIV 535.

② "Kant criticizes Aristotle and seeks to distinguish his own theory of virtue from Aristotle's on several points. Most notably, Kant insists that Aristotle was wrong to think of virtue either as a habit or as a mean between two extremes." Denis, *Kant's conception of virtue*, in Guyer (ed), The Cambridge Companion to Kant and Modern Philosophy, New York: Cambridge University Press, 2006. p. 524.

多德的习惯的。她明确指出，康德坚决反对亚里士多德的习惯和两极之间的适度思想。

同时，也有一些学者持不同的意见。他们认为康德的这段讨论，是对仅仅是不断重复的必要性行为习性的批评，并不是针对亚里士多德。恰恰相反，在道德自由习性这一点上，康德与亚里士多德则是一致的。如艾伦·伍德（Allen. W. Wood）在其《康德式伦理学》（Kantian Ethics）中指出，如果德性像亚里士多德所说的那样是一种习惯，那么康德坚持认为这是一种自由习惯，而不仅仅是一种不断重复的必然性行为，二者具有一致性。艾伦·伍德（Allen. W. Wood）提出了两点理由：首先，亚里士多德与康德的德性都是因为"自身之故"而作的行为，而这种自身之故都是建立在实践理性的基础之上的。其次，亚里士多德之所以强调"习惯"，并不是说他的德性仅仅是一种缺乏理性思考的重复性的习惯性习性，而是强调"教化"（habituation）对于德性和情感培养的重要作用。而且，在康德那里，他也很重视"教化"（habituation）的作用，认为德性是通过德性的行为实践而获得，而不仅仅通过理智思考得到。因此，艾伦·伍德（Allen W. Wood）进一步提出，"如果在这一点上认为两位哲人是不一致的，那对亚里士多德则是一种严重的误读"。①

那么，针对这场由康德对习惯的批评所引起的"自由与习惯"之争，究竟孰是孰非？我们提出了一系列的问题：这段批评康德是否真正指向亚里士多德的习惯，这是否符合康德的本意，康德所说的"自由习性"是指什么；另外，亚里士多德的"习惯"是否仅仅是一些学者所理解的缺乏理性思考的"重复性的习惯行为"，亚里士多德的德性与实践理智的关系如何；最后，在实践与德性上，两位哲人是相反的，还是一致的，是"康德对亚里士多德"，还是"康德与亚里士多德"；两者之间的对话和沟通如何可能。这些问题的解决，将有助于我们对实践与德性关系以及康德的德性概念的充分理解。

（二）亚里士多德的"习惯"

希腊语中，与康德所说的"aptitude"（habitus）相对应的词是"ἕξις"或"Hexis"，与人的内在品质或状态相关。虽然希腊语的"ἕξις"和拉丁语的"habitus"，在英文中被翻译为"habit"，但与现代所理解的习惯一

---

① Allen W. Wood. *Kantian Ethics*, Cambridge University Press, 2008. 8 . Virtue. p. 145.

词的意义有着很大的不同。ἕξις（Hexis）在亚里士多德哲学中是一个非常重要的词汇，这个词的动词词根是ἔχω（being，having），主要指"having"、"being"或是"state"。对于这个词，亚里士多德研究者有着不同的翻译，如 W. D. Ross 将其翻译为"a state of character"；也有学者（Jacob Klein）将其翻译为"possession"，主要是根据这个词的动词词根 ἔχω（being，having）的含义。亚里士多德说的ἕξις（Hexis）更多地是一种灵魂的积极的主动的品质状态，而不仅仅是灵魂的消极的冲动或情感的被动品质状态。因此，这个词在亚里士多德那里，这种积极的品质状态是一种包含选择的德性，是与人的实践理智（πρᾶξίς）相关的。在亚里士多德德性理论中，节制、勇敢、正义、明智等都属于"ἕξις"或"Hexis"，具有更广泛的含义和内容。拉丁语的"habitus"也是从动词"having"发展而来，依然保留着丰富的含义。而现在我们对这个词的使用，似乎已经失去了这种积极主动的品质状态和理智因素，更多地是一种与消极的情感和冲动相联系的状态，更是一种重复性的、机械自然的情感倾向和行为倾向。

亚里士多德提出自然虽然赋予我们接受德性的能力，但这种能力只是以潜能的形式存在，潜能的实现则要通过习惯而完善①。我们只有通过先运用它们从而才能获得它们，否则只是潜能而已。在希腊语中，道德的（ἠθικἠ；② αρετἠ）是从"习惯"（ἔθos）发展而来，是通过习惯而获得的品性和品质。在希腊语中，"εθos"主要还是指社会共同体的共同的生活习惯与习俗在个体成员身上形成的品质或品性，虽然已经融合了个体的性情和性格，但还是一种外在的习惯和习俗。人在幼年或儿童时期，实践理智还没有发展成熟，人的灵魂中的感觉部分和行为部分起着主导作用，会对事物或行为产生快乐和痛苦的情感体验，养成一定的感觉习惯和行为

---

① ［古希腊］亚里士多德：《尼各马可伦理学》，廖申白译，商务印书馆 2004 年版，第 36 页。

② ἔθω（有……习惯，动词）- ἔθos（名词）-ἠθοs（名词）- ἠθικἠ αρετἠ（道德德性）。ἔθω 是 ἔθos的动词词根，含义为惯于，有……习惯；ἔθos为它的中性名词，译为风俗、习惯；ἠθοs是从ἔθos演变而来，除了保有风俗和习惯的意思，还含有性情、性格、性质的意思；ἠθικἠ为ἠθοs的形容词，意味着有关道德的意思，同时还有表现道德性质、性情的意思。从词源的发展中，可以看出习惯中逐渐融合了性情、品性、状态、气质的东西。主要参考［古希腊］亚里士多德：《尼各马可伦理学》，廖申白译，商务印书馆 2004 年版，第 35 页。注释③。

习惯。在这种外在的社会风俗和习惯下，会逐渐融合了自己的性情、品性、状态、气质的东西，而且这些从小养成的感觉习惯和行为习惯会一直伴随着我们、影响着我们的行为。如快乐从小就伴随着我们，对于快乐的感觉已经深深地植根于我们的生命之中，我们也或多或少地把快乐和痛苦作为我们行为的标准。即使随着人的心智成熟，实践理智逐渐占据了主导地位，人也很难摆脱这些情感，因为人的实践生活本身是混合性的，不可能只有理性而没有情感，或是只有情感而没有理性。但同时，我们要看到，这里的感觉习惯和行为习惯并不都是好的习性，也可能是很不好的习性，这种不好的习性一旦形成将很难改变，而且还会阻碍德性的生成。相反，好习性的养成则会促进德性的生成，对于德性的生成起着重要的作用，由此，规训和早期教育就显得格外重要了。在古希腊时期，这种规训和早期教育主要是通过家庭教育、城邦的公民教育来完成的，这有利于把儿童培养成为一个具有高尚德性的好公民，成为一个正义的人、节制的人、勇敢的人。

虽然，在儿童时期，人们可能接受更多的是外在于自己的规则与训诫，对于快乐的和痛苦的事物会形成一定的行为习惯。对于这些习惯，人们似乎还缺少一种好的理解，这时人的实践理智还没有真正觉解。但是随着人的心智成熟，人开始自然地运用人的实践理智指导着自己的道德行为，从而逐渐地获得了觉解。人开始反思：我为什么要成为一个好公民，做公正的事、节制的事、勇敢的事，何为公正、何为节制、何为勇敢。在这样的觉解的过程中，人对好习性有了更好的理解，在好习性中注入了人的理智的思考，对好习性不断修正。因此，并不是先有了好的理解才养成好习性，而是在好习性的生成过程中逐渐形成了好的理解，由此人的实践理智也获得了相应的发展。但另一方面，如果在人的早期阶段没有产生好的习性，而是不好的习性，那么，人在实践理智的觉解中将始终伴随着对不好的习性的克服，用灵魂的理智部分去战胜不好的习性，从而最终形成好的习性，而这个过程对于人来说将是非常艰难的，但却是每一个人都要走的路。德性在习惯中生成的过程，也是人的实践理智的发展和觉解的过程，是人成为人的过程①。

①　此观点主要受益于廖申白教授在"希腊伦理学"课程中的讲解和讨论，主要参考廖申白《希腊伦理学》纲要。

在实践理智的不断觉解中，人们逐渐意识到德性不是不断重复的一贯性的道德习性，而是有主体的参与，是出于意愿和选择的。在亚里士多德看来，德性就意味着作选择，选择（προαίρεσισ）对于德性的获得至关重要。在实践理智的指导下，人们进行着选择的行为，好的选择是同实践理智的德性（πρᾶξἱs）分不开的，是一种为着目的、出于意愿的自由选择。

首先，这种选择是一种追求善目的的选择，"选择就预含了一个对我们而言是善的目的，我们是因为有目的才要作选择，而不是因为要选择才确定目的"。①亚里士多德的选择概念首先是一种追求目的善的选择，这种向着善的目的的选择不是因为别的，而正是因为"自身之故"（on the safe for）而选择的。在希腊人中，只有那些因"自身之故"而被称为善的事物才称其为目的善。而与之相对应的，仅仅作为手段是善的事物被称为手段善。在亚里士多德那里，这种目的善正是εὐδαιμονία（幸福）。亚里士多德认为幸福由三种善构成：灵魂的善、身体的善和外在善。灵魂的善是一种内在的善，即德性；身体的善包括身体的强壮和健康；而外在善则包括财富、富贵及友爱②。正确的选择是向着善的目的的，但是选择的对象却不是目的，而是手段，即获得善的目的的更好的、正确的手段。于是，错误的选择有两种：第一种，是并没有向着善的目的，而是向着错误的目的，以放纵者为例，他的目的是以身体的愉悦和快乐为目的，而不是以幸福为目的；第二种，虽然是向着善的目的，但却选择了错误的手段，如不能自制者，他们明明知道幸福是正确的目的，但由于自己的情感和欲望的原因最后选择了错误的手段。

其次，这种选择是一种出于意愿的选择。虽然是追求善目的的选择，但并不是外界强加于我的选择，而是我自身出于意愿的选择。只有我们出于自愿去做的事情才成为我们意志的选择，而不是违背我们意愿的选择，违背意愿就不是选择了。道德德性不仅与人的理性相关，还与人的意愿或意志相关。可以看出，亚里士多德已经意识到了意愿与行为的关系问题，看到了伦理学上自愿（或意愿）与非自愿（或非意愿）

① ［古希腊］亚里士多德：《尼各马可伦理学》，廖申白译，商务印书馆 2004 年版，译注者序。

② 同上书，第 21—22 页。

的区分，强调了意愿的重要性。亚里士多德认为，恶也同样如此是出于意愿的，反对苏格拉底"无人自愿作恶"的观点。在苏格拉底看来，恶行的产生要么是由于我们的无知，要么是由于思考错误，不会是因为出于意愿而产生，人并没有明知故犯的道德弱点。而在亚里士多德看来，恶的产生同德性的产生一样，都是出于行为者的意愿。人是道德行为的主动者，行为的恶不是由于无知也不是由于思考错误，而是取决于我们自身的意愿与选择，我们才是德性与恶的最终始因。因此，我们应该对自己的意愿与选择负责任，而不能将它归于我们的无知和思考错误，无知和思考错误不能成为恶的承担者，也不应该成为恶的承担者。亚里士多德通过对行为自愿与非自愿的区分使人们认识到了，行动者自身的意愿与选择对于道德行为的重要性，这也是亚里士多德的贡献所在，他将苏格拉底的智慧进一步区分为理论理智和实践理智，对以后的哲学产生了重要的影响，使人意识到意志自由的重要性。在理智与情感之间，加入了意志的部分，在理智与情感的纠结中扮演着重要的角色，像是平衡理智与情感的天平。虽然亚里士多德已经意识到了意愿与行为的关系问题，强调了意愿的重要性，但出于意愿的行为未必都是选择，还必须是经过预先考虑的，也就是好的选择必须是与实践理性分不开的，选择是由逻各斯决定的。考虑和选择都是实践理智的具体应用。一个好的选择是对追求着好的目的的正确的手段的考虑。因此，在亚里士多德看来，选择对于德性的获得至关重要，选择概念是指包含着意图和能力的追求目的（善）的实践，德性的获得在于正确的选择。

实践的生命的活动是特别属于人的活动，人的活动不在于他的植物性的活动，也不在于他的动物性活动，而在于他的灵魂的合于逻各斯（理性）的活动。实践的生命活动的实现则需要实现活动①，即他在其实践的生命的活动中所展现出来、所实现出来的东西。实现活动作为人存在的方式，人是怎样的取决于他的实现活动。实现活动以一种积极的状态从事实

---

① 实现活动ἐνέργεια，ἐν–在希腊语中的意思是"通过……"的意思，έργεια是ἔργον（活动）的名词的转形，ἐνέργεια通过活动而实现的、达到的、从活动而来的东西。在亚里士多德的《形而上学》中，潜能（δύναμις）与现实（ἐνέργεια）是一对非常重要的概念，德性的生成就是从潜能到现实转化的过程。主要参考罗念生编：《古希腊语汉语词典》，商务印书馆2005年版；［古希腊］亚里士多德：《尼各马可伦理学》，廖申白译，商务印书馆2003年版，第xvii页。

践的生命的活动，成为它之所是，是人的灵魂的"隐德来希"①或"生生之德"。人的实践的生命的活动包括理论的活动、制作的活动和实践的活动。其中，理论的活动最高，实践的活动最重要。实践的活动的根本在于实践理性的活动。这种实践的生命的实现活动是一种目的性活动，"每种技艺与研究，同样地，人的每种实践与选择，都以某种善为目的。所以有人就说，所有事物都以善为目的"。这种目的可以是实现活动本身，也可以是活动以外的产品。而实现活动自身就是目的，实践的目的不在活动之外，而就在活动之中。这种内在的目的或内在的善就在于实现活动完成得出色或优秀，即合于德性、具有德性。所以说，德性生成于德性的实现活动，是通过实现活动中展现出来、实现出来，从而体现为不仅状态上好而且实现活动完成好的品质。"状态上好"体现为首先他必须知道这种行为；其次，他必须是经过选择而做，而且必须是出于一种确定了的、稳定的品质而选择；而且这种状态本身是不断重复公正和节制的行为的结果。德性不仅要求状态上好，还要在实现活动中完成得好。只有通过做公正的事成为公正的人，通过节制成为节制的人，通过做事勇敢成为勇敢的人。而且这种实现活动不仅仅是一次性的，只因为你做了一次公正的事就能够成为公正的人，获得公正的德性，合德性的行为与有德性的人之间还存在着一定的距离。只有不断重复地像公正的人一样做公正的行为，并把使它成为确定的、稳定的习惯或者说是一种行为倾向。而且这种行为倾向通过实践理智的指导，通过习惯的培养，已经内化为一种稳定的品质。做公正的事，成为公正的人，不是一种外在的规范，而是一种内在的德性。于是，在德性的实现活动中，德性生成了，在种上德性体现为品质，而在属差上德性体现为适度。这种适度不仅体现为行为上的适度，而且体现为感情上的适度，最终是人的实践理智的适度。

由此可知，亚里士多德的"习惯"并不仅仅是一种简单的不断重复而成为的必不可少的一贯性的守法行为习性，而是人通过实践理性的运用，出于意愿且进行着选择。好的习惯的生成是需要实践理性的参与，需

① ἐ ντελη ς（ =ἐν τέλει ὤν），隐德来希或生命之德，英文翻译为"complete"或"perfect"，是指人对完满、完善的不断追求。廖申白教授把它解释为将生命的实现其最终完善状态的倾向或品质，就是人的实现对于人而言的幸福的倾向。周辅成先生把这种灵魂的隐德来希或生命之德作为道德意愿（或意志）的依据。主要参考［古希腊］亚里士多德：《尼各马可伦理学》，廖申白译，商务印书馆2003年版，第xix页。

要理智之光的指引，人的实现活动更由于实践理智的参与呈现更为积极的状态。道德德性与实践理智密切相关，虽然自然赋予了人接受德性的能力，但这只是一种潜质，这种自然赋予的潜质则需要人的实践理智的努力才能成为现实。只有自然的品质加上了实践的、把握终级事物的努斯才能称之为严格意义上的德性。道德德性离不开实践理智，明智使道德德性正确，正是通过实践理智，道德德性才能够感受到努斯与智慧之光。实践理智将努斯与智慧之光投射到道德德性上，帮助道德德性获得幸福，而这种幸福的获得不是以自然的方式得到的，而是以非自然的、实践的方式获得的。德性生成的过程，正是人从德性的自然状态上升到德性的自由状态的过程，是人的实践生命活动的展开。德性的生成过程并不是一个静止的过程，是一个不断发展、不断进步的过程，始终伴随着对好习性的理解与修正，对不好习性的克服，在灵魂的逻各斯指引下，不断地进行着德性的实现活动，在人的整个一生中。

（三）德性与内在自由

通过以上对亚里士多德习惯观点的剖析，本文认为康德的这段批评并不是指向亚里士多德的，在对道德德性与自由的理解上，两位哲人不但不冲突，反而是一致的，因此我更赞同艾伦·伍德（Allen. W. Wood）的观点。同时我们也应看到，亚里士多德虽然提出了习惯，意识到了德性与实践理智、实现活动、习惯的关系，但却没有系统地展开，留下了很多有待解决的问题。康德正是循着亚里士多德的脚步，从德性与自由的角度，进一步地推进和发展了亚里士多德的实践理智。

1. 实践理性的自主性（Autonomie）：意志自由（Wille）

在德语中，"Autonomie" 主要是指理性的自我主宰、自治，主要来源于希腊语的 αὐτονομία，法则是由自己制定的，是一种自我立法、自我统治，强调独立性与自主性。在政治上，这个词经常被理解为一个国家公民的自治；而在哲学上，这个词主要指的是人按照自己的意志行事的自由，即意志自由。在英语中，能够找到一个与之相对应的词，即 "autonomy"；而在汉语中，将其翻译为 "自律" 或 "自主性"。如翻译成中文的康德道德哲学文本中，比较达成共识的翻译为 "自律"，即意志的自律。虽然在《原理》中苗力田先生也将其翻译为 "自律"，但在为《道德形而上学原理》作的序（《德性就是力量》）中，苗先生则将其理解为"自主性"①。本文也更倾向于将"Autonomie"理解为"自主性"，而不是"自律"。因为在汉语中，"自律"虽然是一种自我制约、自我控制，但似乎更偏重在"律"而不是"自"上。相反，"自主"则更强调自立性和独立性，更体现了理性的意志自由，按照自己的意志行事。另外，在日常生活中，当我们使用"自律"性的时候，大多数情况下更是一种消极意义上使用的，法则也可能是外在于我们的，我们通过自我约束或自我控制而去遵守法则。因此，本文认为"自主性"更能表达"Autonomie"的首要的含义，它更强调一种自立性和独立性，更是指一种积极意义上的自由。如果将其理解为"自制"，也是一种积极的自我控制，而不是消极意义上的。

在《道德形而上学原理》中，在论证绝对命令的第三个公式——"意志自由公式"，即"每个有理性东西的意志的观念都是普遍立法意志的观念"之后，首次提出了"意志自律"（Autonomie）基本命题，同时也提出了与之相反的命题——他律性（Heteronomie）。可以看出，在这里，康德也是主要从意志的自由立法的角度，来诠释和理解"Autonomie"。最后，康德提出了只有"意志自主性"作为道德的最高原则。显然，康德在"意志的自主性"中寻找到了道德的最高原则，这个自主原则就是："在同一意愿中，除非所选择的准则同时也被理解为普遍规律，就不要做出选择。这一实践规则是一个命令式，也就是说，任何有理性的东西的意志，都必然地受到它的约束。"②人们之所以服从普遍原则，之所以受其约束的原因是，由于他自身就是一个立法者，法律是他自己制定的，所以他才必须服从。与"意志自主性"（Autonomie）命题相反的命题则是一种"他律性"（Heteronomie）。在康德那里，存在着两种他律，一种主要指建立在经验基础上，以幸福原则为出发点、以自然或道德的情感为依据；另一种则是建立在理性基础上，以完善原则为出发点，使完善的理性概念发生可能的效用，或者使独立的完善性、神的意志为绝对原因。显然，无论是前者的建立在经验基础上的幸福论，还是后者主要是指建立在理性基

---

① 苗力田：《德性的力量——从自主到自律》，转引自康德：《道德形而上学原理》，苗力田译，人民出版社 2002 年版，第 1—40 页。

② [德] 康德：《道德形而上学原理》，苗力田译，人民出版社 2002 年版，第 61 页。

础上的完善性的本体论，都不是一种来自理性的自我立法和自我统治，都是将一些非道德因作为原则的泉源，因此所发生的只可能是假言命题，而不是定言命题。

随后，在《道德形而上学》中，康德更突出了这种"意志自主性"所体现的自由性和独立性。这种实践理性的自主性（autonomy），不仅仅体现为一种"自我控制"（Self‑constraint or Self‑control），更体现为一种"自我主宰"或"自我决定"，是一种依据内在自由原则基础上的自制（self‑constraint in accordance with a principle of inner freedom）①。而这种依照法则自由地决定自己的行为的这种自我控制，就德性是人的内在自由这一点而言，它含有积极地对自己加以控制的意思。可以说，这种内在的道德律法或者说心中的道德律法，恰恰是人的实践理性自主性的充分表达。

2．内在的道德立法：实践理性的自主性的充分表达

在康德道德哲学中，道德法则作为最高的道德原则，占有重要的地位。正像康德的著名的名言中所说的："有两种伟大的事物，我们越是经常，越是执着地思考他们，我们心中越是充满永远新鲜、有增无已的赞叹和敬畏——我们头上的灿烂星空，我们心中的道德法则！"②因此，这里的道德法则并不同于外在的法权的普遍原则，而是一种内在的、来自理性主体自身的"心中的道德法则"。即拥有着实践理性的人，或作为一个自主的道德人，具有选择自己行为准则的自由，并且其选择的道德法则不是外部的力量强加的，而是我们作为自主的道德人对自身的一种约束，即"人为自己立法"。那么，人如何能够为自己立法，这种"人为自己立法"的理论基础何在？可以说，这种"人为自己立法"的要求，并不是来自外在的因素或力量，恰恰是源自每一个理性主体自身，是人的实践理性的自主性的充分表达。就像康德所描述的那样，每一个理性的东西都是目的王国的成员，意志自由的有理性的人，作为目的王国的立法者，自己为自己立法。意志并不是简单地服从尊重规律或法律，他之所以服从，之所以尊重，由于他自身就是一个立法者，规律法律是他自己制定的，所以他才

---

① Kant, *The Metaphysics of Morals*, in Gregor, M, *Practical Philosophy*, Cambridge：Cambridge Press, 1996. Ⅸ What is a duty of virtue? p. 525.

② ［德］康德：《实践理性批判》，关文运译，广西师范大学出版社 2002 年版，第158 页。

必须服从、尊重。因此，这种"人为自己立法"的要求，正是源自人的实践理性，是实践理性对道德自主性的诉求。一方面，实践理性使人认识到"人为自己立法"，而另一方面，心中的道德法则又体现了人的自主性。

另外，在主体进行"自我立法"的过程中，也伴随着实践理性的判断、考虑、意愿、自由选择、准则与行动等环境，可以说更是一个有理性的人的道德判断实践的过程。在这个道德判断的过程中，有着理性人的实践理性的参与。其中，特别是实践理性的判断、考虑和自由选择是重要的环节，是人的实践理性的自主性的充分表达。对于自主的道德人而言，能够进行自我选择与自我决定，每一个自主的道德人都作为立法者身份而存在。我们首先产生的是行为的准则，但这种准则仅仅是一种主观的准则，我们要通过自己的实践理智的判断和思考来确定它是否能成为一种普遍客观的道德法则。就这个确立普遍实践准则的决定是我们的每一个的自己的决定而言，每一个有理性的人都是自由的存在者或者说是"自由选择者"。因为，这个使主观的准则成为客观的规则的过程的决定，是每一个自己的自我决定和自由选择，而不是外在的或强加的。特别是随着德性伦理学的复兴，一些学者开始从实践理性的"判断和考虑"的角度对康德的绝对命令进行重新解读，并试图与亚里士多德的实践理智的"考虑与选择"作一种沟通和对话。其中，芭芭拉·赫尔曼在《道德判断实践》一书中，她抛弃了传统的把康德伦理学表述成义务论的传统，她从道德实践判断的角度，把绝对命令理解为人的决定行为的道德实践判断的过程。①

由此可以看出，这个道德判断实践的过程中，道德主体自身并不是一个被动地去执行普遍化测试公式，而是作为一个自主的道德人和立法者积极地运用着实践理性，进行着道德判断和考虑，进行着自我立法和自由选择的过程。因此，可以说康德的最高的道德法则——普遍的绝对命令（CI），并不是一个抽象的、形式的、枯燥的道德法则，而是一个有理性的人道德判断实践的过程。同时，这个道德判断的过程对于每一个人来说，也是一个很复杂的过程，除了理性的道德判断，还伴随着意愿、动机、情感以及意志的因素。

---

① ［美］赫尔曼：《道德判断的实践》，陈虎平译，东方出版社2006年版。

（四）实践与德性：康德与亚里士多德之间的一种对话

我们可以得出以下结论：康德与亚里士多德在"习惯与自由"的问题上并不是相反的，而是一致的。无论是亚里士多德的"ἕξις"，还是康德的"Tugend"，都是建立在人的实践理性的基础之上的，都是一种实践的内在目的性活动。尽管从亚里士多德的作为品质的力量到康德的作为力量的德性发生了很大的变化，从传统的与善观念相结合、包含着丰富内容的德性观念变成了只有善良意志的德性力量，但有一点是根本不变的，那就是德性的根本质的不变，实践的逻各斯性质，将德性建立在人的实践理性基础之上。无论是在亚里士多德的"出于意愿的选择"还是在康德的"自由选择"中，都有着实践理智的参与。在这种理智之光的照耀下，人进行着实践理性的判断、考虑与选择。因此，无论是亚里士多德的"作为品质的德性"，还是康德的"作为力量的德性"都与实践理性存在着紧密的联系。可以说，理智是德性的一种首要因素。人的灵魂的"隐德来希"或"生命之德"引领着人们，在实践的生命活动中实现他的生命的本质力量。

康德与亚里士多德在"实践与德性"上并不是相反的，而是一致的。康德循着亚里士多德的思路继续走来，甚至可以说康德比亚里士多德走得更远。他也将理性分为理论理性和实践理性两个部分，但与亚里士多德不同的是，他认为这种实践理性比理论理性更高，并且把实践理性作为道德的基础。在亚里士多德的基础上，康德进一步地发展了实践理性，将实践理智的意愿与选择发展成为一种自我选择和自我决定。实践理性的善良意志不是来自神，也不是来自目的，而是来自人的先天的实践理性。康德在实践理性的自由基础上，发展出了一种德性论，将德性和实践理性的自由相连，他把道德哲学称为关于自由规律的学说。康德的德性论是一种先天的德性论，由纯粹的实践理性的内在自由推出。只有依照纯粹实践理性的纯粹法则，自己为自己立法，进行一种自我决定、自我选择，并不断实践，才能够使作为意志道德力量的德性真正地成为活生生的力量。康德在这里也很强调德性践行的作用，德性不仅仅是一种理智思考的过程，还需要在不断地践行中形成德性。"德性始终处在进步中，但也总是从头开始。"① 在这一点上，康德与亚里士多德是一致的，在他们看来，德性是一种获得性品质。既需要实践理智的沉思，也需要通过不断的践行来获得它。亚里士多德的习惯主要是在德性践行的意义上来言说的。

康德的这种作为意志力量的德性，将人的德性与自由相连，把德性作为人的实践的生命力量的展开，最后把德性解说为一种心灵的内在自由的力量。康德的这种心灵的内在自由的力量，似乎是实践理性的发展的更高的阶段，不仅要求一种意愿和选择，还是一种自由选择和自我立法。只有在这个阶段，人才真正地获得了德性，心灵才是真正的自由的、健康的、富足的。尽管对于人来说，这种灵魂的内在善很高远，是一种很高的境界，但却是一种真正的心灵自由的状态。在人的灵魂的实践理性的引领下，这种内在的善对于人来说又具有可能善，是一种可能的善，需要人通过实践的方式去寻求这种高尚的德性，实现人之所是。

二　德性与自由决意 （die freie Willkür）

虽然实践理性在德性中占有重要的地位，但由于人的实践生命活动的复杂性，仅仅有实践理性的判断、考虑和自由立法是不够的。道德行为、责任行为不仅需要去"想"，更需要去"做"。德性只有真正转化为现实，才能够真的称之为"力量"。另外，在责任履行的过程中，人不可能完全摆脱欲望、爱好和情感的左右，仅仅是一个完全理性的、抽象的人。因此，在现实的道德实践生活中，人不仅需要实践理性的判断和思考，还需要实践理性的意志力量和勇气，去与心中"强大而不公正"的敌人做斗争，从而去履行责任的行为。这就是康德的作为力量德性的第二层含义：Tugend 还是一种内在的、稳定的精神态度，体现为实践理性的坚强和勇气。下面，我们将从自由的消极意义上，来解说康德德性的第二层含义，从而全面地理解和把握康德的"作为力量的德性"概念。

（一）自由决意 （die freie Willkür） 与准则 （Maximen）

虽然康德很强调纯粹实践理性 （Wille） 的道德基础作用，只有普遍的绝对命令才是道德的最高原则，但这并不意味着康德完全拒绝经验的部分，他只是首先建立道德的形而上学，然后再下降到经验的部分。因为人

---

① ［德］康德：《道德形而上学》，李秋零译，康德著作全集第 6 卷，中国人民大学出版社 2006 年版，第 410 页。

并不仅仅是一个有理性的存在者，人同时还是一个有欲望、有情感的存在者。因此，康德说论述的自由决意（die freie Willkür）的行为则直接与人的经验的、复杂的道德实践生活相关。在很多情况下，对于人来说，如何在这种复杂的实践生活中，最终听从理性的指导，从而履行责任的行为似乎更加困难。这个环节可能比道德实践的第一个环节，即自我立法的环节，更加难以实现。这个道德实践的第二个环节，掺杂着实践理性的准则、德性以及行动等环节。

下面我们将重点讨论这个道德实践的第二个环节，通过对康德的自由的决意（选择）（die freie Willkür）与准则的关系的分析，深入挖掘康德的作为力量的德性的第二层含义。

由于康德的自由决意（选择）（die freie Willkür）是与人的行为直接相关的，因此它一定首先与人的准则相关。准则是人的意志的主观原则，与客观的实践原则相对立。绝对命令告诉我们"要只按照你同时认为也能成为普遍规律的准则行动"，因此在这个道德判断实践的过程中，人首先选择的是主观的准则，而不是普遍的道德法则。当然，并不是所有的准则都能够成为普遍规律，我们最终选择的只是同时能够成为普遍规律的准则。因此可以看出，在这个道德判断的环节中，准则（Maxim）也起着重要作用，在康德的普遍命令中占有重要的地位，是联结主观原则和客观原则的重要的环节。

一些当代的康德学者对康德伦理学中的准则概念以及准则与行动的关系进行了全新的诠释，其中主要以赫费和奥尼尔为代表。赫费教授认为，康德的伦理学更多地是一种"准则的伦理学"，而不是一种"规范伦理学"，他主要从准则的角度重新解读了康德的绝对命令。他认为，《道德形而上学基础》没有局限在与政治实践相区别的个人实践领域内。这一所缺少的契机隐藏在准则概念中，因此绝对命令的基本形式就是："要只按照你赖以能够同时意愿它成为一个普遍规则的那个准则去行动。"①除了这个基本形式，还涉及准则的形式、质料和完备的规定。绝对命令所关涉的不是任意的道德上无关紧要的规则，而是完全只与准则相关。最后，赫费提出，"康德哲学合适形式并不是流传很广的规则或规范伦理学，而是

---

① ［德］赫费：《康德生平、著作与影响》，郑伊倩译，人民出版社 2007 年版，第 169 页。

准则伦理学"①。欧诺拉·奥尼尔（Onora O'Neill）主要从准则与绝对命令的关系上，重新诠释准则在康德伦理学中的作用。奥尼尔在《理性的建构》（*Construction of Reason*）一书的第二部分"准则和义务"（Maxims and obligation）中对准则与行动的关系进行了讨论②。她试图去证明康德的绝对命令不仅对于理性是基础性的，而且对于行动和伦理学也是基础性的。她主要从"行动理论"的角度，特别是对康德的准则概念进行了深入的研究，探究康德的伦理学如何以及多大程度上指导行为。针对一些批评者对康德绝对命令的形式性抽象性的批评，奥尼尔试图为康德辩护，她认为康德的绝对命令并不像批评者所批评的那样是抽象的形式主义、普遍化测试，这是对康德绝对命令的误解。她认为，康德的伦理学在首要意义上更是一种"准则的伦理学"而不是"规则的伦理学"。在"行动的一致性"（Consistency in action）③一文中，欧诺拉·奥尼尔（Onora O'Neill）主要从行动理论的角度重新解读康德的绝对命令，康德的绝对命令是一个实践理性的过程，使准则成为行动的过程。虽然康德没有专门论述准则，但可以看出，准则与普遍法则、行动、道德价值都有着紧密的联系。康德还提出，"出于责任行为"的道德价值正是体现于被规定的准则，而不是行为所遵循的意愿原则。另外，康德的普遍的绝对命令规定的是行为的准则，而不是行为本身，这样也为实践理性的道德判断实践留有更大的自由空间（Latitudo）。

（二）德性的实现：从准则到行动

虽然在纯粹理性的规定下，有理性的人已经把这种纯粹性纳入自己的准则，准则成为一种普遍规律，准则与行为之间还是着很大距离的。绝对命令作为一种定言命令，最终要求理性的人要只按照你同时也能成为普遍规律的准则"行动"，要实现责任行为，而不仅仅是停留在知或想的层面上。因此，在这个使准则转化为行动的环节中，人不仅需要一种实践理性的判断和思考的能力，人更需要一种内在的、稳定的精神力量，与心中的"强大而不公正的敌人"做斗争，最后使责任的行为获得实现。因此，我

---

① ［德］赫费：《康德生平、著作与影响》，郑伊倩译，人民出版社 2007 年版，第 171 页。

② Onora O'Neill, 1989, *Constructions of Reason – Explorations of Kant's Practical Philosophy*, Cambridge : Cambridge University Press.

③ Onora O'Neill, 1989, "*Consistency in action*", in *Constructions of Reason – Explorations of Kant's Practical Philosophy*, Cambridge : Cambridge University Press, pp. 81—104.

们说康德的作为力量的德性是准则与行动之间的重要的中间性环节，是一种履行责任的准则的力量。

首先，准则与行为之间还存在着很大的距离。准则只是意志的一种主观原则，虽然在使主观的原则成为普遍规律的道德判断实践的过程中，已经掺杂着人的实践理性的判断、考虑、选择或动机等因素，但却还不能说已经转化为责任行动本身。因为总体来说，准则还停留在一种知或想的层面上，很多情况下，我们更习惯于"只想不做"的状态。如保存生命的例子，如果一个人长期过量饮酒与吸烟，而且已经开始有一些不适的症状，医生建议立刻停止酗酒和吸烟。他明明知道这个酗酒和吸烟的准则不能成为一条普遍的规律，是与保存生命的责任相违背的。在想或知的层面，他自己是完全清楚的，为了自己的健康情况，他必须要戒酒戒烟。可是，每次当自己的身体情况稍好一些的时候，他又忍不住继续喝酒抽烟。这样反反复复，他的身体情况就更加恶化了。所以说，不能自制或意志软弱的情况是存在并且可能的，无论是亚里士多德还是康德都认识到了"不能自制"的问题，在理智与情感之间，加入了意志的部分，在理性与情感的纠结中扮演着重要的角色。又如，行善的例子。在很多情况下，很多人都知道要帮助他人，行善的准则能够成为一条普遍的规律，而且这个行善的准则是为着"他人的幸福"这个同时是责任的目的。可当这种行善的准则与我们自身的幸福原则发生冲突的时候，如果帮助别人就会损害到我自己的利益或幸福，我们往往不能将其转化为行善的责任行为。通过这两个例子的说明，人并不是完全神圣的，人是作为一个有限的理性存在者而存在。虽然在纯粹理性的指导下，人向着神圣性的道路前进，但在追求道德进步的过程中，不可避免地受到欲望和爱好的诱惑和刺激，偏离了神圣的道路。

其次，德性在从准则到行动之间重要作用。正像我们在本章第一节中对"根本恶"的论述，欲望和爱好并不是我们真正的敌人。我们心中真正的敌人，是人类本性中的根本恶，这种根本恶往往将欲望和爱好原则优先于普遍的道德法则，从而颠倒了它们的道德次序。这种心中的"强大而不公正"的敌人，比外在于我们的敌人更加危险和难以克服，因为这个敌人就隐藏在人的心灵深处，我们每天要做的是同自己进行善与恶的斗争。因此，我们就需要在心中"重建向善的原初禀赋（Anlage）的力量"，即德性的力量。康德把这种原初的禀赋分为以下三类：1. 作为一种有生命的存在者，人具有动物性的禀赋；2. 作为一种有生命同时又有理性的存在者，人具有人性的禀赋；3. 作为一种有理性同时又能够负责任的存在者，人具有人格性的禀赋①。康德的德性力量更体现为一种心灵深处的精神力量或精神状态，即一种精神的坚强和勇气，我们要不断发展和重建这种向善的力量。通过这种心灵力量与根本恶的斗争，最后善的原则战胜了恶的原则，使准则转化为行动本身。

最后，正是在这种使准则转化为责任行动的过程中，德性才获得了真正的实现。康德的德性之所以称其为"力量"，就在于它体现为一种履行责任的执行力和行动力。绝对命令在康德那里，不仅体现为一种道德判断与考虑的过程，更体现为一种道德行为实践的过程。绝对命令自身包含着一种道德必要性（moralische Nötigung），理性对其发号施令，使准则最终转化为责任行为。

通过以上两个小节德性与自由（1）：德性与自由意志（der freie Wille）和德性与自由（2）：德性与自由决意（die freie Willkür）的分析，我们分别从自由的积极含义（自由意志）和消极含义（自由决意）两个方面，解说了康德的作为力量的德性概念。于是，与自由的积极和消极含义相对应，德性具有两个层面的含义：

第一个层面的含义是，作为力量的德性首先是一种理智德性（intellectual virtue），与 Denkungsart 存在着紧密的联系，是理性的考虑、判断与选择的结果。这里的选择并不是一般意义上的习惯性选择，而是出自理性自身的、积极的自由选择。实践理性自由意志（der freie Wille）通过绝对命令，参与道德法则的制定，体现了实践理性自身的立法能力和自主性。因此，康德的作为力量的德性与内在自由存在着紧密的联系，是一种建立在实践理性内在自由基础上的德性论。第二个层面的含义是，康德的实践理性不仅体现为一种积极的自由意志（der freie Wille），还体现为一种消极的自由决意（die freie Willkür）。实践理性的自由决意更直接与人的行为相关，关乎道德法则的执行和责任行为的履行，更体现了人的实践理性的执法能力和行动能力。因此，在这种消极自由的含义基础上，发展出康德德性的第二层含义：这种作为力量的德性与人的理性意志相连，是人的

---

① ［德］康德：《道德形而上学》，李秋零译，康德著作全集第 6 卷，中国人民大学出版社 2006 年版，第 25 页。

一种内部的稳定的精神态度或心灵状态。这种精神态度体现为一种理性意志的坚强和勇气，勇敢地与心中强大的敌人战斗，最后将准则转化为责任行动，使德性获得真正的实现。因此，我们可以说，康德的"Tugend"既是一种人的心灵的内在自由状态，建立在实践理性的内在自由和积极的自由选择基础之上；同时，它也是一种实践理性的意志力量和勇气，这种力量帮助人们克服心中"强大和不公正"的敌人，使人坚定地、一贯地履行责任行为，是一种使责任的行为获得真正实现的力量。

同时，在探寻康德德性概念含义的过程中，我们也发现康德的绝对命令并不是一个抽象的、形式的普遍化的测试方式，而是一个道德实践的过程。在"要只按照你同时也能成为普遍规律的准则行动"的过程中，包括了道德主体的实践理性的判断、考虑、选择、动机、准则、德性、责任行动等环节，各个环节相互关联，是道德主体的道德实践的过程。首先，是道德实践的第一个环节：道德主体作为一个"立法者"，运用自己的实践理性进行道德立法、制定道德法则。在这个道德立法的过程中，伴随着实践理性的判断、考虑和自由选择在内，同时这种自由选择是一种出于责任的选择，与动机相结合。其次，是道德实践的第二个环节：道德主体不仅是一个"立法者"，他还是一个"道德人"或"执法者"，他通过实践理性的自由任意执行实践理性的道德命令或道德立法，即履行责任。在这个履行责任的过程中，德性作为一种坚强和勇气，在使准则转化为责任行为的过程中发挥着重要作用。虽然我们将这个道德实践的过程分成两个主要环节，但其实两个环节是一个统一的整体、环环相扣，共同构成了人的道德实践的过程。

第三节　德性责任的不完全性及其带来的"Latitude"

康德在实践理性的"同时是责任的目的"（即自我的完善和他人的幸福）的基础上展开了他的德性责任体系。在"自我的完善"的基础上，分别演绎出了"对自己的自然完善德性责任"和"对自己的道德完善德性责任"；而在"他人的幸福"的基础上，则产生了"对他人的爱的德性责任"和"对他人的敬重的德性责任"。下面，我们将通过法权责任与德性责任的对比进一步来理解康德的德性责任的不完全性及其带来的自由空间（Latitude），从而更好地理解康德的德性责任。

一　关于"Latitude"的三种争论

目前，对于康德对责任的划分，以及完全责任与不完全责任、法权责任与德性责任的区分，学界展开了积极的讨论，引起了他们很大的兴趣。这种关注一方面源于康德的政治哲学的研究者，他们想在这种区分中更清楚地理解康德法权论的德性论的关系；另一方面，这种兴趣更多地来自康德德性论的研究者，他们想通过法权责任和责任德性的区分，更好地了解康德的德性责任的不完全性，从而探讨康德的德性的自由空间（Latitude）有多大，把它作为了解康德德性思想的一个重要的突破口。一些康德研究者，如欧诺拉·奥尼尔（Onora O'Neill）、托马斯·希尔（Thomas Hill）、玛西亚·巴容（Marcia W. Baron）、南希·谢尔曼（Nancy Sherman）等都对康德的责任进行了探讨①。当然，在康德伦理学阵营内部，对于"Latitude"的争论也很大，主要存在着三种不同的观点：

第一种观点："严格主义观点"。一些学者对于康德德性论的严格主义批评，他们认为虽然康德提出不完全责任带来了自由空间"Latitude"，但实际上康德的伦理学并没有为责任之外（Supererogation）让出地位、留有空间，而更多地是对行为的限制和禁止。如齐泽姆（Chisholm）在 *Supererogation and Offense* 中提出康德的所有的行为或者是被禁止的或者是责任的②。另外一些批评者，如海森堡（Eisenberg）认为虽然康德为道德冷漠，甚至为虽然不被禁止但在某种程度上是不好的行为留有空间，但却没有为责任之外的行为留有空间③。

---

① 欧诺拉·奥尼尔（Onora O'Neill）在《康德的美德》一文中，也重点讨论了康德关于责任的分类问题，她认为康德正是把第（2）种责任（不许假诺言的责任）作为其《法权论》中法权责任的原型，将其发展成为一种正义责任。另外，托马斯·希尔（Thomas Hill）在 *Kant on Imperfect Duty and Supererogation* 一文中，对于完全责任和不完全责任作了很细致区分，分别区分了"对自己的完全责任"、"狭义的对他人的敬重责任"以及"广泛的德性责任"，在此基础上论证了康德的广泛的不完全德性（行善）责任所带来的自由空间"Latitude"，从而提出了他的观点：康德的伦理学并不像一些批评者所批评的那样严格。在追求道德观点的过程中，有很多的选择的空间，不是每一个善都是被要求的。

② R. M. Chisholm, *Supererogation and Offense*, Ratio, vol. (1963), p. 13; Hill, Th. E., Jr, Los Angeles, *Kant on Imperfect Duty and Supererogation*, Kant-Studien, 62: 1 (1971).

③ Paul Eisenberg, *Basic Ethical Categories Kant's Tugendlehre*, The American Philosophical Quarterly. Vol. 3 (1966); Hill, Th. E., Jr, Los Angeles, *Kant on Imperfect Duty and Supererogation*, Kant-Studien, 62: 1 (1971).

　　第二种观点："自由主义观点"。面对着这些对康德德性思想的批评，托马斯·希尔（Thomas Hill）给予了反驳，为康德的德性思想辩护。他在 *Kant on Imperfect Duty and Supererogation* 中，提出了康德的伦理学并不如通常所认为的那样严格，在康德的伦理学中，也存在着超越责任的东西，理性的人具有更多的自由选择的空间①。托马斯·希尔（Thomas Hill）在细致区分完全责任和不完全责任、法权责任和德性责任的基础上，提出并不是所有的德性责任都具有"Latitude"，而且即使具有"Latitude"，不同类型的德性责任所具有的"Latitude"的程度也是不同的：如对他人的一般责任，并不真正属于康德的完整意义上的德性，更是一种完全责任，因此不具有"Latitude"；而对他人的敬重责任，虽然属于德性责任，但只是一种否定的、狭义的德性责任；而只有康德的泛义的不完全责任的子集具有更广泛的自由空间。如果说康德的体系中，责任之外的行为存在一席之地，那么它们将被发现在履行泛义责任的行为的子集中。②

　　第三种观点更是一种折中的观点：认为康德的德性理论既不像第一种观点所认为的仅仅是一种冷酷的、冰冷的严格主义，没有为德性留有任何空间；同时也不像第二种观点所认为的是一种任意的自由主义，自由空间的无限大，甚至是将康德的德性理论等同于"Supererogation"。第三种观点主要以玛西亚·巴容（Marcia W. Baron）和南希·谢尔曼（Nancy Sherman）为代表。玛西亚·巴容（Marcia W. Baron）在其《不用道歉的康德伦理学》（*Kantian Ethics Almost without Apology*）中，展开了对"Latitude"的讨论③。一方面，她试图对康德伦理学"最低限度"、"底线伦理"的批评进行回应。通过对"Supererogationist"理论的拒绝，反对了"Supererogationist"理论所认为的任何没有为责任之外的行为留有空间的伦理理论都是有缺陷的。玛西亚·巴容（Marcia W. Baron）试图尝试着将康德的伦理学与"Supererogationist"理论相结合，她认为我们本不应该为责任行为和责任之外行为划一条清晰的界限，两者之间常常是不可分开的。另一方面，针对一些康德伦理学的辩护者，玛西亚·巴容（Marcia W. Baron）也提出了一些反对意见，认为由于辩护者的过于强调责任之

---

　　① Hill, Th. E., Jr, Los Angeles, *Kant on Imperfect Duty and Supererogation*, Kant-Studien, 62：1 (1971).

　　② Ibid..

　　③ Marcia W. Baron. *Kantian Ethics Almost Without Apology*, Cornell University Press, 1999.

外的自由空间（Latitude），这种修正失去了康德伦理学的本意①。南希·谢尔曼（Nancy Sherman）基本上同意玛西亚·巴容（Marcia W. Baron）的观点，在玛西亚·巴容（Marcia W. Baron）的基础上分别对"自由主义者"（Latitudinarian）和"严格主义者"（Rigoristic Readings）两种观点进行了评论。南希·谢尔曼（Nancy Sherman）认为这两种观点都是错误的观点。康德伦理学既不是忽视道德，也不是忽视自我。根据康德自己的线索，康德的德性理论更是一种严格的自由主义②。一方面，康德的伦理学不是批评者所批评的那样是一种完全的严格主义，完全的道德冷漠，康德的理性人的幸福和他人的"真实需要"都证明康德不是完全的道德冷漠主义，Latitude 建立在理性人的道德气质（disposition）的评价基础上。另一方面，南希·谢尔曼（Nancy Sherman）提出，也不能过于强调自由主义，那将是一种放纵的自由主义。因此，南希·谢尔曼（Nancy Sherman）更同意玛西亚·巴容（Marcia W. Baron）的观点，我们需要严格的自由主义。

二 广义德性责任的不完全性带来的"Latitude"

（一）责任的初步划分：完全责任和不完全责任

在《道德形而上学原理》中，康德对责任进行了初步的区分：按照责任的对象分为对自己的责任和对他人的责任，按照责任的约束程度将责任的性质分为完全的责任和不完全的责任，并举出了四类责任：（1）对自己的完全责任；（2）对他人的完全责任；（3）对自己的不完全责任；（4）对他人的不完全责任。③在《道德形而上学原理》中，康德只是在举例中提出了对责任的划分，这种划分是任意的和初步的。随之，在《道

---

① 玛西亚·巴容（Marcia W. Baron）重点批评了托马斯·希尔（Thomas Hill）的观点，提出了一些不同的意见。她并不认为，托马斯·希尔（Thomas Hill）建立了康德"Supererogationist"理论之间的相容，最后他仅仅是把康德的伦理学挤压在一个和康德自身伦理学理论不相容的程度的时候，才寻找到了责任之外的空间。但这已经不再是康德自身的伦理思想，这种论证是在对康德的伦理思想修正的基础上展开的。而且托马斯·希尔（Thomas Hill）对康德"Latitude"的不同程度的区分以及对"Latitude"存在的证明，也仅仅是在非常弱的意义上展开的。参见：Marcia W. Baron. *Kantian Ethics Almost Without Apology*, Cornell University Press，1999.

② Nancy Sherman. *Making a Necessity of virtue —Aristotle and Kant on virtue*, Cambridge：Cambridge University Press，1997. "Chaper 8：Perfecting Kantian Virtue：Discretionary Latitude and Superlative Virtue"，pp. 331—362.

③ ［德］康德：《道德形而上学原理》，苗力田译，上海人民出版社 2002 年版，第 40 页。

德形而上学》中康德对责任的划分逐步清晰，进一步明确了责任的不同类型，区分了法权责任和德性责任，并在此区分的基础上分别提出了法权论和德性论。接着，康德在其《德性论》的导言中，进一步对责任的完全性和不完全性进行了区分，他提出伦理责任是一种广义的责任，而法权责任是一种狭义责任。责任越宽泛，从而人去行动的责任就越不完全；责任越狭义，其德性行动就越完全。"Vollkommenen"有完全的、完美之意，在这里主要是指完全的、完整的、全部的、绝对的意思，表示责任的程度。越完全就表明越完整、越绝对，而越不完全就表明不具有绝对的强制性，还存在一定的自由的空间。

康德主要通过两种方式来区分完全责任和不完全责任：第一，法则要求行动的准则，而不能要求行动本身。"伦理学不为行动立法（因为这是法学的事），而是只为行动的准则立法。"①在康德看来，这种法权责任仅仅要求行动本身，是一种狭义的责任，而伦理责任则要求行动的准则，是一种广义的责任。法权责任仅仅是对人的一种外在强制，对人的约束是"你不应该做什么"，你的行动要正当，不能侵犯他人的权利和自由；而德性责任则是一种内在强制，是你自己为自己立法，理性人作为一个自由选择者选择自己的行动的准则。第二，不完全的德性责任具有"同时是责任的目的"，从而为法则的遵循留下了自由的空间。由此，在康德看来，法权责任是一种完全责任，德性责任是一种不完全责任。这种对他人的完全的法权责任主要体现为私人的法权和公共法权，前者称为自然的法权，后者称为公共的法权。私人的法权通过自然的方式保证外在的"你的"和"我的"，而公共的法权则是通过公共立法的法权状态来保证"你的"和"我的"②。私人法权又进一步划分为物品法权、人身法权和采用物的方式的人身法权。公共法权则由国家法权、国际法权和世界公民法权构成。相应地，德性责任则体现为对自己的完全责任、对自己的不完全责任（自然完善和道德完善）、对他人的德性责任（对他人的爱的责任和对他人的敬重的责任）。如图 3 所示：

---

① ［德］康德：《道德形而上学》，李秋零译，康德著作全集第 6 卷，中国人民大学出版社 2006 年版，第 402—403 页。

② 自然的法权和公共的法权的比较：只有在公民社会中才能更好地保证"你的"和"我的"，与自然状态相对立的不是社会状态，而是公民状态。主要参考：［德］康德：《道德形而上学》，李秋零译，康德著作全集第 6 卷，中国人民大学出版社 2006 年版，第 251 页。

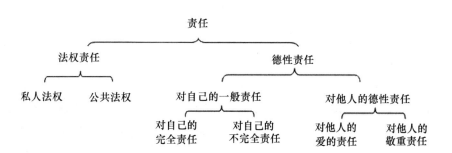

图 3

（二）法权责任和德性责任

首先，我们将集中对法权责任和德性责任进行区分，在这种区分中更好地理解德性责任的不完全性：

第一，康德的"法权论"主要谈论的是法权责任，它是建立在一种外在强制基础之上的，是一种外在自由；而在"德性论"中，康德提出了"德性责任"概念，这种德性建立在自我强制基础之上，是一种内在自由。这种法权责任主要处理的是一种外在的实践关系，严格地说，这种法权责任并不真正是出于责任的行为，只是一种合乎责任的行为。这种权利的普遍规律是"任何一个行为，如果它本身是正确的，或者说它所依据的准则是正确的，那么，这个行为根据一条普遍法则，能够在行为和每一个人的意志自由同时共存"①。也就是说，权利的普遍规律仅仅要求一个人与另一个人的自由相和谐，强调行动的外在性和正当性，是一种外在强制和相互强制，这种强制的方式主要是通过法律的规定和人们之间的相互监督。因此这种对他人的完全责任是一种法权责任，严格的意义上，它并不属于伦理责任或德性责任。相反，德性责任则是一种内在强制和自我强制，是一种建立在内在自由基础上的自我强制。这种德性责任主要处理的是一种内在的实践关系，处理的是人的内心行为，与人的意愿相关，更多地是向内心诉说着他的行为的准则。法权责任所要求的"一个人与另一个人的自由相和谐"，仅仅是一个基本的要求，这只是实现了一种外在

---

① ［德］康德：《法的形而上学原理——权利科学》，沈叔平译，商务印书馆 2005 年版，第 40 页。

自由。而人作为理性的自由人，要超出这种外在自由，去追寻心灵的内在自由状态。

　　第二，法权论的至上原则是分析的，而德性论的至上原则是综合的。在康德看来，法权责任仅仅是一个分析命题，要求一个人的自由与另一个人的自由并行不悖，不超出外在自由的概念，按照矛盾律就可以了。每一个人都不可以超出外在自由的概念，谓词并没有超出主词的范围，因此，法权论的至上原则是分析的。德性论则不同，它扩展了义务概念，超出了外在自由的概念，上升为一种内在自由。这种扩展主要在于它建立起了法权责任完全弃之不顾的目的概念，在自我强制的概念基础上增加了目的概念。因此，这种建立在内在自由基础上的德性，不仅表现为一种自制，而且具有一种同时是责任的目的，人的行为的准则含有一种目的性价值，即自我的完善与他人的幸福。这种德性责任并不像法权责任仅仅要求行动的正当就可以了，它追求的是自身的完善。法律和伦理只是保证了一个相对好的生活，而德性才告诉我们如何过一种好的生活、如何成为一个有德性的人。人只有在德性的形而上学阶段，才能真正实现自己的自由，才能真正接近幸福的生活。因此，在康德那里，德性形而上学比正当（法权）形而上学更高，也更为根本，是道德形而上学的最后阶段。

按照法则与义务的客观关系的划分

完全的义务

对自己的义务	1.　我们自己人格中人性的法权	（法权）义务　（德性）义务	2.　人的法权	他人的义务
	3.　我们人格中的人性的目的		4.　人的目的	

不完全的义务

图 4①

　　第三，法权责任是一种完全责任（vollkommenen Pflicht, perfect du-

———————————

　　① ［德］康德：《道德形而上学》，李秋零译，康德著作全集第 6 卷，中国人民大学出版社 2006 年版，第 250 页。

ties)，而德性责任是一种不完全责任（unvollkommen Pflicht, imperfect du-ties)。Vollkommenen，有完全的、完美之意，在这里主要是指完全的、完整的、全部的、绝对的意思，表示责任的程度。越完全就表明越完整、越绝对，而越不完全就表明不具有绝对的强制性，还存在一定的自由的空间。康德把这种对于他人的法权责任划分为对他人的完全责任，而认为德性责任则是一种不完全责任。在康德看来，这种法权责任仅仅要求行动本身，是一种狭义的责任，而伦理责任则要求行动的准则，是一种广义的责任。法权责任仅仅是对人的一种外在强制，对人的约束是"你不应该做什么"，你的行动要正当，不能侵犯他人的权利和自由。而德性责任则是一种内在强制，是你自己为自己立法，这就决定了行动的准则在遵循法则的过程中为自由选择留下了空间，它并不能确定行动应当怎样对同时是责任的目的起作用以及起多大作用，由此德性责任实践的领域也相应地扩大了。因此可以说，责任越狭义就越完全，而责任越宽泛就越不完全，所以唯有不完全的责任才是德性责任。①这种不完全性主要体现在两个方面，不仅包括人对自己的不完全责任（自我的完善），还包括对他人的德性责任（包括对他人的爱的责任和对他人的敬重的责任）。

接下来的问题是，我们能否将法权责任和德性责任的区分等同于完全责任和不完全责任的区分？回答是否定的，完全责任与不完全责任并不是专有的范畴，我们是在对比的意义上使用这对范畴的，完全性与不完全性更多地是在相对的意义上使用的。我们可以说法权责任是完全责任，一些泛义的德性责任是不完全责任。但我们不能反过来说，所有的完全责任都是法权责任或所有的不完全责任都是德性责任。康德在使用完全性和不完全性时是不清晰的，很多康德学者也看到了这个问题的复杂性和存在的问题。如托马斯·希尔（Thomas Hill）提出康德的"对自己的一般义务"，它虽然是一种德性责任，但却不是一种不完全责任，而仅仅是一种对自己的完全责任②。同时，对于康德的这个"对自己的完全责任"是否是完整意义上的德性责任，欧诺拉·奥尼尔（Onora O' Neill）认为康德自己也表现出一些犹豫。因为康德认为完整意义上是不

①　主要参考 Kant. *The Metaphysics of Morals*, translated and edited by Gregor, Cambridge：Cambridge Press, 1991.

②　Hill, Th. E., Jr, Los Angeles, *Kant on Imperfect Duty and Supererogation*, Kant - Studien, 62：1（1971）p. 55.

可强加的，这种不可强加并非因为是指向自我，而是因为它们是不完全的，这使它在结构上不适合于强制执行①。把这种不完全责任区别开来的结构性特征是它们是适合于目的的责任。因此，欧诺拉·奥尼尔（Onora O'Neill）认为，正是由于这种"同时是责任的目的"为他的美德责任带来了更大的确定性和不可强制性，在康德那里，完整意义上的德性是一种同时是责任的目的，自我的完善和他人的幸福。因此，可以说康德真正意义上的德性责任主要是指对自己的不完全责任（以自我的完善为同时是责任的目的）和对他人的不完全的责任（对他人的幸福为同时是责任的目的）。

（三）德性责任：对他人的狭义的敬重责任和广义的德性责任

在德性责任中，分别是"对自己的不完全责任"（个人的自然完善和个人的道德完善）和"对他人的德性责任"（对他人的爱的责任和对他人的敬重的责任），对于责任的完全性和不完全性也存在一些争论。特别是"对他人的敬重的责任"，引起了一些康德学者的关注（如 Hill、Baron）②。因为在康德的《道德形而上学》的文本中，虽然对他人的敬重的责任也是一种不完全的德性责任，但相对于对他人爱的德性责任，则是一种狭义的、否定的、消极的责任。这种狭义性从它的对立面中也可以看出，对他人的敬重的责任的对立面并不是德性的缺乏，而是恶习：傲慢、毁谤、嘲讽。相对于对他人的爱的责任，对他人的敬重的责任更具有强制性，它要求敬重每一个人，因为每一个有理性的人就是有尊严的，人自身就是目的。这种对他人的敬重不仅体现为对人的尊重，也是对内心道德法则的尊重。

因此，相比于对他人的自然完善德性责任、对他人的德性完善责任以及对他人的行善责任，对他人的敬重责任则具有一种完全性。虽然它也是一种德性责任，但相比较而言却是一种完全的德性责任。

因此，在这种层层区分和比较的过程中，康德所说的责任的"不完

---

① Onora O'Neill. "Kant's Virtues", in Crisp（ed），*How Should One Live? Essays on the virtue*，Oxford：Clarendon Press，1996.

② Hill，Th. E.，Jr，Los Angeles，*Kant on Imperfect Duty and Supererogation* ，Kant - Studien，62：1（1971）p. 55；Marcia W. Baron，Melissa Seymour Fahmy. "*Beneficence and Other Duties of Love in The Metaphysics of Morals* "，in ed. Hill，Th. E.，Jr，*The Blackwell Guide to Kant's Ethics*，Wiley - Blackwell，2009，pp. 221—228.

全性"逐渐清晰了。首先，我们通过法权责任与德性责任的比较，排除了法权责任，因为它是一种完全责任，仅仅规定行为本身，并不规定行为的准则。其次，虽然"对自己的一般责任"属于德性责任的范畴，但缺失一种不完全责任，而是一种对自己的完全责任。这种责任在康德那里，并不是一种真正意义上的完整德性责任。再次，即使在康德的德性责任内部，也不是说所有的德性责任都是不完全性的，如对他人的敬重的德性责任相对来说更是一种狭义的、否定的、完全的责任。从对责任的划分、法权责任与德性责任的区分以及泛义德性责任的分析可知，对他人的完全责任（法权责任）、对自己的完全责任（自我保存的责任）和对他人的敬重责任更是一种狭义的完全责任，而对自我的不完全责任（自我的自然完善和道德完善）和对他人的行善责任才是一种更广泛的德性责任（如图5）。

完全责任（Perfect duty）			不完全责任（Imperfect duty）		
对他人的 完全责任	对自我的 完全责任	对自我的 敬重责任	个人的 道德完善	对他人的爱 （行善）的责任	个人的 自然完善
法权责任		德性责任			

图 5

因此，责任的不完全性所带来的自由空间"Latitude"主要是指广义的德性责任所带来的，即对自我的不完全责任（自我的自然完善和道德完善）和对他人的行善的德性责任。下面，我们将对这种广义的不完全德性责任带来的自由空间"Latitude"进行分析。在康德看来，只有广义的不完全德性责任才能为责任行为带来更大的自由空间（Latitude）。他在《道德形而上学》导言（7. 伦理义务是广义的责任，而法权义务则是狭义的责任），对伦理义务和法权义务的比较中，首先提出了这个"Latitude"的概念："这个命题是从上一个命题得出的结论；因为如果法则要求行动的准则，而不能要求行动本身，那么，这就是一个信号：即法则为遵循（遵从）留下了自由选择的一个活动空间，也就是说，不能确定地说明应当如何通过行动为同时是义务的目的而发挥作用，以及发挥多少作用。"① 接着，首先对"Latitude"进行词源分析，这个词来源于拉丁语的"Latitudo"。它首先是一个地理词汇，主要指的是纬度、界限或活动范围，相对应的反义词为"Longitudo"，即经度。"Latitude"从这个原初的含义逐渐被引申为人的行为或思想的自由空间。因此，康德这里使用"Latitude"一词，主要指在履行道德法则的过程中，人具有自由选择的空间。虽然人要按照普遍的道德法则行动，但道德法则要求的只是"行动的准则"，而不像法权原则一样要求的是"行动本身"。因此，这个行动的"准则"更是一种主观原则，而不是客观原则，人在使自己的准则成为普遍法则的过程中具有一定的自由选择的空间。于是，康德还提出，我们履行责任的过程更是追求"同时是责任的目的"（自我的完善与他人的幸福）的过程。这种对"同时是责任的目的"的追求本身决定了，道德法则并不能确定地规定"如何通过行动为同时是义务的目的而发挥作用"以及"发挥多少作用"。

三　不完全德性责任带来的"Latitude"有多大？

由以上对康德不完全责任所带来的自由空间"Latitude"的三种争论可知，如何解读这个"Latitude"对于如何正确理解康德的德性责任概念起着关键的作用。那么，康德广义的不完全德性责任带来的"Latitude"到底有多大？本文更倾向于第三种观点，康德的伦理学并不是批评者所批评的那样，仅仅是一种抽象的、形式的义务论，康德的责任特别是他的不完全责任确实为德性留有自由的空间；同时，在康德那里，这种不完全责任所带来的自由空间"Latitude"，并不像一些学者所分析的那样无限大，它同时又受到其他责任的制衡。各种责任之间（如完全责任和不完全责任，

---

① ［德］康德：《道德形而上学》，李秋零译，康德著作全集第6卷，中国人民大学出版社2006年版，第402—403页。"This proposition follows from the preceding one; for if the law can prescribe only the maxim of actions, not actions themselves, this is a sign that it leaves a playroom (latitudo) for free choice in following (complying with) the law, that is, that the law cannot specify precisely in what way one is to act and how much one is to do by the action for an end that is also a duty." [MM: 6: 390] "Dieser Satz ist eine Folge aus dem vorigen; denn wenn das Gesetz nur die Maxime der Handlungen, nicht die Handlungen selbst, gebieten kann, so ist's ein Zeichen, daβ es der Befolgung (Observanz) einen-Spielraum (latitudo) für die freie Willkür überlasse, d. i. nicht bestimmt angeben könne, wie und wie viel durch die Handlung zu dem Zweck, der zugleich Pflicht ist, gewirkt werden sole." [MM: 6: 390]

或不完全责任内部）又是相互制约、不可分离的。

　　首先，康德的泛义的德性责任（自身的完善和对他人的行善责任）的这种不完全性确实带来了自由空间（Latitude）。无论是以上的对于"德性与自由"、"同时是责任的目的"或是对"出于责任"的行为的道德价值分析，都可以看出康德的伦理学并不仅仅是抽象、形式的义务论，而是存在"责任之外"的更广泛的空间。如康德提出的对自己的完善责任，包括自己的自然完善和道德完善，已经远远超出了最低的道德要求，这种不完全义务追求的更是一种完善。特别是对于自己的自然和道德达到怎样的完善状态，这完全不能通过责任来规定发展或完善多少，而是主体自身具有一个自由选择和发展的空间，追求着自身的完善。又如，对他人的行善责任，虽然康德强调要使行善的准则成为一条普遍的道德法则，它规定的更是行善的准则，而不是行善行为本身，而且他从来没有具体规定行善者的帮助别人的程度。另外，康德在论述对他人的行善责任的过程中，进一步强调了要根据他人的"真实需要"来权衡对他人的帮助程度，并不是去帮助所有的人，而去帮助真正需要帮助的人。每一个行善者都是自由的，具有独自判断、思考和选择的自由空间，这才是康德所要强调的"自主"的道德人拥有的德性责任。理性的自主道德人，是通过自己理性的判断、思考和选择做出道德实践的行为。

　　其次，在康德那里，这种不完全责任所带来的自由空间"Latitude"，并不像一些学者所分析的那样无限大，几种责任的不完全性和所带来的自由空间是不同的，同时这种自由空间又受到其他责任（包括不完全责任）的制衡和约束。在这个泛义的德性责任中，几种责任的不完全性和所带有的自由空间也是不同的。如，比起自我的道德完善，自我的自然完善和对他人的行善责任的自由空间更广泛些，相比之下，自我的道德完善则更完全。对于自身的自然完善责任和自身的道德完善责任的完全性和不完全性，一些康德学者也进行了比较。如南希·谢尔曼（Nancy Sherman）认为，自身的道德完善责任所带来的自由空间并不是无限大的，比起自己的自然完善，这种对自身的道德完善对于人自身有更严格的要求①。另外，这种自由空间同时又受到其他责任的制衡。各种责任之间（如完全责任

　　① Nancy Sherman. *Making a Necessity of virtue —Aristotle and Kant on virtue*, Cambridge：Cambridge University Press，1997.

和不完全责任，或不完全责任内部）又是相互制约、不可分离的。如当我们对他人行善的时候，会受到其他几种责任的制约和限制。在我们对他人表达一种爱的责任的同时，一定要时刻保持着对他人的敬重责任。因为，如果当我们在帮助施救者的过程中，如果不考虑对他的敬重责任，就会造成一定的不平等、伤害了施救者的作为平等的人的尊严。另外，当我们在决定帮助他人的时候，也会受到对自己的自然完善的责任的制约。如果这笔帮助他人的善款恰好对于我的自然完善也非常重要，在两种责任之间，我就需要做出一种抉择，这种对他人的不完全德性责任的自由空间就会受到其他的责任的制约，因此并不是无限大的。康德所描述的行善者并不是完善主义者所要求的最完善的圣人，而是生活在复杂现实生活世界中，肩负着多种责任的有限理性存在者。

因此，当我们看到康德德性责任的不完全性带来的自由空间（Latitude）的同时，也不要过分地夸大了这种自由空间。在康德的德性理论中，"责任行为"与"责任之外"的行为之间并没有严格的界限，在康德的伦理学中很多情况下既存在着责任的行为，也存在着责任之外的行为，两者并不是分离的，而是交织在一起的。正像玛西亚·巴容（Marcia W. Baron）所说的，我们本不应该为责任行为和责任之外行为划一条清晰的界限，两者之间常常是不可分开的①。虽然在德性伦理学复兴的影响下，康德伦理学阵营内部，一些当代康德伦理学者们也对康德伦理学进行了"德性式"解读，提出德性在康德伦理学中占有重要的地位，但毕竟康德的德性概念是不同于传统的德性伦理学概念的。与传统的德性概念相伴随着更多的是一种超越责任之外的品质或者说完善，且很少能够找到责任或规范之类的词。也就是说，在成为一个有德性的人的过程中，自然就知道了怎样的行为是正当的。相反，在康德那里，德性概念（Tugend）则是与责任、法则、规范相伴随的，是一种责任德性或德性责任。

第四节　德性与情感：对道德法则的敬重(Achtung)

虽然康德的德性概念（Tugend）主要来自人的实践理性，是一种理智德性，那么它是否像批评者所认为的那样，完全拒斥情感、不含有任何

---

① Marcia W. Baron. *Kantian Ethics Almost Without Apology*, Cornell University Press, 1999.

情感的东西，这也是康德的批评者对康德德性论提出最大的质疑之处。面对着这种批评和质疑，下面部分将提出一种反驳：康德并不是完全拒绝情感，他只是反对将道德基础建立在经验的情感之上。在康德的德性论中，也存在着一种情感，即一种理性的敬重情感（Achtung）。这种理性情感与责任存在着紧密的联系，在责任的履行中起着重要的支持性和动机性的作用。

一　Achtung：一种理性的道德情感

康德的道德情感的特殊含义是道德法则决定意志时，它作为动机，在人的心灵上产生的效果。理性的道德法则要求我们"要只按照你同时也能成为普遍规律的准则去行动"①，只有把行为准则通过意志变为普遍规律，才能行动。尊重情感是在使自己的意志准则成为普遍法则，也就是当道德法则决定意志时，在人的心灵上产生的影响。就像康德所说的"这种尊重只是一种使我的意志服从于规律的意识，而不须通过任何其他东西对我的感觉的作用。规律对意志的直接规定以及对这种规定的意识就是尊重"。②康德的尊重情感是一种意识，一种使我的意志服从于规律的意识，它不是来自经验，而只能来自道德法则的觉察，即心灵觉察道德法则而产生的结果。

这种尊重情感是不同于一般的诸如爱好、快乐、痛苦等感情欲望的，"不是一种因外来作用而感到的情感，而是一种通过理性概念自己产生出来的情感，是一种特殊的、与前一种爱好和恐惧相区别的情感"。③这种尊重情感虽然也是一种情感，但决定这种情感的原因仍然在于纯粹实践理性之中，是实践理性自身产生出来的一种内在的理性情感，是理性的道德法则决定意志时对人的心灵产生的影响。纯粹实践理性的法则要求道德法则决定我的意志，使我的意志服从规律，而对规律对意志的直接决定以及对这种规定的意识就是尊重。

同时，康德的尊重情感也是不同于这种建立在感性基础上的"道德感"。相反，尊重情感正是实践理智本身产生的一种特殊的情感，主要表

① ［德］康德：《道德形而上学原理》，苗力田译，上海人民出版社 2002 年，第 38 页。
② 同上书，第 22 页。
③ 同上。

现为在理性的道德法则决定意志时，在人的心灵上产生的效果。这个理性自身产生出来的道德情感，只听命于纯粹实践理性，这种尊重情感的作用并不是作为道德法则的基础，而是充任一个动机，促使法则成为自己准则的一个动机。尊重情感作为一种道德动力，使自己的主观准则成为普遍法则，使自己摆脱感性欲望的影响，回归理性本性，尊重情感是使自己的准则符合普遍法则，联系主观准则与客观法则的纽带。

二　敬重的基础：人的价值和尊严

（一）对道德法则的敬重

康德认为只有脱离经验，而唯以纯粹理性为基础，在道德形而上学中才能找到道德的最高原理——普遍的道德法则。"要只按照你同时也能成为普遍规律的准则①去行动。"也就是说，"除非我愿意自己的准则也变为普遍规律，我不应行动"②。所以，道德法则直接决定意志，规律对意志直接规定，而对规律决定意志的意识，就是尊重。但要注意，对道德法则的尊重，不是先有尊重情感，后有道德法则，而是道德法则在先，作为意志的动机，对人的心灵产生的尊重情感。那么，这个普遍的道德法则何来，人们为什么要去尊重普遍的道德法则，它又如何成为人们心中的道德法则？康德提出"目的王国"的概念，每一个理性的东西都是目的王国的成员，意志自由的有理性的人，作为目的王国的立法者，自己为自己立法，"每个有理性的东西的意志的观念都是普遍立法意志的观念"③。意志并不是简单地服从尊重规律或法律，他之所以服从，之所以尊重，由于他自身就是一个立法者，规律法律是他自己制定的，所以他才必须服从、尊重。康德认为"唯有立法自身才具有尊严，具有无条件、不可比拟的价值，只有它才配得上有理性东西在称颂它时所用的尊重这个词"④。因此，康德所说的道德法则，正是人自己心中的道德法则，是自己制定、尊重、服从的道德法则。康德认为，之前的哲学为寻求责任的最高根据所做的努力都是失败的，因为他认为人们之前在服从规律时，都是去寻找另外的原

---

① 这里的准则就是意志的主观原则，而规律是一种客观规律，行为就是将意志的主观原则变为客观规律的过程。

② ［德］康德：《道德形而上学原理》，苗力田译，上海人民出版社 2002 年版，第 18 页。

③ 同上书，第 51 页。

④ 同上书，第 56 页。

因、产生一种关切或兴趣去刺激或促进，而不是从自己的意志产生出来的。这样的行为并不是出于对规律的尊重而产生的行为的必要性，只是出于某种关切的必然性而已。康德认为这样的法则不能成为人们心中的道德法则，因为这样的道德法则不是从自己的自由意志中产生出来的。只有由自身普遍立法的意志所制定的准则才是值得尊重、服从的心中的道德法则。

（二）对人的敬重：自我尊重和相互尊重

尊重情感主要体现为道德法则的尊重，这种道德法则作为人们心中的道德法则而存在，那么，这种尊重的根据何在，道德法则的精神何在？康德在试图寻找一种自身就是目的的东西，它作为目的能自在地称为道德法则、实践规律的根据，最后寻找到了人本身，人自身作为目的而存在。人作为有理性的东西本身就是目的，是种不可被当作手段使用的东西，并且是一个受尊重的对象。这种普遍的实践规律的根据就是：有理性的本性作为自在目的而实存着，于是得出了普遍法则的人性公式。在康德道德法则的人性公式中，人本身就是自在自为的目的，永远把人自身作为目的而不仅仅当作手段。对道德法则的尊重体现了对人本身的尊重，普遍的道德法则不是外在于人的，是人为自己立法制定的心中的道德法则，把人作为目的而不仅仅当作手段，体现了对人性本身的尊重。

对人的尊重，主要表现为自我尊重和相互尊重。第一，自我尊重。（自尊）按照对自己的责任概念来看：保存生命的责任行为正是坚持了把人自身看作自在目的，而没有当作手段来看。在任何时候，人都无权摧残他、毁灭他；同时，完善自己的责任行为，也必须和人身上作为自在目的的人性相一致，自我的完善也就是人之本性的目的。这些责任是一种自我尊重的表现，但"把人当作是目的而不仅仅当作手段"，不仅是要把自己当作目的而不仅仅是手段，而且要把他人当作目的而不仅仅是手段。第二，相互尊重。（尊重的相互性）按照对他人的责任概念来看：对他人守诺的责任，就是有理性的人不仅把自己当作目的，而且也把其他有理性的人也当作目的，而不仅仅是手段。而对别人做虚假诺言的人，则把自己当作了目的，而把别人当作了手段；对别人的帮助责任也是把人当作目的而不仅仅是手段的表现，体现了一种相互尊重。所以，无论是自我尊重还是相互尊重，都是尊重人性的表现，在任何时候都把人看作目的而不仅仅是手段。伍德在对康德道德法则重新解读中，就谈到"康德的伦理学理论不是严格命令的道德，而是相互尊重和自我尊重的伦理学"①。康德认为和人们有关的普遍爱好以及需要有关的东西，具有市场价值；与情趣相适应的活动具有欣赏价值；而只有那些构成事物作为自在目的而存在的条件的东西，不但具有相对价值，而且具有尊严。只有道德以及与道德相适应的人性，才是有尊严的东西。康德对人的尊重，正是对人性的尊重，体现人的尊严和价值。"职责啊！你的尊贵的来源在哪里呢？你这个与好恶之心傲然断绝一切血缘关系得谱系根源又从哪里去找呢？"②康德认为，这个根源只能是使人类超越自己（作为感性世界的一部分）的那种东西，这个东西不是别的，而是人格。所以，尊重作为一种理性道德情感，最后的根据不是对道德法则的尊重，而是对人本身的尊重，对人的崇高天性——人格的尊重，体现了人的价值和尊严。康德的伦理学不是冷冰冰的理性、不含有一丝情感的伦理学，康德的伦理学也不是一种空洞的、僵硬的、形式的责任论，而是具有内在生命力的。对道德法则的尊重实际上是对人本身的尊重，对人性的尊重，对人的内在价值和尊严的肯定，这才是康德伦理学的真精神。同时，这种尊重情感与责任又是不可分的，尊重是责任产生的原因，而责任是出于尊重道德法则而产生的行为的必要性，尊重情感贯穿于康德伦理学的始终。

三　敬重与责任

尊重情感不仅只是一种由实践理性产生的理性道德情感，而且可以引起责任行为。尊重情感是责任的原因，责任行为是由于尊重情感而产生。"责任就是由于尊重规律而产生的行为必要性"③，责任就是把纯粹实践理性的道德法则作为自己行为的根据，尊重普遍规律，使自己的意愿准则变为普遍规律的行为必要性。因此，责任是一种出于尊重的责任，尊重情感

---

①　艾伦·伍德在其 *Kant's Ethical Thought* 中，对康德的定言命令的诸公式及其相互关系进行了重新解读，他认为对普遍法则的自然法则公式过分强调，过分注重这个公式，才导致了对康德的误读，无论是康德的反对者还是支持者，而伍德认为康德普遍法则的"人性公式"具有更重要的作用。康德的伦理学是一种自我尊重和相互尊重的伦理学。主要参见 Allen. W. Wood, 1999, *Kant' Ethical Thought*, Cambridge: Cambridge University Press; 张传有、张清：《康德伦理学的当代复兴——西方康德伦理学研究综述》，《湘潭大学学报（哲学社会科学版）》2005 年第 3 期，第 29—33 页。

②　［德］康德：《实践理性批判》，关文运译，广西师范大学出版社 2002 年版。

③　［德］康德：《道德形而上学原理》，苗力田译，上海人民出版社 2002 年版，第 15 页。

将理性道德法则与责任行为联系起来。同时，责任作为一种德性，德性的力量体现在履行责任时，把由于尊重而产生的行为的必要性，转变成现实的力量。这种由尊重产生的责任按照责任对象分为对自己的责任和对他人的责任；按照责任约束程度分为完全的责任和不完全的责任。由尊重引起的自我责任德性包括生命的保存责任和自我的完善责任，而由尊重引起的对他人的责任德性包括守诺的责任和帮助他人的责任（施善、感恩、同情责任①）。不论是自我责任德性还是他人责任德性都是由于尊重情感引起的。正是由于对自我的尊重，才引起对自我生命的保存责任和自我的完善责任；也正是由于对他人的尊重，才引起对他人的守诺责任和帮助责任。这种尊重最后的根据是对人本身的尊重，对人格的尊重。尊重是责任的原因，而责任又是由尊重情感引起的，责任是出于尊重的责任。作为实践理性概念自身产生的一种特殊的理性情感的尊重，在康德伦理学中占有重要的地位。尊重情感功能在于，它是实践理性的重要补充，联结了人的感性存在和理性存在。建立在人的经验基础上的感性情感不具有道德普遍性，而建立在纯粹实践理性基础上的道德法则独立于经验，具有纯粹性、先验性、普遍性。这种先验的道德法则又必须渗入到人的经验中去，与人的感性相联系，那么道德法则如何与人的感性相联系？尊重情感的重要作用正在于使普遍的道德法则的精神贯穿到我们的感性存在身上，从而抵制感性的欲望和爱好，从而伴随着对道德法则的尊重，以及由此产生出于尊重规律而产生的行为的必要性——责任行为，成为联结理性的道德法则和责任行为的纽带。

① Kant, I. *The Metaphysics of Morals*, in Gregor, M., *Practical Philosophy*, Cambridge：Cambridge Press, 1996.

第五章 个人的德性完善

这一部分将首先从人与自身的关系出发，从人的内在灵魂结构或道德心理结构，即恶（根本恶、人的心灵的不纯正、意志软弱或不能自制）—自制—德性—神圣（希望），分析康德的德性在人的灵魂结构中所处的位置。

康德道德心理结构：

1. 神圣性（Holiness） a^{++}

2. 德性（Virtue）a^{+}

3. 自制（Continence） $a^{0} - a^{+}$

4. 意志软弱或无德性（weak will or incontinence）［die Gebrechlichkeit（fragilitas）］ a^{0}

5. 心灵的不纯粹（Impurity） ［die Unlauterkeit（impuritas, improbitas）］ $a^{-} - a^{0}$

6. 恶［die Bartigkeit（vitiositas, pravitas）］ a^{-}

第一节 恶(a^{-} 与 a^{0}之间)

一 谁是我们真正的敌人？

在康德的《德性论》和《单纯理性限度内的宗教》中，在康德讨论德性的过程中，总是伴随着对恶的讨论。在康德的德性论中，恶起着很重要的作用，可以说它是善的敌人。这个"强大而不公正的敌人"并不是一种外在的敌人，而是人心中的敌人。这种内心的敌人比外在的敌人更加强大和难以克服，人在追寻德性的过程中始终伴随着与这个强大敌人的战斗。在善的原则与恶的原则斗争的过程中，最后人克服了本性中的恶的倾向，即善的原则战胜了恶的原则，使人最终获得了作为力量的德性。因此，在讨论德性之前，有必要首先了解一下它的敌人——根本恶。

在康德看来，在人类的本性中，不仅存在着原初的向善的禀赋（original predisposition to good），还存在着趋恶的倾向（propensity to evil）。而且，这种趋恶的倾向，是生而具有的，并不能被根除，因为它是根植于人的自然本性中。因此，康德将其称为"根本恶"（radical evil）。那么，如何理解这种根本恶，是否意味着这种根本恶是不同的恶中的一种特殊的恶。事实上，这里的"根本恶"并不是意味着它是一种被称为"根本"的恶，相反，它意味着我们所承认的恶在人类本性中存在着一个共同的根，即这种人性中的恶有一种先天的违反道德法则的趋恶的倾向。① 另外，我们要注意的是，人类本性中的偏好和自爱原则本身并不是根本恶，而是人类总是倾向于将偏好和自爱原则优先于道德法则。就像康德在《单纯理性限度内的宗教》中所提出的：

"人是善的还是恶的，其区别必然不在于他纳入自己准则的区别（不在于准则的这些质料），而是在于主从关系（准则的形式），即他把两者中的哪一个作为另一个的条件。"②

在人的本性中，存在着这种趋恶的自然倾向，当面临着自爱原则和道德原则的时候，总是将自爱原则优先于道德原则。这种趋恶的自然倾向，归根道德是人的自由选择的结果。因为人性作为一种理性并且自由的存在者，能够进行一种自由选择，人不仅能够进行一种善的选择，而且也能够进行一种恶的选择。无论人成为善人还是恶人都是人的自由选择的结果，是人自己造就的。因此，可以说，这种根本恶的倾向是一种先天地、根植于人的本性当中。同时，这种根本恶又是与社会以及人与人之间的关系紧密相关。虽然这种根本恶是先天地、根植于人的本性中，但在相互的交往关系中，人更容易发展这种趋恶的倾向。人并不是独自生活在这个世界上的，人不可避免地与他人进行交往和合作，共同组成社会。在这种相互交往的过程中，人总是喜欢与他人进行比较。通过与其他人的比较，人才能

---

① Allen W. Wood, 1999, *Kant's Ethical Thought*, Cambridge University Press, p. 285.

② ［德］康德：《道德形而上学》，李秋零译，康德著作全集第 6 卷，中国人民大学出版社 2006 年版，第 36 页。

够断定自己是幸福的或是不幸的，并从与他人的比较中获得一种价值。起初人与人之间是平等的，但由于人内心的恐惧，总是担心别人比自己占有优势。因此，在这种恐惧的心理下，人就产生了不正当的欲求，将自己的自爱的倾向优先于他人。因为只有在这种占有优势的情况下，人才会觉得自己是安全的或是有价值的。由此我们说，这种根本恶与人与人之间的比较和竞争也是分不开的，正像艾伦·伍德（Allen. W. Wood）所说的，"恶是社会的产物"。①

二　人的本性中趋恶倾向的三个层次

康德认为人的本性中的趋恶倾向中，存在着三个不同的层次：第一，人心的恶劣，即接受恶的准则的倾向；第二，人的心灵的不纯正，即把非道德的动机和道德的动机混为一谈的倾向；第三，人的本性的脆弱，人心在遵循已被接受的准则方面的软弱无力。下面，将对这三个层次②进行进一步的分析：

第一，人心的败坏：负的意志力量。人的本性中趋恶倾向的第一个层次，即人心的恶劣（vitiositas，pravitas）或者说人心的败坏（corruptio）。可以说，这个层次是康德的灵魂结构的最低的状态。在这种状态中，人将道德法则的动机置于其他的动机之后，将道德次序完全颠倒了。在这个状态中，人完全无视道德法则的动机，将其他动机远远优先于道德动机。因此，康德把这种状态称为人的心灵的"恶劣"或"败坏"，可以看出，这种状态是非常严重的状态，人在这种状态中接受的直接是恶的准则，从而产生恶的行为。

第二，人的心灵的不纯正：与意志中的负力量纠缠着的正当。人的本性中趋恶倾向的第二个层次，是人的心灵的不纯正的状态，在这个状态中，正当与意志中的负力量交织在一起，道德的动机与非道德的动机同时

---

① Allen W. Wood, 1999, *Kant's Ethical Thought*, Cambridge University Press, 1999, p. 286. According to Wood, because of unsociable sociability, radical evil would pertain to us insofar as we are social beings; the evil in our nature is closely bound up with our tendencies to compare ourselves with others and compete with them for self-worth. Whether or not we decide human beings have such a propensity depends not on a priori inferences from a single evil act but on "experiential proofs". Therefore, Wood came to conclusion, radical evil is based on Kantian anthropology, but on the priori inferences of religion.

② ［德］康德：《道德形而上学》，李秋零译，康德著作全集第 6 卷，中国人民大学出版社 2006 年版，第 28—29 页。

存在。即使人的行动的准则是善的，而且人也有足够的力量去实施，但这种动机确是不纯正的。在很多情况下，这种行为并不是完全地出于责任，而是一种合于责任的行为。这种合于责任的行为也可能是出于偏好或自爱原则。这种行为仅仅要求的是一种自己的自由与他人的自由相和谐。另外，这种不纯正的状态位于正当与恶之间，一方面，这种行为要求合于责任的行为，即正义责任；同时，它又很容易走向恶，因为这种不纯正总是与人的意志中的负的力量交织在一起。

第三，人的本性的脆弱：意志软弱或不能自制。人的本性中趋恶倾向的第三个层次，人的本性中的软弱，即意志软弱或不能自制。在亚里士多德那里，不能自制状态更是德性与恶之间的一种中间性状态，而在康德这里，虽然这种意志软弱的状态相比人心的恶劣和不纯正并没有那么低，但康德依然把它放入了人的灵魂结构中的恶的状态中。在康德那里，康德把不完全的责任称为德性责任，而德性责任的履行才称为真正的德性（a^+），即人的意志中的正的力量。这种正的力量（a^+）的反面是恶（a^-），而不是意志软弱（a^0）。因此，可以看出，意志软弱仅仅是一种德性的缺乏或者说道德上的无价值的状态。另外，意志软弱的人或不能自制者仍然具有善良意志，只是这种善良意志是一种软弱的，而不是像德性一样是一种既善良又坚强的意志。

真正的敌人并不是人的本性中的偏爱或自爱倾向，而是根植于人类本性中的根本恶。甚至即使在德性的状态中，这种趋恶的倾向依然存在。他正像一个隐藏在人类内心深处的危险的敌人。因为根植于人类本性中的根本恶的存在，人总是具有一种违反道德法则的倾向和能力，而且这种根本恶并不能被根除，人类需要不断地与这个心中强大且不公正的敌人做斗争。

第二节　自制与德性之间（a^0 与 a^+ 之间）

一　康德的德性是否仅仅是亚里士多德的自制

在新康德伦理学家试图从德性的角度对康德的道德哲学进行重新解读的同时，一些当代德性伦理学者对康德的德性概念却保持着质疑和批评的态度①。他们认为，康德的作为意志力量的德性只不过是亚里士多德所说的自制。康德的德性更多地是一种对不合适的欲望和爱好的自我控制，这种自我控制仅仅是亚里士多德所说的中间性品质，并不是真正意义上的德性。而且，这些当代德性伦理学者们坚持认为人的灵魂中的情感和倾向应该与好的或正当行为的理性考虑和判断相和谐，而这种灵魂的和谐状态理论则是区分自制与德性的主要理据。因为自制仅仅是一种灵魂的理性部分对非理性部分的控制，而非理性部分仅仅是理性部分的顺从，并不是真正意义上的灵魂的和谐状态。在康德的道德哲学中，康德很强调理性部分对非理性部分（经验的爱好和倾向）的控制，似乎康德的作为力量的德性仅仅是对不恰当的欲望的控制，和亚里士多德的自制概念确实有着相似性。按照亚里士多德的观点，自制仅仅是一种德性与恶的中间性品质，低于德性阶段，并不是一种真正意义上的德性。当人们自我控制的时候，他们是痛苦的，而不是愉悦的。相反，具有德性的人则是愉悦的，他们的灵魂的非理性部分和理性部分是和谐的。

面对这些对康德的德性理论的批评和质疑，一些康德的研究者提出"康德的伦理学"是不同于"康德式伦理学"的。康德的义务论仅仅是康

---

① 这种质疑和批评主要来自，如 Julia Annas、Rosalind Hursthouse、Martha Nussbaum、Daniel Devereaux 等。如 Julia Annas 在 *The Morality of Happiness* 提出了区分自制与德性的重要性：Julia Annas 强调亚里士多德很好地区分了这两种人，即自制者和德性，而后来的作者并没有严格地区分他们，甚至没有使用这些词汇进行区分。她坚持认为，人的灵魂状态中理性部分应该与非理性部分相和谐，这样才是一个完整的人，而自制者只是一个不完整的分离的人，缺少令人愉悦的东西，因此仅仅是一种低于德性的状态，而现代哲学家常常把这种状态理解为德性状态。另外，另一位当代德性伦理学者，Rosalind Hursthous 也表达了类似的观点，她认为康德疏忽或忽略了自制与德性的区别，正像康德所描绘的"cold philanthropist"一样，仅仅把自制作为最重要的，而不是完满的德性，认为仅仅这种自制德性具有最高的道德价值，康德似乎没有像亚里士多德那样重视自制和完满德性的区分，而是完全缺少对这种区分的认识。（See Hursthouse, 1999, *On Virtue Ethics*, Oxford：Oxford University Press, p. 104.） Daniel Devereaux 在 *Socrates' Kantian Conception of virtue* 提出康德仅仅把德性理解为传统德性伦理学家所认为的自制或者是自我控制。他首先从苏格拉底的不承认不能自制存在的著名论断"无人自愿作恶"开始，认为苏格拉底并没有很好地区分自制与德性，而康德则是作为苏格拉底的继承者，非常接近苏格拉底，因此提出康德的德性是"苏格拉底式"德性概念。

德式伦理学的发展，而康德的伦理学是更加广泛的。显然，康德的德性概念是不同于传统德性伦理学的德性概念，但德性依然在康德的道德哲学中起着重要的作用。虽然康德的作为力量的德性同亚里士多德的自制概念具有很大的相似性，但康德的德性概念是比自制更高的阶段，不仅仅是亚里士多德所说的德性与恶中间的中间性品质。在康德的道德心理结构中，人类灵魂有着不同的道德状态。比起自制，作为力量的德性是一种更高的道德状态，是一种人类灵魂的内部自由的状态。如果仅仅把它理解为亚里士多德的自制，则没有真正理解康德德性的意义。本文主要是针对当代德性伦理学者对康德作为力量德性的批评和质疑，围绕着"康德的德性是否仅仅是亚里士多德的自制康德的伦理学"的问题，集中讨论康德的德性和亚里士多德的自制的关系，分别从实践理性的内在自由、敬重情感以及德性的完善三点证明亚里士多德的自制与康德的德性的距离，从而挖掘康德的作为力量的德性的意义。

二　自制与德性的区分

在亚里士多德的德性理论中，不能自制和自制并不是真正意义上的德性，而仅仅是德性与恶之间的中间性品质。在希腊语中，άκρασία的意思是不能自制或意志软弱，英语中一般翻译为"incontinence"或"weak will"；相对应地，έγκράτεια意为自制或自我控制，英语中一般翻译为"continence"或"self-control"。在《尼各马可伦理学》中，亚里士多德从第 7 卷开始讨论这两种与人的心理意志相关的中间性品质。在第一节中，他排列了人的 6 种品质状态：（1）神性或属神的德性；（2）属人的德性；（3）自制；（4）不能自制；（5）恶；（6）兽性①（如图 6）。

在人的灵魂结构中，亚里士多德认为自制与不能自制是处于德性和恶之间的中间性品质，它们既没有达到恶的程度，也没有上升到德性的高度。"这两种品质既不能看作同德性和恶是一回事，又不能看作是同它们根本不同。"② 首先，不能自制和自制都位于恶的界限之上，没有达到恶

①　［古希腊］亚里士多德：《尼各马可伦理学》，廖申白译，商务印书馆 2004 年版，第 1145a 页。

②　同上。

的程度。虽然亚里士多德认为要避免后面三种品质状态（不能自制、恶、兽性），也将"不能自制"包括其中，但它与恶并不是一回事，不能将两者等同。不能自制仅仅是一种 a^0 的状态，无正无负，正像康德后来所说的"无德性"的状态。《尼各马可伦理学》中，在谈到不能自制品质的性质时候，他更多的运用是"坏"，即希腊语中的 $'φα\bar{υ}λοσ$（坏），而不是

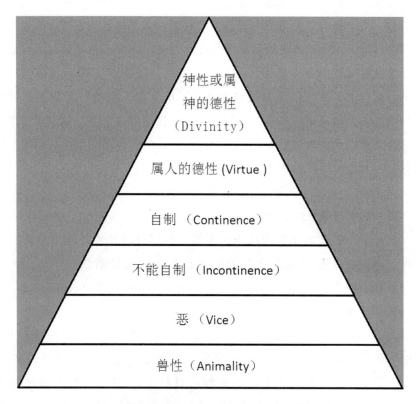

图 6　亚里士多德道德心理学中人的灵魂结构

$κακία$ 或 $πονηρία$（恶）①。但同时，不能自制却接近恶，很容易走向恶，所以亚里士多德也将其列入应避免的品质状态中。其次，不能自制与自制都位于德性的界限之下，并没有上升到德性的高度。其中，虽然自制接近德性，但还不是德性。在《尼各马可伦理学》中，亚里士多德严格

---

① 主要参考亚里士多德：《尼各马可伦理学》，廖申白译，商务印书馆 2004 年版，第 93 页，说明性注释②。

区分了自制与节制这两种品质状态①：虽然自制接近德性，但还不是真正意义上的德性状态，相对于德性它还不够。只有节制②才是真正意义上的德性，德性是更高的品质状态。

在康德的道德哲学中，无论是在康德的《道德形而上学原理》还是《道德形而上学》中，康德似乎都没有很明确地区分自制与作为意志力量的德性。相反，在《道德形而上学原理》中，他经常使用"战斗"、"斗争"、"战士"这样的词汇，而且用了很大的篇幅讨论了对欲望和爱好的克服，提倡要用理性的部分去克服经验的欲望和爱好。按照康德的观点，人类作为有限的理性存在者，在整个一生中不得不面对这种斗争。斗争的双方，一方是来自道德法则的责任，另一方是来自经验的欲望和爱好。在康德那里，责任是尊重道德规律而产生的道德必然性，而德性恰恰是履行责任中人的意志的道德力量。而且，这种德性力量的坚强程度是由它克服人们的欲望和爱好所产生的阻碍能力的大小来衡量。因此，在康德那里，他更强调灵魂的理性部分对灵魂的非理性部分的控制，把先天理性和感性

---

① 亚里士多德严格地区分了自制与节制：首先，节制德性是一种灵魂的理性部分和非理性部分的和谐的状态，选择总是为着善的目的的，追求着共同的目的（εὐδαιμονία）。而相反，在不能自制和自制的状态中，人的灵魂的理性部分和非理性部分则是不和谐的。其次，亚里士多德认为在节制中存在着恶的欲望，而在节制中则不存在着这种恶的欲望。对于节制者来说，去违反逻各斯并不能使其愉悦。而对于自制者来说，违反逻各斯去追求恶的欲望能够使其感到愉悦，因此对他来说，去克服这种恶的欲望将是不情愿的、痛苦的、由于遵循逻各斯而不得不做出的。而对于节制者，则是愉悦的。再次，节制作为一种道德德性包含着很多与明智相关的含义。不能自制通常只是一种"只想不做的知"，并不是真正意义上的知，因此与明智通常是不相容的。虽然自制在某种意义上是与明智之间似乎存在着一定的相容性，但是与节制相比，还是存在距离的。因为，自制是一种灵魂的和谐状态，在理智的指引下，使情感成为理智化的欲求。相反，自制者则通过理性部分去控制情感部分，人的情感部分的发展则是不健全的。主要参考［古希腊］亚里士多德：《尼各马可伦理学》，廖申白译，商务印书馆2004年版。第三卷对于节制的讨论和第7卷对于自制和节制的讨论。

② 节制的词源分析，从希腊语词源上，自制与节制是两个完全不同的词。自制主要是ἐγκράτεια，更多地是一种自我控制（self-control 或 continence）。节制的希腊文则为σωφροσύνη，英文译本中更多地将其译为 temperance 或 self-discipline。无论是在英语中还是在含义中似乎很难找到一个很好地与希腊语中的σωφροσύνη对应的词，因为在希腊语中，σωφροσύνη具有丰富的含义，不仅仅是节制、控制欲望的意思，还意味着明智、适度、谨慎、心智健全、清醒等含义，它包含了道德德性的所有与明智有关的含义。因此，英文译本中仅仅将其翻译为 temperance 是不全面的，不能表达希腊语一词的丰富的含义。在中文中，我们似乎也不能找到一个合适的词与之对应，中国学者中一般将其翻译为节制，试图与自制相区别。同时，也有一些学者将其翻译为自制。中文中，无论是节制还是自制，似乎都偏向自我控制的意思，没有很好地表达出明智和适度的意思。而且中文中的节制与自制两个词本身就很容易混淆，并不能很好地表达出亚里士多德对于节制和自制的区分。

经验对立起来，坚决反对将道德建立在非理性的、经验的爱好和倾向基础上，这样只会败坏道德。另外，康德在后来的《单纯理性限度内的宗教》中，明确地提出了人的本性中存在善的原始禀赋的同时，也存在着趋恶的倾向。即使在德性状态，也存在恶的倾向，这一点确实是与亚里士多德的德性状态不同的。在康德看来，人的一生中，更多的情况下是面临着善的原则和恶的原则的斗争。拥有着作为力量的德性的人，是这场善恶斗争中最后的胜利者。当然，康德所说的人类本性中的根本恶并不是指这种人类本性中的爱好和倾向本身，而是指人总是习惯于将爱好和倾向这种自爱的原则优先于道德法则。这种人类本性中的根本恶的存在，需要人用理性的意志力量去克服。显然，这场善恶的斗争对于他们来说，不能是愉悦的，而是艰难的、需要坚强的意志力量的，正像康德所描绘的冷漠的博爱主义者（cold philanthropist）一样。从以上的分析中可以看出，康德的作为力量的德性确实同亚里士多德的自制概念具有着很多相似性。但如果仅仅将康德的作为力量的德性理解为亚里士多德的自制概念有些过于简单化了，并没有真正理解康德的德性的真正内涵和意义。康德的德性概念是与亚里士多德的自制概念之间有着很多的不同之处，不能将两者完全等同：

首先，亚里士多德的自制概念与康德的德性概念的范围是不同的，两者在内涵和外延上有很大的不同。无论是节制概念还是自制概念，在古希腊社会生活中，更多地是与快乐和痛苦相关的，主要是指对肉体快乐和欲望进行约束和控制的品质。亚里士多德在论述节制和自制的时候，分别对两个概念的范围进行了界定①。相应地，自制和不能自制是与节制和放纵同样的快乐和痛苦相关的，不同之处只在于它们不是以同样的方式相关。当一些新亚里士多德主义在对亚里士多德的节制与自制进行重新解读的过程中，似乎已经改变了它们的内涵和外延，更多地用我们今天对两个词的理解来理解亚里士多德的节制和自制概念。康德的德性概念的外延要远远超过亚里士多德的自制概念的外延，不仅仅局限于肉体的快乐和痛苦的意

---

① 虽然节制是与快乐和痛苦相关的，但并不是指所有的快乐，亚里士多德先后排除了"荣誉之爱"和"学习之爱"这些灵魂的快乐。而且他认为，即使在肉体快乐中，也并不是所有的肉体快乐都能称为是节制或放纵的，如视觉快乐（绘画等）、听觉快乐或嗅觉快乐。当亚里士多德使用节制和放纵的时候，仅仅指的是与人和动物都有关的人的动物性的快乐，主要是指触觉和味觉，包括性交的快乐和享受食物和饮料的快乐。主要参考［古希腊］亚里士多德：《尼各马可伦理学》，廖申白译，商务印书馆2004年版。

义上，他所强调的是克服一切与经验相关的情感和倾向，完全将道德建立在先天的道德法则基础上。这个普遍的道德法则是所有的责任（包括正当责任和德性责任）的基础，既包括完全的法权责任，也包括完全的对自己的责任；既包括对自己的不完全责任（自然的完善与道德的完善），也包括对他人的不完全责任（对他人的爱与敬重的德性责任）。可以看出，康德的作为力量的德性的外延比亚里士多德的自制要广泛的多。因此，当新亚里士多德者们将康德的作为力量的德性与亚里士多德的自制概念相等同的时候，不知不觉地已经扩大了亚里士多德自制概念的外延。

其次，康德和亚里士多德对于实践理智与德性关系的理解是不同的。在亚里士多德看来，德性一定是出于善的选择，即选择指向善的目的（$\epsilon\grave{v}\delta\alpha\iota\mu o\nu i\alpha$）。自制则仅仅是选择了正确的目的，而不是善的目的。因此，和指向善目的的节制德性相比，自制是不足够的，仅仅是一种中间性品质。在亚里士多德的德性理论中，德性与最高善（$\epsilon\grave{v}\delta\alpha\iota\mu o\nu i\alpha$）是紧紧相连的，德性行为最终是为着幸福的目的。相反，康德的德性则与实践理性的关系更紧密些，纯粹先验的实践理性自身含有目的，人类理性自身就是目的，具体体现为自我的完善和他人的幸福。因此，康德德性更体现为履行责任的意志的道德力量。德性自身就是目的，同时也是真正的智慧，即实践的智慧。显然，这里康德与亚里士多德所理解的实践理性是有所不同的，康德比亚里士多德更重视人的实践理性的作用，把实践理性抬到了一个更高的地位。纯粹的实践理性自身就能为自身设立目的，而不再需要另外一个外在于人自身的目的。因此，在康德那里，选择与目的仍然存在联系，只是这里的选择是一种理性存在者的"自由选择"，而目的则是来自"纯粹的实践理性自身的目的"。因此，亚里士多德与康德的真正不同，是他们对建立德性的基础——实践理性的理解的不同①。康德似乎更加推进和发展了亚里士多德的实践理智的概念，将德性建立在纯粹实践理性概念基础上，具有更丰富的含义，因此我们不能简单地把它等同于亚里士多德的自制概念。

三　自制与德性的距离

为了进一步回应当代德性伦理学者对康德德性的质疑，证明康德的作

---

① Robert N. Johnson, "*Kant's Conception of Virtue*", in ed. B. Sharon Byrd, Joachim Hruschka, Jan C. Joerden, *Jahrbuch für Recht und Ethik*（5）, Berlin: Duncker & Humblot, 1997: 376—377.

为力量的德性与亚里士多德的自制的距离，以下部分将从三个方面展开论证，从而为康德的德性辩护。本文认为，康德的德性不仅仅是亚里士多德所说的自制，而是一种超越自制状态的更高的德性状态。它是建立在实践理性内在自由（自主性）基础上，同时伴随着敬重情感，并以追求自我的完善和他人的幸福为目的的德性论。

（一）建立在内在自由基础上的德性论

康德的作为意志力量的德性不仅仅是一种自我强制，而是一种依照内在自由原则基础上的自我强制。在康德看来，他的德性论是建立在内在自由基础上的德性论。

如果作为力量的德性仅仅是一种自我强制，那么它仅仅是一种自然倾向对另外一种自然倾向的克服。当它仅仅是一种自然倾向对另外一种自然倾向的克服的时候，它可能仅仅是一种习惯，即一种不断重复的行为的必要性，而不是一种自由习性①。康德坚决反对这种重复性习性，他认为这种习性并不是真正的德性。在康德看来，仅仅是按照内在自由原则基础上的自我控制才是真正的德性。按照实践理性的内在自由原则，行为者是自己的主人，能够进行自我选择和自我决定。因此，康德的建立在内在自由原则上的自我控制不仅仅是一种自然倾向对另外一种自然倾向的克服，而是出于理性者自身的理性判断、考虑和自由选择。也就是说，人类自身是自己的主人，能够进行自由选择和自我立法。而且这种自我控制并不是一种否定的、消极的选择和控制，相反，是一种肯定的、积极的自由选择和控制，是人的实践理性的自主性的体现。

另外，在《德性论》中，康德提出了内在自由两种要求：控制你自己"Ruling oneself"（subduing one's affects and governing one's passions）和做自己的主人"Being one's own master in a given case"。②相应地，体现为德性的两个不同的方面：首先，康德的德性是一种意志力量，这意味着人类通过理性的力量克服自然倾向。按照康德的说法，德性首先要求自我控制。这种自我控制或自我统治意味着人类需把所有的爱好和倾向放在理性的控制之下。因此康德的作为力量的德性的第一层含义是作为一种理性意

---

①　[德] 康德：《道德形而上学》，李秋零译，康德著作全集第6卷，中国人民大学出版社2006年版，第407页。

②　同上书，第420页。

志力量。第二，这种自我控制是建立在实践理性内在自由基础上，因此，这种内在自由包含着一种对人自身的积极的命令，即做自己的主人，人为自身立法。因此，这种自我控制并不是来自外在的，而是来自主体自身的，并不是一种外在强制，而是一种自我强制。这样，康德作为力量的德性增加了另一层含义："德性就是人在遵循自己的义务时准则的力量。"①这种按照内在自由原则基础之上的自我控制也是一种促进责任行为获得实现的力量，这种力量来自实践理性者自身的内在自由。可以说，在一定程度上，作为力量的德性是联结"知"和"行"的重要环节和纽带。因此，康德的作为力量的德性并不像批评者所说的仅仅是一种对不适当的倾向的克服。除了自我控制，康德的作为力量的德性概念含有另外一层重要的含义：它是建立在实践理性内在自由基础上的德性。

（二）责任之外

康德的作为力量的德性是一种灵魂的内在自由状态，最后超越了责任的范围，追求自我的完善和他人的幸福的目的。在这种人类灵魂的内在自由状态中，人类有更广泛的自由空间去做德性的行为，而不仅仅是一种出于责任的行为。最后，这种出于尊重的责任行为上升为对德性的向往和完善目的的追求。首先，康德作为力量的德性具有着更广泛的自由空间。虽然亚里士多德所描绘的自制者知道什么是正确的或错误的，并且在克服欲望和爱好并与非理性部分斗争之后，能够选择正确的行为，但仅仅停留在正确的行为的水平上。相反，康德的更加广泛的德性责任具有着自由的空间，它规定的是行为的准则，而不是行为，因此为自由选择留了更广泛的空间。因此，康德的德性实践的领域被扩大了。同时，这种自由空间也并不是一种无限的自由，这种不完全的责任德性依然受到完全责任的限制。其次，这种作为力量的德性也存在着目的，是来自纯粹实践理性自身的目的，一种同时是责任的目的，即自我的完善和他人的幸福。康德所描绘的具有德性的人，最后追求的是不断的道德进步和道德完善。在康德看来，作为力量的德性自身就是目的，即德性的目的不仅仅是克服欲望和爱好，而是追求道德发展和进步，最后成

①　［德］康德：《道德形而上学》，李秋零译，康德著作全集第6卷，中国人民大学出版社2006年版，第407页。"Virtue is the strength of a human being's maxims in fulfilling his duty"［MM：394］.

为一个有德性的人，而不仅仅是一个自制者。再次，这种德性是一种稳定的、内在的品质，而不是一种暂时的、短暂的行动。在德性阶段，人类灵魂的积极的力量包含着道德发展、体现着道德价值，最后追求的是人格的完善。因此，我们说这种作为力量的德性就不仅仅是一种善良意志（good will），而且还是一种坚强意志（strong will）。当然，这并不意味着在这个德性阶段，不存在着否定的力量，因为人永远都不能逃脱这种恶的倾向，这种根本恶是根植于人类本性中的。当这种负的力量出现时，德性的正的力量比这种负的力量变得更强大①。因此，这种正的力量是一种内部的稳定的状态和品质。

（三）康德的敬重情感（Achtung）

当代德性伦理学者对康德德性最大的质疑来自康德对情感和爱好的处理，相反，他们坚信人的灵魂中的理性部分与非理性部分是和谐的，这样才是一个真正完整的人。道德德性不仅仅是一种理智活动，也是一种情感活动。一个好的德性行为不仅体现为理性部分的好的判断和考虑，还是一种令人愉悦的行为。他们认为，在康德那里，灵魂中的理性部分与非理性部分是不和谐的，仅仅是理性部分对非理性部分的控制，缺少情感的部分。特别是康德的"冰冷的慈善家"（cold philanthropist）的例子成为了他们攻击康德的主要的靶子。虽然康德强调自我控制的作用，人类的非理性应该顺从理性部分，但这并不意味着康德完全拒绝感觉和情感。康德并不是一个"禁欲主义的德性"（monkish virtues），完全拒绝情感，并且通过强加给自己的惩罚从而推进善。在康德的德性论中也是存在情感的，是一种对道德法则的敬重情感（Achtung）。这种情感是一种特别的实践理性的情感，是道德法则对心灵的影响。这种康德的敬重情感是完全不同于亚里士多德的自制情感的。在亚里士多德看来，当人类做自制的行为，他是痛苦的、不情愿的，而不是出于愉悦的。他们总是遵守理性的命令，从而做自制的行为，虽然有时是不情愿的。相反，敬重情感既不是痛苦的，也不是愉悦的，而是一种道德上的"不动情（apathy）"的状态。这种状态不是一种没有情感或道德漠视，而是一种道德生活中健康的情感状态。正像康德所说的，"德性的真正力量就是平静中的心灵及其一种深思熟虑

---

① 主要参考廖申白：《伦理学概论》，北京师范大学出版社 2009 年版。

的和果断的决定，即实施德性的法则。这就是道德生活中的健康状况"。①
敬重情感主要体现为对道德法则的敬重，这种敬重并不是对外在法则的敬
重，而是对内在法则的敬重。这种敬重并不是出于外在强制，而是出于人
类自身，人作为立法者，自己为自己立法。因此，这种对道德法则的敬重
其实是对人性本身的敬重，体现为自我敬重和相互敬重。敬重的基础在于
人类自身的价值和尊严。这种敬重情感在康德的道德哲学中占有重要的地
位，康德很重视情感在责任行为履行或执行中的作用。在康德看来，情感
在责任履行中具有支持性作用。虽然情感不能成为道德基础，只有绝对命
令是道德的最高原则，但情感和作为力量的德性有着紧密的联系，情感对
于责任的履行起着重要的动机性的作用。在某种意义上，它是道德法则和
责任行为之间的重要联系。特别是在康德晚期的实践人类学中，康德谈到
了很多情感的培养以及在责任履行中的作用。

　　虽然在康德那里他没有严格地区分自制和德性，但是通过论证，我们
可以看出康德的德性与亚里士多德的自制之间是存在距离的，我们不能简
单地将康德的作为力量的德性等同于亚里士多德的自制。在康德的道德心
理学中，自制和德性是两种不同的状态。即使有时候两者之间存在着交
集，但作为力量的德性是比自制更高的德性状态。虽然康德的作为力量的
德性不同于德性伦理学的德性概念，但它在康德的道德哲学中起着重要的
作用。在某种意义上，我们可以说康德的道德哲学在首要意义上更是一种
德性论，而不是一种义务论。康德的作为力量的德性概念最后超越了责
任，是对德性的完善和道德进步的追求。相比于自制，康德的作为力量的
德性具有丰富的内涵：康德的德性（Tugend）既是一种人的心灵的内在
自由状态，建立在实践理性内在自由和自由选择基础上的德性；同时，也
是一种稳定的精神态度或状态，体现为理性意志的力量，这种力量或勇气
帮助人克服心中"强大和不公正"的敌人，使人坚定地、一贯地履行责
任的行为，是一种使责任的行为获得真正实现的力量。因此，进一步挖掘
康德的作为力量的德性具有深远的意义。

---

　　① ［德］康德：《道德形而上学》，李秋零译，康德著作全集第 6 卷，中国人民大学出版社
2006 年版，第 409 页。

第三节　作为力量的德性：Tugend（a⁺）

当康德首次提出德性概念（Tugend）的时候，很明显地他意识到了英语中的 virtue 的拉丁语词根，英语中的 virtue 是从拉丁语中的 Virtus 派生出来的。在拉丁语中，Vir 意为男子，具有德性、勇气、力量、决心的人。相应地，拉丁语中的 Vitus 则主要是真正的男子所具有的品质和特性，主要体现为精神、决心、勇猛和坚毅（steadfastness）。在古希腊语中，起初德性一词（άρετη）也与勇气相关，用来形容英雄的高尚的行为。特别是在《荷马史诗》中，德性几乎等同于勇气，经常用这个词来形容英雄的品质，并把它作为一种荣誉。在这个基本含义的基础上，德性逐渐被发展为其他不同的含义，如优秀（excellence）、精神（mind）、优点（merit）和能力（ability）等不同的含义。亚里士多德将"德性"定义为，不仅在状态上好而且在实现活动中完成得好的品质。道德德性的定义，在种上是品质，而在属上是适度①。无论是希腊语还是拉丁语中，德性一词的基本含义都是源于勇气和力量的。在德语中，德性一词 Tugend 来自动词 Taugen，意为有用处（to be good for）、合适（to be fit for）或具有能力。因此德语中的 Tugend，也含有力量或能力的意思。在 Tugendlehre 中，康德将德性定义为一种履行责任时意志准则的力量。有时，康德也把这种作为力量的德性解说为"fortitude"（勇气或坚强、坚毅）。

虽然康德在建立自己的德性论体系的时候，意识到了西方德性伦理学的传统，吸收了传统德性概念中的原初含义，但明显地，康德的德性概念区别于传统的德性概念。在古希腊德性伦理学中，德性一词具有丰富的含义，它不单纯用来描述人的优秀（excenlence），也用来描述动物或事物的优秀，如马的德性或眼睛的德性。相比于 άρετη，康德的 Tugend 的内涵和外延都发生了很大的变化。希腊语中的德性概念内涵小、限制条件比较少，主要是指一种能力、卓越、优秀，与之相应地，德性概念的外延则比较大。因此不仅人具有德性，马也有马的德性，事物也有事物的德性。相反，康德的德性内涵则增加了，具有更多的限制条件。根据内涵与外延

---

① ［古希腊］亚里士多德：《尼各马可伦理学》，廖申白译，商务印书馆 2004 年版，第42—48 页。

的反比例关系，当康德的德性概念的内涵增加的时候，而外延则变小了，并不像希腊语中的 άρετη 那么丰富，而仅仅是意志力量的德性，特别是指人的精神和意识的自我完善和发展。康德的德性（Tugend）虽然保有着传统德性概念中勇敢和力量的含义，但这里的勇敢和坚强已不再是指英雄在战场上为了荣誉而战的勇敢或勇猛，而是指纯粹的精神上的勇敢和坚强，一种精神力量或理性的意志力量。因此，康德把德性理解为一种理性意志的力量。

康德的德性概念是非常复杂和难于理解，因为它具有不同的含义和层次性。康德本人对于德性似乎也没有一个明确的、统一的定义，不同的文本中有着不同的含义。甚至是在同一文本中，其对德性的定义也是不同的。

在《道德形而上学原理》中，德性概念的出现并不是很多，很少看到康德对于德性的专门论述，他更偏重于对最高道德法则的论述，将德性和道德法则、责任结合在一起。其中有一处，康德明确地提出了 Tugend，他将 Tugend 解释为"善良的意向"（Gute Gesinnung）。"有什么根据把善良的意向或德性，作如此之高的评价呢？这不过是因为，它给有理性东西取得了普遍立法参与权，正是有了这种参与权，它才有资格成为可能的目的王国的成员。"①

在晚期的《道德形而上学》中，康德才开始明确提出自己的德性论，讨论德性责任。在导言的第1节中，他首先提出："反抗一个强大但不正义的敌人的能力和深思熟虑的决心是勇气，而就反对我们心中的敌人的道德意向而言就是德性。"② 从这个对于德性的说明中，有几层意思：首先，道德对于人来说是一种斗争，人的道德生活充满着斗争而不是和谐，在人心中，存在一个强大的敌人，人需要不断地去与之战斗，克服心中的敌人的道德意向；其次，克服这个强大和不正义的敌人需要的不是正义、不是谨慎、不是节制，而是勇气和坚强；最后，这种勇气自身是一种能力、预先的考虑和坚定的决心。

---

① ［德］康德：《道德形而上学原理》，苗力田译，上海人民出版社 2002 年版，第 56 页。
② ［德］康德：《道德形而上学》，李秋零译，康德著作全集第 6 卷，中国人民大学出版社 2006 年版，第 393 页。"Nun ist das Vermögen und der überlegte Vorsatz, einem starken, aber ungerechten Gegner Widerstand zu tun, die Tapferkeit（fortitudo）und, in Ansehung des Gegners der sittlichen Gesinnung in uns, Tugend（virtus, fortitudo moralis）." "Now the capacity and considered resolve to withstand a strong but unjust opponent is fortitude（fortitudo）and, with respect to what opposes the moral disposition within us, virtue（virtus, fortitudo moralis）." ［MM 6：380］.

接着，康德在导言的第 9 节中才明确地给 Tugend 下了定义，即认为德性是人在履行责任时准则的力量，将德性理解为一种人类理性的意志力量。那么，我们不禁向康德发问，他所说的"Tugend"到底是指什么，是"gute Gesinnung"、"fortitude"还是"strength of will"？在康德那里，它们是同一个意思，还是从不同的层面来解说德性；几层意思是怎样的一种关系，在康德那里，有没有一个统一的、整体的德性概念？下面，我们将分别从这三个层次展开对康德的德性概念的分析。

一　德性是一种好的意向（gute Gesinnung）

首先，康德把德性解说为一种遵守道德法则、履行责任的意向（Gesinnung）。在《道德形而上学原理》中，他将德性定义为"道德上善良的意向"①。道德的内在价值是好的意向，即意志的准则。在德语中，Gesinnung 的解释为：Die Gesinnung ist die durch Werte und Moral begrenzte Grundhaltung bzw. Denkweise eines Menschen, welche den Handlungen, Zielsetzungen, Aussagen und Urteilen des Menschen als zugrundeliegend betrachtet werden kann. Gesinnung 主要是指通过价值和道德上限制的基本态度，如人的思维方式、行为倾向的目标、人的基本观点和看法等。它的近义词通常为思考方式（Denkweise）、立场（Standpunkt）、态度（Haltung）、观点（Ansicht）。但要注意的是，Gesinnung 并不是客观的、中性的思考方式本身，而是带有主体的价值判断、选择以及情感和行为倾向。因此可以说，Gesinnung 主要是一种精神思考活动的结果，具体体现为立场、态度、观点和价值。在英语中似乎很难找到一个合适的词与之对应，一般地，很多学者将这个词翻译为"disposition"，最近也有一些学者将其翻译为"attitude"。但无论是"disposition"还是"attitude"都很难全面、完整地表达这个词在德语中的含义，因此也给康德学者们带来了翻译上的困难②。如果我们将其翻译为"disposition"，会带来很多问题和困惑。第一个困难

---

①　[德] 康德：《道德形而上学原理》，苗力田译，上海人民出版社 2002 年版，第 435—436 页。

②　In *A note on Thanslation*, G. Felicitas Munzel presents the difficulty in translation the "Gesinnung" and "Denkungsart" and makes the deep distinction between them. See G. Felicit Munzel, *Kant's Conception of Moral Chracter: The "Critical" Link of Morality, Anthropology, and Reflective Judgment*, Chicago and London: The University of Chicago press, 1999: XVI—XVIII.

是，如果将 Gesinnung 翻译为 "disposition"，很容易让人联想到亚里士多德在描绘德性时所提出的德性的情感和行为的 "disposition"。可是，在康德那里，他坚决反对这种通过习惯培养的情感和行为的倾向。这种倾向仅仅是一种自然倾向，它主要来自经验的，通过不断重复的习惯养成的。显然，康德所说的 Gesinnung 并不是亚里士多德所说的倾向，而是一种纯粹的理智活动的结果，通过理智的自由思考、选择和判断所形成的一种稳定的精神态度。第二个困难是，如果将 Gesinnung 翻译为 disposition，将很难区分康德在《单纯理性限度内的宗教》中所提出的 "Anlage" 和 "Haltung"。Anlage 在康德那里，主要是人的一种禀赋，他提出在人的自然本性中存在善的禀赋，具体体现为动物性的禀赋、理性禀赋和人格禀赋。Haltung 主要是指人的自然本性中的一种倾向，康德提出，在人的自然本性中同时存在着恶的倾向（Haltung）。显然，Gesinnung 虽然与 Anlage 和 Haltung 存在着相似性，都是来自先验、而不是经验的倾向，但 Gesinnung 更强调人的理性自由思考的作用，而不仅仅局限于先天理性本性所赋予的。另外，如果将其翻译为 "attitude"，似乎还要将其加以限制，因为它并不是一种情感态度，而是一种精神态度（mental attitude）。下面，为了更好地理解康德的德性概念，我们将从两层含义上展开对 Gesinnung 的分析：

首先，Gesinnung 是人的一种自然能力或力量，主要指的是一种理性能力或思考能力。因此，它是同人的思维和精神相关的，与德语中的另一个词 "Denkungsart" 有着紧密联系。在德语中 "Denkungsart" 来自动词 "denken"，意为思想、考虑、推理或判断。一般地，这个词被翻译为思维方式（way of thinking），主要是指人的理性能力或精神品质（intellectual character）。但在康德那里，这里的思维方式并不是指纯粹的理性和逻辑的推理或判断，如科学的、数学的或逻辑的证明，而是包括对人的实践生活的思想活动或行为①，即包括如何看待世界、看待实践生活、怎样的行为是正当的或有价值的。因此在这个实践的思想活动和行为中，不仅仅是一种纯粹事实判断，而是加入了主体的考虑与态度的价值判断。因此，康

①　G. Felicit Munzel, *Kant's Conception of Moral Chracter: The "Critical" Link of Morality, Anthropology, and Reflective Judgment*, Chicago and London: The University of Chicago Press, 1999: XVI—XVIII.

德的作为善的意向（gute Gesinnung）的德性，主要是人类的一种理智品质或能力（intellectual character）。

其次，虽然 Gesinnung 与 Denkungsart 之间存在紧密的联系，但却不能两者等同。因为，Denkungsart 主要是指人的一种理智活动或者说是思维活动。这种活动虽然参与了人类主体自身的判断和考虑，但它更是人的一种思考或活动本身。Gesinnung 更多地是 Denkungsart 的思考或考虑的结果，体现为人的一种内部稳定的精神状态或态度（inner state or attitude）。这种态度并不是一种情感或是我们一般意义上所说的态度，而是专门指人的一种精神态度或心灵状态（mental/psychic attitude）。这种精神气质主要体现为一种意志力量和坚强，能够使人克服心中的强大的敌人，最后走向胜利。而且这种态度并不是一时一刻的、短暂的，而是一种内在于人的精神中的稳定的态度。在某种意义上可以说，它已经内化为一种内在的德性，是一种内在心灵力量。

由此可以看出，Denkungsart 与 Gesinnung 两者之间存在着紧密的联系，一方面，Denkungsart 作为一种思想活动或行为，促进 Gesinnung 的培养和发展，因此康德在 Religion 中提出，我们真正需要的是一场思维方式的革命（Revolution der Denkungsart）。因此，没有思维方式的革命，Gesinnung 不能够获得真正的发展和提高。另一方面，在 Gesinnung 的不断发展和完善的过程中，Denkungsart 这种特别在实践中运用的理性能力也得到了提高。因此，正像 G. Felicitas Munzel 在其书《康德的道德品质概念》（*Kant's Conception of moral Character*）的引言中提出的康德的"Denkungsart"与古希腊的实践理智（πράξι s）有相似之处①一样，康德的"Denkungsart 与 Gesinnung"的关系同亚里士多德的 πράξι s 与 άρετη 的关系也存在一致之处。但康德的"Gesinnung"与亚里士多德的"άρετη"还是有差别的，康德的"Gesinnung"更偏向于一种纯粹精神的意志力量和坚强，一种内在的心灵状态或精神态度。

二　德性是一种坚强的勇气（fortitude）

在康德的道德哲学文本中，有时候他也把这种作为力量的德性解说为

---

①　Felicit Munzel, *Kant's Conception of Moral Chracter: The "Critical" Link of Morality, Anthropology, and Reflective Judgment*, Chicago and London: The University of Chicago Press, 1999: ⅩⅥ—ⅩⅧ.

"fortitude"（fortitudo），正如我们在前面所提到的，康德直接把"Tugend"等同于"fortitudo moralis"①。那么，为什么康德把 Tugend 解说为勇气，如何理解康德所说的勇气（fortitude）？英语中的"fortitude"虽然同"courage"相近，但主要是指人的克服困难的精神方面的力量和勇气，在汉语中我们用刚毅、勇气、不屈不挠、坚韧来描绘这个词。它的拉丁语词根为"fortitudo"，在拉丁语中，这个词的意思主要有两层意思，第一种意思是一种身体力量（Physical strength，vigour，robustness）；第二种意思主要指的是坚毅（fortitude）、勇气（courage）或英勇（bravery）。因此，可以看出，拉丁语中的"Fortitudo"既有力量又有勇气的意思，在某种意义上，两者可以等同。在这里，康德使用"Fortitude"这个词，显然并不是指人的身体力量，而是指人的精神力量。这种勇气和力量主要体现在两个方面：

首先，它是一种与强大的敌人斗争的能力。面对着内心的强大和不公正的敌人，要勇敢地与之斗争。这里的敌人也并不是外在于你自己的另外的人，而是在每一个人心中。那么，康德这里所说的"心中的敌人"到底是谁呢？康德文本中的论述给我们的印象似乎是指人的欲望、爱好或倾向等自然本性，我们要不断地克服这些来自人类的自爱（self-love）本性的爱好或倾向。这真的是康德所指的"强大而不公正的心中的敌人"吗？康德在《单纯理性限度内的宗教》中给予了明确的回答，他认为人的自然本性并不是真正的敌人，真正的敌人是来自人类本性中的根本恶。在自爱原则与道德原则面前，人总习惯于将自爱原则优先于道德原则，这才是隐藏在人类本性深处的真正的敌人。有些时候，这种内心的敌人似乎比外在的敌人更难以抵抗，而这种抵抗敌人的力量只能来自你的理性意志。

其次，它又是一种经过深思熟虑的、坚定的决心。这种坚强和勇气并不是鲁莽的、不经过思考的，而是经过理性的思考和判断的。这种坚强和勇气正是源自理性自身，使理性的力量赋予人以这样的坚强和勇气。另外，它还是一种坚定的决心，这种决心并不是短暂的、瞬时的，而是一贯

---

①　"Now the capacity and considered resolve to withstand a strong but unjust opponent is fortitude（fortitudo）and，with respect to what opposes the moral disposition within us，virtue（virtus，fortitudo moralis）."［MM 6：380］.

的、恒定的、坚定的。即它并不是此时此刻的道德选择或行动，而是一种持续地履行责任的决心。它已经内化为人的一种坚强的意志力量或精神力量。

三　德性是一种力量（strength）

最后，康德在《道德形而上学》的导言的第 9 节中，给德性下了一个明确的定义即"德性就是人在遵循自己的义务时准则的力量"。这里，康德明确将德性解说为一种"力量"（Strength）。当然，他这里所说的力量，主要是指的一种意志力量、一种精神的内在力量。这里的力量的源泉来自人类理性自身，是一种理性的意志力量。

首先，康德把这种力量解说为一种"准则的力量"，那么何为"准则的力量"？这里的准则主要是人的主观原则，与客观的道德原则相对应。"要只按照你同时认为成为普遍规律的准则行动"这个道德的最高原则，就是使你的主观的准则变为普遍法则的过程。这种主观准则的形成以及主观准则成为普遍法则的过程，恰恰需要人的理性活动（Denkungsart）的参与。对行为自身进行理性判断和自由选择，从而使自己的主观准则成为普遍法则。显然，这里作为"意志准则力量"的德性首先来自理性自身的选择和判断，赋予人以选择和判断的自由空间。

其次，这种作为"力量"的德性，还体现为一种履行责任的执行力和行动力。德性之所以被称为力量，就在于当且仅当这种力量实现出来的时候，使其现实化，方可被称为作为力量的德性。康德的作为力量的德性的意义正在于它的履行责任的执行力和行动力。通过我们的理性能力，认识到德性可能并不困难，但将这种德性实现出来，转化为行动似乎更加困难。因为，很多情况下，我们更习惯于停留在只想不做的状态，正像亚里士多德所说的"有些时候，行比知更难"。因此，康德的作为力量的德性成为了联系知与行的重要的纽带，通过意志的力量去履行责任。理性意志对人自身有一种强制性，但这种强制不是来自外在强制，而是一种自我强制，人对自身发号施令，具有一种道德的必要性（moralische Nötigung）。于是，作为力量的德性，最后使责任的行为获得实现。

因此，通过从三个方面对康德德性概念的分析，可以看出，在康德那里，并不是存在不同的德性，康德只是从不同的层次和侧重点来解释他的德性概念。德性既是一种"gute Gesinnung"，也是"fortitude"，还是

"strength of will"。可以看出，康德的德性概念确实具有不同的层次性和复杂性。

第四节　德性与希望（a⁺⁺）

一　从人性上升到人格

在前面论述绝对命令的第二个公式（FH）的时候，曾区分了人的本性中向善的三种原始禀赋（Anlage），即人的动物性的禀赋（Animality）、人性的禀赋（Humanity）和人格性禀赋（Personality）。下面，本文将重点对第三个向善的原始禀赋，即人的人格性禀赋进行分析，探寻人是如何由人性禀赋上升到人格禀赋的。

首先第一个问题是：何为"人格性禀赋"，它与其他两个向善禀赋尤其是人性禀赋的区别何在？通过对绝对命令的第二个公式的论述可知，人性公式更建立在人的人性禀赋基础上，有理性的本性作为自在目的而实存，这种人性本性主要体现在一种理性的自由设立目的的能力。虽然人性禀赋是以理性为根源的，但这种理性却并不是一种纯粹的理性，而是一种掺杂于其他动机的理性为根源。也就是说，虽然人性本性是在理性的总名目下，但这种理性确实是存在着一种比较而言的自爱动机。在《单纯理性限度内的宗教》中，康德明确地指出了人格性禀赋和人性禀赋的区别，强调不能将人的人格性禀赋等同于或包含在人的人性禀赋中："不能把人格性禀赋看作已包含在前一种禀赋的概念之中，而是必须把它看作一种特殊的禀赋。因为从一个存在者具有理性这一点，根本不能推论说，理性包含着这样一种能力，即无条件地、通过确认自己的准则为普遍立法这样的纯然表象来规定选择，而且理性自身就是实践的；至少就我们所能认识到的来说是这样的。"①在康德看来，即便人是作为有理性的存在者，能够运用自己的理性为自己设立目的，从而进行自由选择，但仅仅从具有理性这一点并不一定就能推出，他能够将自己的主观准则变为一条普遍的法则，转化为现实的责任行为。一个明显的例子就是：我们往往能够通过理性进行自我立法、自由选择，但我们却不能够执行它或者实现它，转化为真正

---

① ［德］康德：《道德形而上学》，李秋零译，康德著作全集第6卷，中国人民大学出版社2006年版，第26页。

的责任行动，也就是我们所说的"知行不一致"的情况。因为人不仅仅是一个有理性的存在者，人同时是感性的有生命的存在者。当将自己的自我立法或自由选择转化为责任行动的过程中，不可避免地掺杂着自己的来自倾向和爱好等其他方面的动机。

第二个问题是：人为什么要由人性禀赋上升到人格禀赋？虽然人性禀赋是实践的，使人脱离了本性的粗野，脱离动物性，越来越上升到人性，并且借助这种人性为自己设立目的。但在大多数情况下，这种人性禀赋更是在消极的意义上是善的，即它仅仅要求与道德法则之间没有冲突。如康德在论述人性公式中提到的两个责任例子，即自我的保存责任和对他人的守诺责任，仅仅是要求与人的理性本性不相冲突。也就是说，这种人性本性并不能使人必然地、无条件地要只按照你同时认为能够成为普遍法则的准则行动，并不是真正意义上实践的。因此，康德提出人不应该仅仅满足于停留在人性禀赋的状态，人还应该从人性禀赋的状态上升到人格禀赋的状态。那么，康德所说的"人格性禀赋"是一种怎样的状态，人又如何从人性禀赋的状态上升到人格性禀赋的状态？在《单纯理性限度内的宗教》中，康德明确地为"人格性禀赋"概念下了定义，即："人格性禀赋是一种易于接受对道德法则的敬重、把道德法则当作选择的自身充分的动机的素质。这种易于接受对我们心中的道德法则的纯然敬重的素质，也就是道德情感。"[①]这里，我们惊异地发现，康德所说的"人格性禀赋"更是他在《道德形而上学原理》中所谈到的"对道德法则敬重"的道德情感。当人运用自己的理性进行自由选择的过程中，这种对道德法则的敬重情感促进人无条件地使自己的准则成为一条普遍的道德法则。但这种敬重情感自身还没有构成自然禀赋的一个目的，而是仅仅当这种敬重情感成为自由选择的动机的时候，它才构成自然禀赋的一个目的。因此，这种敬重情感与出于责任的动机之间存在着紧密的联系。

二　重建向善的原始禀赋力量

（一）向善的原始禀赋：一种向善的可能性

即使人从人性的向善禀赋上升到人格性的向善禀赋，但都还只是一种

---

① ［德］康德：《道德形而上学》，李秋零译，康德著作全集第6卷，中国人民大学出版社2006年版，第26页。

"禀赋"，而且是一种向着善、朝向善的禀赋，还不是真正善的。首先，从德语中的"Anlage"这个词的解释也可以看出，Anlage更是人的自然本性中具有的一种能力，英语中将其翻译为"predispositions"，中文中将其翻译为"禀赋"。康德认为在人的自然本性中，存在着这种自然能力或禀赋，称为一种向善的原始禀赋。这种能力或禀赋是人先天具有的，是先天的本性赋予人的。但同时这只是一种潜在的能力或禀赋，并不就是现实地存在的。其次，这种人类本性中的原初的禀赋（Anlage），具有一种向善的能力或潜能。可以说，这种原初禀赋并不是一般意义上的能力或倾向，而是有一种特殊的能力，是最终向着善的。另外，从《单纯理性限度内的宗教》中也可以看出，在论述"论述人的本性中的向善的原初禀赋（Anlage）"和"论人的本性中趋恶的倾向（Haltung）"中，康德分别使用了两个不同的词。虽然说这种原始禀赋具有一种向善性，但毕竟还没有达到善，只是朝向善（original predispositions toward good），与真正的善之间还是存在着很大距离的。因此，从以上两点的分析可知，这种向善的原始禀赋不是真正善的，只是说人具有这种向善的可能性，并不是现实的就是善的。

那么，人如何使这种人类本性中向善的原始禀赋获得实现，使其现实地成为善的？在《单纯理性限度内的宗教》中，康德提出："人在道德的意义上是什么？以及，他应该成为什么？是善还是恶？这必须由他自己来造成。善与恶必须是他的自由选择的结果。"①可以看出，虽然自然赋予我们向善的原始禀赋，但它只是一种能力或潜能。每一个理性的人都具有成为善人的可能性，但并不是每一个有理性的人最后都能够真正地成为善人，即很多人并没有充分地运用或者实现这种自然本性中的向善的原始禀赋。而且，每一个有理性的人都是自由的，他有选择"想成为怎样的人"的自由，每一个人现实地成为怎样的人都是由他本人造成的。无论成为善人还是恶人都是自己的自由选择的结果，没人能够决定或选择他人的人生。因此可以说，虽然向善的原始禀赋对于人来说非常重要，是人能够成为善人的必要条件，但却不是成为善人的充分条件。正像康德所提出的："如果这意味着，人被造就成为善的，那么，这意思无非是说，人被造就

① ［德］康德：《道德形而上学》，李秋零译，康德著作全集第6卷，中国人民大学出版社2006年版，第44页。

为向善的，人的原始禀赋是善的。但人还没有因此就是善的，而是在他把这种禀赋所包含的那些动机接纳或不接纳入自己的准则（这必须完全听任于他的自由选择）之后，他才使自己成为善的还是恶的。"①因此，在康德看来，人要真正地、现实地获得善，人必须运用理性的自由选择，把自己的人格性中对道德法则的敬重动机纳入行为的准则中。在这个追求善的过程中，人的理性的自由选择起着重要的作用，人成为一个善人或是恶人完全听任于人的自由选择。

（二）思维方式的革命

首先，要想重建这种向善的原始禀赋的力量，要有一个"善的种子"，即获得一种向善的动机，并且保持这个善的种子的纯粹性。在每一个有理性的人心中，都存在着这种向善的禀赋，但是并不是每一个都成为了善人。正像康德所说的，一个具有向善的原初禀赋的树，也可能结出坏的果子。而且很多情况下，也许从善到恶的堕落对于人来说更加容易。因为人具有选择善的自由，人同时也具有选择恶的自由。因此无论是对于想要追求善的人还是从善到恶堕落的人，都要重新找回这种"善的种子"，在这种纯粹的善的种子上重新生长，按照康德的话就是"再生"、"重新创造"或"新人"。这种"善的种子"，在康德看来，主要是指一种纯粹的向善的动机，一种存在于对道德法则敬重之中的动机。值得注意的是，康德使用的是"重建"向善的原始禀赋，即这种善的原始禀赋本身存在于每一个人的心中，我们所要做的事情是将其实现出来。"这种重建，仅仅是建立道德法则作为我们所有准则的最高根据的纯粹性。"② 因此，这种"纯粹性"要求我们仅仅把对道德法则的敬重作为行动准则的动机，作为自由选择的充分的动机，而不是将其与其他动机结合在一起。只有将这种纯粹性纳入自己的行动的准则的人，才是踏上了"在无限的进步中接近圣洁性的道路"。因此，要想才真正地成为一个道德上的善人，而不仅仅是律法上的善人，就要保持这种善的种子的纯洁性。时刻地提醒自己的灵魂，我们要成为更善的人。只有在这种纯粹的善的种子的基础上孕育的德性，才是真正意义上的德性，即作为"本体的德性"，建立在纯粹的

---

① ［德］康德：《道德形而上学》，李秋零译，康德著作全集第 6 卷，中国人民大学出版社 2006 年版，第 45 页。

② 同上书，第 47 页。

实践理性基础上。相反，建立在经验性的、掺杂了人的其他动机基础上的合法性，虽然也可以成为德性，但在康德那里仅仅是一种"现象的德性"。

其次，要想在这个纯粹的善的种子上，重建向善的原始禀赋的力量，不能通过逐渐的改良，而必须进行一场意念的革命来造成，即"从思维方式的转变和从一种性格的确立开始"①。在我们获得了纯粹的善的种子后，如何来重建这种向善的原始禀赋的力量？正像前面所谈到的，只有我们自己造就着善，我们只有通过自己的力量来重建这种向善的原始禀赋的力量，靠自己成为一个善人。康德强调，仅仅通过这种逐渐的改良并不能促成向善的原始禀赋力量的重建。这种"逐渐的改良"所形成的仅仅是在遵循法则方面的长期的习惯，仅仅是合于责任的行为。我们只有通过一种意念的革命，即"一种向意念的圣洁性准则的转变"来促成这种向善的原始禀赋的力量的重建，我们更需要一种"心灵的革命"。而这种"心灵的革命"，则要"从思维方式的转变和从一种性格的确立开始"。那么，如何进行这种思维方式的转变？

这里的"思维方式"在德语中对应的词为"Denkungsart"，一般地被翻译为思维方式或思考方式（way of thinking），但在这里，思维方式并不是指纯粹理性或逻辑的推理和判断，而是指人的实践活动的思考方式和思想活动。在康德看来，"人是善的还是恶的，去区别并不是在于他纳入自己的准则的动机的区别（不在于准则的这些质料），而是在于主从关系（准则的形式），即他把两者之中的哪一个作为另一个的条件"②。有限的理性存在者，当面临着自爱法则和道德法则的时候，他更习惯于将自爱法则优先于道德法则。当他在把自爱法则作为主要法则的时候，已经把各种其他的动机纳入了自己的准则，使"善的种子"不再纯粹，这样就颠倒了道德次序。这就是康德所描绘的人类本性中的根本恶，自爱或偏好原则本身并不是恶的，最终的恶的来源在于人总是习惯于将自爱原则优先于道德原则。这种恶是根本的，也是深入人的本性中，不容易消除，因此这种"思维方式的转变"过程对于人来说确是艰难。另外，康德坚决反对通过

---

①　［德］康德：《道德形而上学》，李秋零译，康德著作全集第 6 卷，中国人民大学出版社 2006 年版，第 49 页。

②　同上书，第 37 页。

道德榜样的方式进行这种思维方式的转变。即使值得学习的道德榜样都很优秀，但都无非仅仅是义务，或者说更多地是一种"合于责任的行为"，并不是值得称赞的。相反，康德看来，思维方式的转变需要的是一种对"圣洁起源禀赋"的宣示，只有这种神界性才能对人的心灵起着振奋作用。正像康德所说的："经常激励自己的道德使命的崇高感，作为唤醒道德意念的手段，是特别值得称赞的，因为它正好抑制着把我们的人选择的准则中的动机倾倒过来的那种生而具有的倾向，以便在作为所有可被采纳的准则的最高条件的对法则的无条件敬重中，重建各种动机中的原初的道德秩序，并因此而重建心中向善禀赋的纯粹性。"①这种"思维方式"的转变，要求人将这种道德次序重新颠倒过来，要求人永远把道德原则优先于自爱原则，把仅仅对于道德法则的敬重作为动机，从而保持这种意念的纯粹性。在这种"思维方式的转变"的过程中，人心中的向善的正的道德力量要与这种人性中的难以消除的根本恶做斗争，在这种斗争过程中不断积累和重建向善的正的德性力量，踏上了在无限进步中接近神圣性的道路。尽管这种"神圣性"离人还很遥远，而且人的心灵深处也是无法探究的，但人依然对凭借自己的力量找到一条通向神圣性和道德进步的道路存有希望。

三　希望之维：对道德进步的不断追求

在德性的阶段，虽然依然存在着恶的倾向，但人类能够通过自己的力量战胜这种负的力量，最后按照道德法则行事。可以说，在某种意义上，作为力量的德性是自足的，因为人类是理性的，并且具有内在自由和自主性。即使没有上帝的存在，在康德看来，人类依然能够成为有德性的人。德性是人类追求善和完全的道德力量的重要条件，是一种至善（supreme good）。但在康德看来，虽然德性是一种至善，但却不是一种圆善（perfect good），因为毕竟人类仅仅是一种有限的理性存在者。虽然人类能够通过自己的力量，运用自己的善良且坚强的意志去克服偏好和自爱原则，但我们不得不承认人性又是脆弱的，永远也不能逃脱人类本性中的根深蒂固的根本恶。当人类努力地行善或竭尽全力地成为一个善人之后，他也并

---

① ［德］康德：《道德形而上学》，李秋零译，康德著作全集第6卷，中国人民大学出版社2006年版，第51页。

不一定能够获得幸福，有些事情并不是人类自身能够决定的。这个时候，人的心中不免会失望或是失去了希望。在这种情况下，人的理性如何帮助人类走出这种绝望或者是无希望的状态？因此，除了理性，人类还需要一种精神的慰藉、希望和对于朝向神圣的道德进步的不断追求（pursuit of progress towards holiness）。在这种神圣的状态中，并不存在着恶的倾向，总是去违背道德法则。但这种状态却不属于人类，而是属于神圣的存在者，即上帝。但同时，在人类本性中，也存在着神圣性的一面。人类虽然不能真正得到神圣的状态，人却能够通过不断的道德进步走上一条不断迈向道德神圣的道路。这就是人的希望之维，人不能没有希望或失去希望，它在某种意义上对于人来说是一种精神力量。这种对道德进步或道德完善的追求，对于人来说将是无止境的、无限的。虽然康德在其道德哲学中为道德和幸福划清界限，但这并不意味着康德真的完全反对或拒绝幸福。在康德看来，我们并不能将经验的幸福作为道德形而上学的基础，这种基础是不稳定的和不可靠的。虽然在第一批判《纯粹理性批判》中，康德提出上帝的存在是不能被理性证明的，但在第二批判《实践理性批判》中，康德又把"上帝"请回，并且提出了三个公设，即灵魂不朽、上帝存在和意志自由。那么，下面的问题是，康德为什么设想一个"道德完善"概念，康德的道德哲学与宗教哲学是一种怎样的关系？按照康德的观念，道德是宗教的基础，而道德必然地走向宗教。虽然理性不能够得到完善，但他们却能努力地向神圣和道德迈进。道德完善的希望促进人类去履行责任的行为。另外，康德在"同时是责任的目的"中，也提出了"自我的完善"和"他人的幸福"的目的。因此，康德的德性与神圣之间是存在内在联系的，在某种意义上，是我们需要上帝，而不是上帝更需要我们。正像康德所说的："知道上帝为他的永福在做或已做了什么，并不是根本的，因而也不是对每个人都必要的；但是知道为了配得上这种援助，每一个自己必须做些什么，却是根本的，因而对每个人都必要的。"①

第五节　人的生命力量的展开

这样，我们就完成了人的道德心理结构的论述（如图7），人的生命

---

①　［德］康德：《道德形而上学》，李秋零译，康德著作全集第6卷，中国人民大学出版社2006年版，第53页。

中的六种不同层次的状态，以及人从恶、心灵的不纯粹、意志软弱、自制、德性最后到神圣性的过程。

康德的这个道德心理结构，既可以说明人从低到高追求个人的道德完善的过程，也可以说明不同人的不同的生命状态和境界。

首先，这个人的道德心理结构图描述的是一个人心灵的成长、追求个人的道德完善的过程。在每一个自由人的心中，不仅存在着向善的原始禀赋，即作为正的力量而存在，同时也存在着趋恶的倾向，即作为负的力量而存在。很多时候在人的内心中，两种力量交织在一起，进行着相互之间的斗争，分别构成了心灵的六种不同的状态。第一，真正的恶的状态（即 a^-）。负的意志力量打败了善的意志力量，人性中的趋恶的倾向主导着人的整个心灵，是一种人心的恶劣或颠倒的状态；第二，人的心灵的不纯正状态（即 a^- 与 a^0 之间）。准则是善的，正的力量控制着负的力量，但却并不是纯粹出于善的或者道德的动机，而是夹杂着其他的动机。这种状态更多地是一种夹杂着负的力量的正当的状态，有可能仅仅是合于责任的正当行为，而不是出于责任的德性行为；第三，意志软弱或者是无德性的状态（即 a^0）。这种状态是一种善的缺乏或者说德性的无价值状态，一种中间的非正非负、无善无恶的状态。在这种 a^0 状态中，主体中的正的力量认识到了怎样的行为是善的，但由于理性意志的软弱或者说欲望的诱惑，并没有去实现这种善的行为。即经常是一种"我所愿意的，我并不做"的状态；第四，自制的心灵状态（即 a^0 与 a^- 之间）。这种状态同第三种意志软弱或不能自制状态是一种相反的状态，即自制的状态。在这种状态中，虽然也存在着负的力量的影响，但最后在理性中的正的力量的艰苦斗争下，克服了负的力量。虽然最后战胜了负的力量，但在这种斗争中却伴随着痛苦的、不情愿的情感；第五，德性的状态（即 a^+），也就是康德所说的一种真正意义上的德性的状态，每一个有理性的人都具有达到这个阶段的可能性。在这个心灵状态中，这种正的力量已经内化为一种内部的稳定的状态和品质。当负的力量侵袭时，德性的正的力量比负的力量变得更强大。另外，在这种正的力量战胜负的力量的过程中，并不像自制的状态那样伴随着痛苦的情感，相反，而是一种愉悦的情感；第六，一种神圣或完善的状态（即 a^{++}）。这种状态属于一种完善或完满的状态，是一种只有神人或圣人才能够达到的状态，作为一般的、不完善的、有限的理性者来说并不容易达到。虽然人不能真正地达到这种神圣的状态，但对于人来说，却是一种希望和努力的方向。

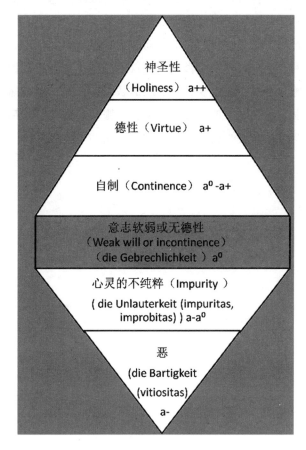

图 7　康德道德心理结构

　　其次，这个道德心灵结构图也展现了不同的人所达到的不同的生命境界。正像这个心理结构图所呈现的，虽然神圣性是人的最高的生命状态和境界，但只有神人或圣人才能够达到；而作为最低的恶的状态，也只有少数人滑向这种恶的深渊。相反，在人的现实的、复杂的实践生命活动中，更多的是意志软弱、不能自制、自制和具有德性的中间人。因此可以说，康德的作为力量的德性并不是一个高高在上的"道德圣人"或"道德精英"，而是一个真实的、活生生的普遍的理性人。每一个理性的人都具有这种向善的可能性，都具有行善或成为善人的可能性，并不是仅仅为少数的精英或圣人所占有。虽然存在德性的生命状态，存在着"同时是责任的目的"，即自我的完善与他人的幸福，但是并不是严格要求每一个人都进行自我牺牲成为道德圣人，而是每一个都可以向着这个目的或希望而努力。同时，正因为每一个理性的人都是一个真实的、不完善的有限理性存在者，每一个人具有理性的过程中，同时也具有情感和欲望，因此不可避免地受到这些非理性的因素所影响，把自爱原则优先于道德原则，最后滑落到不能自制、道德不纯粹或真正的恶的状态。因此，这就需要具有理性的人，不断地用理性中的正的德性力量去克服负的力量，最后战胜负的力量，这才是康德所描述的真正的具有"意志力量德性"的人。

第六章　对他人的友爱德性

　　上一章主要从"个人的道德完善"角度，重点讨论了人对自己的不完全德性责任，即对自我的自然完善和道德完善德性责任，展现了人的灵魂从恶—不能自制—自制—德性—神圣（希望）的生命过程，最后走向个体的道德完善。但康德的德性责任并不仅仅局限于对自我的不完全德性责任，同时还包括对他人的不完全德性责任，即对他人的爱的德性责任和对他人敬重的德性责任。康德将这种对他人的爱的德性责任和敬重责任的最紧密的结合称为"友爱"，即"友爱（在其完善性上来看）就是两个人格通过相同的彼此的爱和敬重的结合"①。这种对他人的友爱德性在康德的德性理论中占有重要的地位，是联结自我、他人和社会的重要的纽带。下面，本文将展开对康德的对他人友爱德性责任的论述。

　　友爱问题是传统道德哲学家们关注的一个重要问题，特别受古希腊哲学家的青睐。无论是柏拉图、亚里士多德，还是斯多亚学派、西塞罗，乃至中世纪的宗教哲学家们都对友爱问题进行过深入地讨论。但之后，随着现代道德哲学的兴起、传统道德哲学的衰微，对友爱问题的研究逐渐受到冷落。在经历了一个长期的衰微之后，随着德性伦理学的复兴，在当代德性伦理学与现代道德哲学论争的过程中，友爱问题又成为了偏倚论者和不偏倚论者之间争论的主要问题。在争论中他们更集中于对康德的义务论的批评，把义务和责任作为攻击康德伦理学的最重要的靶子。他们认为，康德的伦理学更关注行为的正当和不偏不倚性，追求普遍的道德规则，把行为和规则作为关注的焦点。由于过分地强调了不偏不倚性，这样就造成了

---

　　① ［德］康德：《道德形而上学》，李秋零译，康德著作全集第 6 卷，中国人民大学出版社 2006 年版，第 480 页。

一系列严重的后果：对品格的忽略、对德性的忽视，并没有为爱和友爱留有空间。人们逐渐成为仅仅具有善意意志抽象的道德自我，而距离作为目的的"好生活"与"人类幸福"似乎越来越遥远了，这引起了一些人的不满。威廉斯在其论著中对现代道德哲学的"不偏不倚性"进行了深刻地批评。在威廉斯看来，"其实人们具有很不相似的品格和规则而品格的差异在道德个性中发挥作用的一个领域就是个人关系的领域。在个人关系的领域，差异的思想以多种方式发挥着作用。以友谊和爱为例，在康德主义者看来，个人关系似乎预设了道德关系只有当一个人与另一个人的关系和他与所有人的关系都是一种道德关系时，一个人才能爱上另一个人。这种观点显然是错误的"①。虽然爱某个人确实涉及了某些道德所要求的关系，但这并不表明一个人不通过这种道德的关系的方式，就不可能通过其他特定的情形中具有它们。

对康德的这种作为意志力量的德性，也引起了当代德性伦理学家的批评和质疑。这种批评和反对的声音主要来自当代的德性伦理学者和社群主义者②中：在他们看来，康德的这种作为意志力量的德性仅仅是一种个人内在的意志德性，最后把德性逼向自我、逼向自我意志，过分紧密地等同于主体自身的道德努力、内在性和自省，认为康德的德性力量仅仅是一种过分的个体主义，最后仅仅走向一种心理式的自由意志德性③。这种过分个人主义的结果，则是使个体逐渐脱离出社会群体和社会关系中，成为仅仅追求个人道德完善的抽象的分离的个人。其中，麦金太尔是重要的代表，他认为整个启蒙思想家道德合理性的证明都建立在一种抽象的个人的人性论基础上，脱离了人们所生活的社会历史和实践，因此提出"任何道德合理性的启蒙筹划都是失败的"。相反，他坚持一种社群主义的主张，将抽象的人还原到社会历史实践生活中，从而去寻找道德基础。

---

① 伯纳德·威廉斯：徐向东译，《个人、品格与道德》，徐向东编：《美德伦理与道德要求》，江苏人民出版社 2007 年版，第 73—92 页。

② 当代德性伦理学家和一些社群主义者对康德的德性展开了批评和职责，认为康德的德性是一种过分个人主义、内向式的心理意志品质。如［美］A. 麦金太尔，宋继杰译. 追寻美德——伦理理论研究 [M]. 北京：商务印书馆，2004；M. Sandel, 1982, *Liberalism and the Limits of Justice*, Cambridge：Cambridge University Press；L. W. Blum, 1980, *Friendship, Altruism and Morality*, London：Routledge & Kegan Paul ltd. 主要参考：欧诺拉·奥尼尔：《康德的美德》，蔡蓁译，徐向东编：《美德伦理与道德要求》，江苏人民出版社 2007 年版，第 283—301 页。

③ 欧诺拉·奥尼尔：《康德的美德》，蔡蓁译，徐向东编：《美德伦理与道德要求》，江苏人民出版社 2007 年版，第 283—301 页。

　　面对当代德性伦理学阵营和康德伦理学阵营内对于康德的德性理论的激烈争论，下面的部分将试图证明在康德的伦理学中也存在着友爱观，并在康德的伦理学中占据着重要的地位。友爱与不偏不倚并不是像偏倚论者所批评的那样完全对立，恰恰相反，两者是能够相容的。康德所描绘的理性人并不像批评者所认为的仅仅是抽象的、冷漠的、拥有着善良意志的人，而是心中充满着对他人的爱和敬重的人。另外，康德的友爱观也不同于传统的友爱观，这种友爱是以他人的幸福为同时是责任的目的，是一种公共的、陌生人之间的爱和敬重。这种友爱超越家庭、超越民族，甚至超越国家，是一种善的联合体、德性的联合体、精神的联合体，在伦理的共同体中获得实现。

第一节　对他人的友爱德性：爱与敬重

一　对于"友爱"的讨论

　　康德在文本中对于"友爱"的讨论并不是很多，而且都是散落在各个文本中的①，而且各个文本中对于友爱的讨论也并不是完全一致，这样就给我们理解康德的友爱德性带来了一定的困难。但从另一方面也可以看出，康德自身对于友爱的思考也是经历了一个不断发展成熟的过程。因此，首先我们有必要对康德关于友爱的讨论进行梳理和分析。

　　康德很早就对"友爱"问题进行了思考，早在他的《伦理学笔记》（*Lectures on Ethics*）中就有很多关于友爱的讨论，主要体现在早期的Herder、Collins及后期的Vigilantius的伦理学笔记中。在Collins的听课笔记中，专门有一小节讨论友爱问题。首先，康德由人的两种动机，即自爱的动机和道德的动机，引出友爱问题。前者主要是出于自爱的考虑，实现自己的目的；而后者则主要体现为一种对人类的普遍的相互的爱，以促进他人的幸福为目的。康德认为这种促进他人的幸福的友爱将是一种互相促

---

　　①　康德在不同文本中对于"友爱"的讨论：

　　1. *Lectures on Ethics*：*Herder's lecture notes*［27. 1：25 - 8］and *Collins' lecture notes*［27. 1：416 - 30］.

　　2.［德］康德：《道德形而上学原理》，苗力田译，上海人民出版社1982年版，第152页。

　　3.［德］康德：《道德形而上学》，李秋零译，康德著作全集第6卷，中国人民大学出版社2006年版，第480—483页。

进或是一种幸福的交换的过程。但真实的情况经常是，每一个人都想获得别人的友爱，从而促进自我的幸福。因此两种动机经常是相互冲突的，那么当自爱与友爱发生冲突的时候我们应该选择哪一个，是自爱还是友爱？因此，康德说，这种以促进他人的幸福的友爱更多地是一种"理想"或是一种"理念"，因为在真实的现实生活中，人很难达到这种友爱的理念状态，与这种完善的状态始终是有距离的。因为，我们并不知道其他人是否在乎我的幸福，或者说愿意为促进我的幸福而去帮助我。但是，康德认为，在这种两难选择中，我们需要这种友爱理念：在康德看来，这种友爱理念并不是出于经验，而是出于先天的纯粹理性的理解中，我们需要运用我们的纯粹理性的理解去权衡。①这种友爱理念的作用正在于我们通过友爱理念去权衡，知道我们与友爱理念的差距以及我们的不足，从而去向友爱理念靠近。虽然康德认为"友爱"更是一种理想，不可能实现，他也同意苏格拉底的说法："我亲爱的朋友，其实我没有朋友"，但这并不意味着我们不去追求友爱。如果每一个都只想着自己的幸福，而不考虑他人的幸福，那么也就没有友爱了。而且康德认为，去追求友爱也并不意味着完全放弃自己的幸福，而去帮助他人。虽然自爱和友爱两者之间存在矛盾，但更多的时候是两者之间的融合，在促进他人幸福的过程中也促进自我的幸福，友爱的最大化更是一种相互的爱②。

另外，康德将友爱划分成三种类型，分别是"需要的友爱"（friendship of need）、"志趣（审美）的友爱"（friendship of taste）和"意向的友爱"（friendship of disposition）。第一种友爱的类型：需要的友爱。作为友爱的初级阶段，仅仅发生在最原初的生活条件下。友爱的双方出于基本生活需要考虑而形成的相互之间的信任和合作。如康德所举的狩猎的例子，在原初的社会形态下，为了共同的基本的生活需要的满足，需要人与人之间的相互合作和帮助。第二种友爱的类型：志趣（审美）的友爱。友爱的双方是出于相互喜爱和相互欣赏而走到一起、形成团体或相互的联盟③。康德还强调了这种志趣（审美）的友爱并不是为着幸福的目的，而是两个人彼此能够带给对方快乐。当然，虽然友爱的双方是出于共同的品

---

①　参见 LE Collins 27：426.

②　同上。

③　同上。

味和相互的喜爱和欣赏，但这并不意味着这仅仅发生在相同的人之间，有着共同的职业或社会环境。相反，这种品位的友爱可能更多地发生于不同的人之间，在有着共同品位的条件下，双方互相欣赏着对方的不同。第三种友爱的类型：意向的友爱，这种友爱是一种更高的友爱形态。这里康德使用的是"Gesinnung"一词，"Gesinnung"既与人的实践理性的判断和考虑有关，同时又是一种内在稳定的精神态度，因此我们在这里将其翻译为"意向的友爱"。这种意向的友爱既不像"需要的友爱"出自彼此的生活需要，也不像"志趣（审美）的友爱"出自彼此的喜爱和欣赏，而是出自纯粹的真诚的对他人的意向。这种意向的友爱要求彼此对道德有着一致的判断和态度，彼此之间相互信任、自我开放，用一个真诚的心去面对他人。这种意向的友爱在康德看来是一种最完善的友爱形式，是一种最理想的状态。

前面的部分主要是梳理了康德早期 Herder 和 Collins 的伦理学笔记中对于友爱的讨论，在后期的 Vigilantius 的伦理学笔记中，康德依然很关注友爱问题，并且逐步发展了他的友爱观。从 Vigilantius 的笔记中，可以看出，康德不再像早期的伦理学笔记中去分析前两种"需要的友爱"和"志趣（审美的）友爱"，而是更重视对第三种友爱（意向的友爱）的分析，主要从道德的意义上来谈论友爱。康德依然坚持自己的观点，认为友爱更多地是一种道德理想：康德认为虽然这种友爱的理想是达不到的，但对于人类生命的提升和道德的发展和实现确实是必要的，这种友爱的理想深深地存在于人类本性中，是人类不断追求的道德目的①。由此可以看出，康德将友爱的理想逐渐与人类道德发展相连。紧接着他又指出了友爱所需要的五种基本要素：

第一，是对他人的行善之爱（Well－wishing love to others）。康德原文中用的德语一词为"Wohlwollen"，这个词来自拉丁语的"Benevolentia"，意为 freundliche（友好）、wohlwollende（仁慈）的 Gesinnung（意向），英文将其翻译为"benevolence"、"kind－heartedness"、"goodwill"、"benignity"。从这个词源的分析可以看出，康德把友爱理念落实在道德责任上，是一种对所有人的行善之爱或者说一种博爱，并把它作为构成友爱的首要条件。接着，康德进一步区分了"Well－wishing"和"Well－lik-

---

① 参见 LE Vigilantius 27：675.

ing"。这里"Well – liking"为满足、满意或快乐的意思，德语一词为"Wohlgefallen"，源自拉丁语"Complacentia"。虽然两种爱总是应该在一起的，但很多情况下两者确是相互分离的，两者是存在区别的：

在康德看来，"Well – wishing"更是一种普遍的爱的责任，我们对每一个人具有行善的责任，这种行善之爱是出于对他人的责任。相反，"Well – liking"则更是建立在人的主观的倾向或爱好的基础之上，因此在任何时候，我们都不能把它当作一种责任来命令①。在康德看来，只有这种对他人的行善之爱，即"Well – wishing"才更接近友爱理念。这种行善之爱要求我们成为每一个人的朋友，即"Being everyone's friend"②。也就是说，友爱的对象并不局限于与我们有着特殊关系或偏好的主体，而是要爱所有的人，是一种普遍之爱。而且这种普遍之爱应该建立在相互信任的基础上，具有相互性，并不是单向的，是一种彼此之间的相互行善，是一种相互之爱。联结这种普遍的相互之爱的纽带并不是特殊的情感或爱好纽带，而是一种建立在彼此信任基础上的理性纽带。

第二，平等之爱。康德认为仅仅具有对他人的行善之爱还是不够的，这种行善之爱的双方应该是平等的，是建立在平等之爱基础上的行善之爱。因为如果将这种行善之爱建立在双方不平等基础之上，那么这就不是一种普遍之爱，而仅仅是一种偏爱。建立在这种不平等基础上的偏爱的结果则是，将爱的一方放在了比被爱的一方更优先或优越的地位。在这种不平等的地位中，爱的双方不能够互相分享双方的想法或意见，而仅仅是爱的一方的"施予"，或是被爱的一方的"接受"。因此，康德强调真正的友爱不仅是一种相互之爱，而且还是一种相互敬重。当爱者对被爱者行善，不仅要有行善之心，同时还要有敬重之心；而被爱者在接受施爱者之爱的同时，被爱者也要有一种感恩之心，以表示对施爱者的敬重。从这里看出，康德在强调对他人的行善之爱的同时，亦看到了敬重他人的重要性，友爱是应建立在平等的基础之上。

第三，相互拥有。康德在强调相互之爱和平等之爱的基础上，进一步提出了爱的双方要相互拥有。首先，这里的相互拥有并不是指拥有自身之外的东西，如共同拥有财产之类的，而是彼此间的一种内在的相互拥有；

---

① 参见 LE Vigilantius 27：677.

② 同上。

而且，这种相互拥有也并不是一种双方偏好的共同拥有，而是一种理智的、道德的共同拥有。爱的双方具有着相似的道德意向或态度，在道德原则的基础上，组成了共同的道德意向的联合。在这种联合中，友爱的双方共同拥有着对方的道德意向或态度①。这种相互拥有更强调友爱的共同分享着共同的处境，不论这种处境是快乐还是痛苦。

第四，朋友之间人性的相互分享。这个要素更是友爱的更高的境界，友爱的双方相互之间分享和交流，这种交流不仅仅是双方之间感觉和情感的交流，更是彼此之间思想和想法的交流，是朋友之间人性的相互分享。这种思想和想法的交流建立在一种相互信任的基础上，友爱双方能够敞开心扉、真诚坦率（openheartedness）、自我表露（Self - disclosure），从而能够自由地表达交流彼此之间的想法。

第五，共同朝向彼此的幸福（Well - liking）。这个最后要素更像是友爱的最终目的，友爱双方在普遍的相互之爱（Well - wishing）、平等之爱、相互拥有以及人性的相互分享的基础上，最后共同朝向彼此的幸福（Well - liking）的目的。虽然人们并不能得到生活的全部幸福，但却可以在相互的拥有和分享中，通过彼此的道德意向配享着幸福，从而共同去追求彼此的幸福。因此，可以说，只有具备了以上五种要素的友爱，才更接近真正友爱的理念或理想。

在《道德形而上学原理》中讨论"友爱"之处并不是很多，但其中有一处印象特别深刻："即或直到如今还没有一个真诚的朋友，但仍然不折不扣地要求每个人在友谊上纯洁真诚。因为作为责任的责任，不顾一切经验，把真诚的友谊至于通过先天根据而规定着意志的理性的概念之中。"②这段话更像是康德自身对友爱的呐喊，即使友爱是一种理念，很难实现，但我们仍应该去追求这种纯粹的、真诚的友爱。可见，在康德那里，友爱自身就具有内在价值，更是一种内在的善，存在于纯粹的实践理性概念之中。在一点上，康德的友爱并不同于亚里士多德所说的友爱，因为在亚里士多德那里，友爱更是一种外在的善。康德的真诚的友爱观显然是受到了斯多亚和西塞罗友爱观的影响。在西塞罗的《论友谊》中也能看到类似的话，"友谊就其本性来说是容不得半点虚假的；就其本身而言，它是真诚的，自发的。因此，我就得，友

---

① 参见 Vigilantius 27：677.

② ［德］康德：《道德形而上学原理》，苗力田译，上海人民出版社 2002 年版，第 152 页。

谊是出于一种本性的冲动，而不是出于一种求助的愿望；出自心灵的倾向（这种天性与某种天生的爱的情感结合在一起），而不是出自对于可能获得的物质上的好处的一种精心的打算"。① 与康德相反，亚里士多德则认为"朋友是最大的外在善"。把友爱分成三种友爱：善的（德性）友爱，为着善的事物；有用的友爱，为着有用的事物；快乐的友爱，为着令人愉快的事物。在三种友爱之中，善的（德性）友爱最高。善的（德性）友爱，"他们相互间都因对方自身之故而希望他好，而他们自身也都是好人。那些因朋友自身之故而希望他好的人才是真正的朋友。因为他们爱朋友是因其自身，而不是偶性"②。同时，善的（德性）友爱不仅是为着善的事物，同时也是有用的、令人愉悦的。

从这里，我们逐渐看出，虽然康德之前在《伦理学笔记》（*Lectures on Ethics*）中谈到三种友爱类型，也承认外在的出于需要和志趣的友爱，但在《道德形而上学原理》和《道德形而上学》的"德性论"部分，这两种外在的友爱逐渐从康德的视线中消失了，而他则更加关注第三种道德意义上的友爱。尤其是在《道德形而上学》中，这种侧重更加明显。康德在"对他人的爱的责任"和"对他人的敬重的责任"的结束语中，提出"爱和敬重在友爱中最紧密的结合"。首先，他第一次为友爱下了定义：

"友爱（在其完善性上来看）就是两个人格通过相同的彼此的爱和敬重而结合——不难看出，它是分享和传达这两个通过道德上的善的意志而结合起来的人格任何一方的福乐的一个理想，而且即使它并不造就生活的全部幸福，把它接纳入他们双方的意向也是配享幸福的，因此，人们之间的友爱是人们的义务——但是友爱是一个纯然的（但毕竟是实践上必要的）理念，是虽然在实施时无法达到、但却由理性托付去追求的（作为彼此间善良意向的一种最高境界）、绝非普通的、而是十分光荣的义务，这一点很容易就可以看出来。"③

可以看出，在《道德形而上学》中，康德依然把友爱看作一种纯然的理念或理想，这是与其《伦理学笔记》（*Lectures on Ethics*）中的说法一

①　［古罗马］西塞罗：《论老年 论友谊 论责任》，徐奕春译，商务印书馆2007年版，第57页。

②　［古希腊］亚里士多德：《尼各马可伦理学》，廖申白译，商务印书馆2004年版，第233页。

③　［德］康德：《道德形而上学》，李秋零译，康德著作全集第6卷，中国人民大学出版社2006年版，第480—481页。

致的。它虽然是一种理想、在实施时无法达到，但在实践上却是必要的、同时在理性的指导下值得追求的理想。那么，如何去追求这种彼此间善意意向的境界？康德提出通过对他人的爱的责任和对他人的敬重责任的紧密结合来实现，于是康德将纯然的友爱理念落实为一种高尚的友爱德性责任，理性通过对他人的爱的责任和敬重责任的结合去追求纯然的友爱理念。这种对他人的爱的责任体现为两个人格的彼此吸引，而对他人的敬重的责任则体现为两个人格的彼此排斥。吸引的原则要求接近，而排斥的原则要求排斥，保持彼此间的相互距离。这里，康德的友爱观的特别之处是不仅强调了两个人格之间的互爱原则，而且强调了两个人格之间的互敬原则，康德强调"即便是最好的朋友相互间也不应当不分彼此"。因此，康德在《道德形而上学》论述友爱的过程中，引入了对他人的爱的德性责任和对他人的敬重的德性责任，将纯然的友爱理念落实到现实的对他人的爱和敬重的德性责任上，将纯然的友爱理念与现实的对他人的友爱德性相连。同时，康德也认识到这种爱的责任与敬重责任的结合却不是容易的，爱和敬重很难达到主观上的平衡和均匀。于是，他又一次引证了苏格拉底的话："我亲爱的朋友，其实我没有朋友"，再一次指出了友爱的困难。特别是如果让这种友爱仅仅出于一种冲动，并不给彼此的爱配上原理和通过敬重来限制相互之爱的原则，则这种友爱则更容易破裂和不能持久保持。因此，康德主张真正的友爱并不能是旨在对方得到好处的爱，而是一种纯粹道德的、出于理性的爱与敬重的平衡。

二　友爱：爱与敬重的平衡

（一）对他人的爱的德性责任

首先，对康德的"友爱"（Freundschaft）概念进行词源上的分析。虽然我们通常把这个词翻译为"Friendship"，中文为"友爱"或"友谊"，但康德使用的这个词却不同于我们今天使用这个词的含义，其外延要比我们今天使用这个词要宽泛地多。可以说，当我们今天使用友爱或友谊一词，更是在狭义的意义上，仅仅局限于少数的好朋友之间。另外，康德的友爱（Freundschaft）和对他人的爱（Liebe）一词的思想源流何在，是源于柏拉图的厄洛斯（eros），还是亚里士多德的友爱①（Φιλια），还是基督教的博爱（philanthropy）？弄清楚康德的友爱一词的思想源流对于理解他所提出的对他人的爱的责任及其友爱的德性责任非常重要。康德所说的友爱的主体虽然是指两个人格，即两个道德上善的意志而结合起来的人格，但却比亚里士多德所说的 Φιλια 的外延更加广泛，任何两个有理性的、具有善良意志的人格都具有产生友爱的可能性，并不仅仅局限于友人之爱、父母之爱或兄弟之爱，城邦公民之爱，而是更广泛的公民社会的陌生人之友爱，这种爱需要彼此的互相的爱和互相的敬重。因此，可以说康德所说的友爱一词离基督教的博爱精神更近一些，更是指"一种邻人之爱"或一种"人类之爱"，即"爱你的邻人如爱你自己"。

这种伦理学的完善法则"爱你的邻人如爱你自己"是从何而来的，或者说这种对邻人的爱的基础何在？究竟是爱邻人在先，还是对邻人行善的责任在先呢？是由我们爱所有人（人类之爱）推导出我们要对他人行善，还是首先对他人行善，在行善的过程中产生了人类之爱呢？

可以看出，这是两个完全不同的思路。基督教的爱的戒条倾向于第一种思路，首先是一个普遍的规则：爱上帝甚于爱一切；其次，是一个特殊的规则：它作为普遍的义务涉及与其他人的外在关系，即爱每一个人如同爱自己，即爱你的邻人如爱你自己。在基督教那里，两个规则并不是一种平行关系，而是有着层级关系的。基督教把爱上帝确立为首要的最重要的诫命，而爱邻人是从第一条诫命中派生出来，"爱邻人"并不是直接因为邻人本身值得爱，而是因为"爱上帝"，爱上帝作为爱邻人的本原根据。但这里的"对邻人的爱"并不是为了取悦上帝，完全是达到"爱上帝"的手段。而是因为邻人是上帝所创造的，爱上帝自然要爱上帝所创造的一切。邻人之间的相互关爱本身也是爱上帝的方式。

---

①　友爱 Φιλια，在希腊语中包含着丰富的意义，它主要来源于动词 φιλεω，主要有爱、喜爱以及出于这类爱的感情的行为，如款待、求爱等。对于 Φιλια，英译者们多翻译成为 friend-ship，但一些学者认为 friendship 并没有充分地表达 Φιλια 的意义。罗斯以 friendly feeling, affection 来补充其未达之意，而维尔登则以 friendship 和 love 译解 Φιλια。因此 Φιλια 一词更多地是从爱上而生发的友爱，"友爱"一词的侧重点更在于后者的"爱"，而不是前者的"友"。而这里的"友"包括更广阔的范围，不仅仅是指朋友之间的友爱，还包括家庭纽带联系的父母之爱，兄弟之爱，还包括爱人之间的爱，城邦共同体内的公民之爱，甚至还包括一种政治的、公民之间的友爱。主要参考［古希腊］亚里士多德：《尼各马可伦理学》，廖申白译，商务印书馆 2004 年版，第 227 页。廖申白著：《亚里士多德友爱论研究》，河南人民出版社 2000 年版，第 22 页。

　　在康德那里，似乎更倾向第二条思路，并不是由爱推出行善的责任，而是由行善的责任产生对他人的爱，即这种善行的爱，并不是要你首先去爱然后去行善，而是在你使自己的善意的行为准则成为普遍法则的过程中必然在心中产生了人类之爱。那么进一步的问题是，为何要对他人行善，康德的回答是为了"他人的幸福"这个同是责任的目的，是人的纯粹实践理性自身为人类树立的目的。追寻"自我的完善"和"他人的幸福"这个同时是责任的目的本身就是对神圣性的不断追求（progress towards holiness），需要你不断地前进，而这种前进是一种不断的、无限的、没有止境的，但却是充满希望和慰藉的。可以看出，在宗教与道德的关系上，康德选择了道德在先，道德是宗教存在的基础，同时道德又不可避免地走向宗教或其他信仰。道德与宗教的关系在康德那里得到了彻底的扭转，这可以说是康德在道德宗教领域的一场"哥白尼式的革命"。

　　虽然"爱"在康德那里，不是作为对他人行善责任的本原根据，但却在履行行善责任的过程中发挥着作用。爱它并不是一种经验的、偏爱的情感，而是一种态度（attitude），一种积极的、实践的态度，是由实践理性自身产生出来的情感。这种理性的情感在康德的伦理学中占有很重要的地位，情感中包含着选择和判断，可以使主观的准则转化为行动，是对责任履行的一种支持。

　　在《道德形而上学原理》中，康德谈论更多的是一种情感上的爱（pathological love），他反对这种情感上的自爱（Self-love），经常把它放在道德法则的对立面上来谈。但在"德性论"中，他又把爱重新找回来，并提倡一种对他人的爱的责任德性，并把这种对他人的爱称为一种实践上的爱（Practical love）。那么，在康德那里，爱到底是一种情感，还是一种责任，康德所说的对他人的爱的德性责任指的是什么？

　　在康德看来，爱是一种情感，而不是一种责任。康德在《德性论》的导言中曾提出，"爱是感知的事情，而不是意愿的事情，而且我能够爱，不是因为我愿意，但更不是因为我应当（被强制去爱）。因此，一种爱的责任是一种谬误"①。因为一切责任都是强制的，哪怕它是一种自我

①　［德］康德：《道德形而上学》，李秋零译，康德著作全集第 6 卷，中国人民大学出版社 2006 年版，第 413 页。"Love is a matter of feeling, not of willing, and I cannot love because I will to, still less because I ought to（I cannot be constrained to love）; so a duty to love is an absurdity."

强制，人们是出于强制而做，而不是出于爱而去做。我爱他人并不是因为我意愿去爱、我应当去爱、我被强制去爱，而是我在情感上的喜爱，爱在这里是一种情感、一种感受。人们如何能强制一个人去爱另一个人？人身上虽然具有神性的一面，但人更多的是具有人性的一面。一个人对另一个人的喜爱或者出于爱好，或是出于愉快情感，或是出于志趣，但我们却不可能剥离掉人性中的这些情感的东西，而强制他去爱另一个人。即使是基督徒也一样，上帝教他们"爱你的邻人如爱你自己"，但比起邻人，他们还是会更倾向着爱他们的教会内部的兄弟姊妹。但这并不表示他们不爱其他邻人。因为他们是人，而不是神，人性中有着自然的情感和爱好，而我们却不能强制他们摒弃这些，爱是不能被强制的。

如果爱不能是一种责任，那么康德在《德性论》中所说的"对他人的爱的德性责任"是指什么，康德是否陷入了自相矛盾之中。康德在提出"一种爱的责任是一种谬误"的观点之后，马上话锋一转，"不过，善意（amor benevolentiae）（善意的爱）作为一种行为可以服从于义务法则"。显然，康德所说的对他人的爱的责任，并不是一种情感，而主要是指一种对他人的行善准则，一种行善的爱（善意的爱）。这种善意（benevolence）作为一种行为（doing good）的时候，才可以服从道德法则，从而成为一种责任。这种行善之爱首先是实践的，它必须被设想为善意的准则，涉及行动的准则，并以善行为结果。当然，这种对他人的实践的行善之爱，并不是由于情感产生的，也不是出于爱好的，而是可以由理性命令的、被告诫的。按照实践理性的绝对命令，使行善的准则成为一条普遍法则，并且要按照这种行为准则行动。"善意的准则（实践上的以人为友）那是所有人们彼此间的义务，不论人们认为这些人是否值得爱，所依据的是伦理学的完善法则：爱你的邻人如爱你自己。"① 因此，这里的"爱"并不能被理解为情感或愉快，而仅仅是一种善意的准则，它是和行善的行动紧紧相关的，因此在这种意义上，可以说这种爱是一种"实践的爱"。

因此，我们不能说，在康德那里，存在着两种爱，一种是情感上的爱（pathological love），而另一种是实践上的爱（Practical love）或责任之爱。

---

① ［德］康德：《道德形而上学》，李秋零译，康德著作全集第 6 卷，中国人民大学出版社2006 年版，第 461 页。

爱只能是一种情感，而不是一种责任。康德这里所说的对他人的爱的责任，并不是出于爱，而是出于纯粹实践理性的行善的准则。正如克里斯多夫·霍恩（Christoph Horn）教授在其《爱的概念在康德伦理学中的地位》（*The Concept of love in Kant's Virtue Ethics*）一文中指出，在康德那里，并不存在爱的广义和狭义应用的问题，康德在前期作品和后期作品中对于爱的说明不是矛盾的而是一致的，爱并不是一种责任，爱只能是一种情感，我们对他人没有爱的责任，却有着对他人的行善的责任。

（二）对他人的敬重的德性责任

在康德那里，仅仅具有对他人爱的德性责任是远远不够的，还需要敬重责任作补充。这种对他人的爱的责任在某种意义上容易羞辱被爱的人，造成一定的不平等①。如一个朋友出自困境中，出于爱的责任去帮助他，但同时也要注意不要因为这种爱的热烈伤害了朋友的自尊，所以我们帮助朋友不仅要出于爱的情感，也同时出于敬重的情感，把这种帮助表现为纯然本分或表现为微不足道，来维护朋友的人性的尊严。因为人性本身就是一种尊严，人的尊严是何等的高贵呀，如果以伤害人的尊严为代价去对他人行善，那这种友爱还是否真的是友爱，友爱的意义又何在？如果行善者在行善的同时蔑视他人，不给他人应有的敬重，这本身也是对自身的亵渎。因为自由的理性人不能被任何人纯然当作手段来使用，而是在任何时候都必须同时当作目的来使用，人的尊严正在于此。因此说，爱的责任需要敬重责任来补充和平衡，以防止由于爱造成不平等，从而伤害了人的尊严。

另外，对他人的敬重的责任除了是对爱的责任的一种补充，还是对爱的责任的一种制衡和限制作用，因为对他人的爱的责任的不完全性，决定了它存在着一定的活动的空间，不像完全责任那样具有强制性。虽然对他人的敬重的责任也是一种不完全的责任，但相对于对他人的爱的德性责任，则是一种狭义的、否定的、消极的责任。我并没有责任对他人表示积极的敬重，对他人的敬重只是一种消极的责任，在对他人行善的过程中，我们要避免对他人的不敬重。对他人的敬重责任的狭义性从它的对立面中也可以看出，对他人的敬重的责任的对立面并不是对他人德性的缺乏，而

---

① 主要参考 Horn，"*The Concept of Love in Kant's Virtue Ethics*"，in：Betzler（ed.），*Kant's Ethics of Virtue*. Berlin：Walter de Gruyter，2008.

是恶习：傲慢、毁谤、嘲讽。相反，不履行对他人的爱的责任，则是无德性或德性的缺乏。相对于对他人的爱的责任，对他人的敬重的责任更具有强制性，它要求敬重每一个人，因为每一个有理性的人都是有尊严的，人自身就是目的。这种对他人的敬重不仅体现为对人的尊重，也是对内心道德法则的尊重。

对他人的爱的责任和对他人的敬重的责任就像一对作用力和反作用力，爱的责任使有理性的存在者之间相互吸引、相互接近，而敬重的责任则又将有理性的存在者之间相互排斥、保持距离。爱和敬重彼此结合在一个义务之中，当爱与敬重获得最紧密的结合的时候，就使有理性的存在者之间获得了一种真正的友爱，康德把它称为"彼此间善良意向的一种最高境界"①。

从对康德友爱观梳理的过程中，可以看出康德的友爱思想是非常复杂的，逐渐形成了一种纯粹道德上的友爱思想。但在我们考察这种纯粹道德友爱思想的过程中，似乎也给了我们一种矛盾的印象：康德一方面，在理论上坚持"友爱"理念的必要性，同时另一方面也看到了实践上实施时的困难性和无法实现性。从他两次引证苏格拉底的"我亲爱的朋友，其实没有任何朋友"就可以看出来，同时又能够把这种最高境界落实到人们的具体的对他人的行善责任和敬重责任的行为中。这两方面在我们看来，就像完全不同的两极，而在康德的理论中却能够融合在一起。

首先，在康德看来，我们首先在理论上需要这种"友爱"理念。在实践上，这种友爱理念却无法获得实现，在现实的复杂的实践生活中并不存在着这种"友爱"理念。虽然这种"我亲爱的朋友，其实没有任何朋友"，在人的有限的生活中，没有人能获得真正的友爱和朋友，就像康德所说的，即使至今我们没有一个真诚的朋友，但仍然不折不扣地要求每个人去追求这种纯洁真诚的友爱，这是人的纯粹实践理性的要求。也许我们穷其一生都不能获得真正的友爱，但我们却不断地追寻着这种纯粹道德的友爱。我们还要把这种纯粹的道德友爱，落实到具体的对他人的行善和对他人的敬重的德性责任中去。

其次，康德也并不是一味地在理论上、理念的层面谈友爱，在树立了

---

① ［德］康德：《道德形而上学》，李秋零译，康德著作全集第 6 卷，中国人民大学出版社2006 年版，第 481 页。

友爱理念之后，他又把这种纯粹的高高在上的友爱理念拉回到了复杂的、经验的实践生活中去，在他晚期的《德性论》中，最后将这种友爱定义为"爱与敬重的最紧密的结合"，于是将友爱理念与具体的对他人的行善责任和对他人的敬重责任相连。人通过对他人的行善责任和敬重责任去追寻着友爱理念。另外，康德也真实地看到了实践生活中的人的不同的层次和心灵状态，虽然每一个人都具有实践理性，都具有拥有友爱的可能性，但并不是所有的人都能够获得或实现。虽然每个人都有行善之心，但并不是每一个人都具有行善之举。因此，对于生活在现实生活中的大多数的中间人来说，一方面要在心中树立这种纯粹的友爱理念，同时也要培养这种出自理性而不是情感或冲动的友爱德性责任。

因此可以说，康德的友爱德性具有着更大的包容性，具有不同的层次性和张力。它既可以是高高在上的友爱理念，又可以培养现实生活中的大多数中间人的友爱责任，这正是康德伦理思想的魅力所在。

第二节　友爱与不偏不倚是否相容？

一　偏倚论与不偏不倚论的争论：友爱问题

在讨论这个问题之前，首先要分析一下"不偏不倚"和"偏倚性"这两个基本概念。"不偏不倚（impartility）"观点主要是一种公正、平等的原则，是启蒙运动个人平等的理想在伦理学中的一个自然结果，功利主义和康德的伦理学成为不偏不倚理论的最有影响的代表。功利主义要求行动者从一个不偏不倚的观点来促进最大多数人的最大幸福，而不应该仅仅把我自己的幸福看作唯一的目的。每一个人的幸福都同样重要，没有任何一个人的幸福比其他人的幸福更重要。康德的伦理学则要求行动者从一个不偏不倚的观点坚持一种普遍化的道德法则，将道德建立在普遍和不偏不倚的合理性的法则之上。这种不偏不倚的观点，始终要求一种公正、平等的原则，将道德决定建立在客观、普遍的理性之上，要排除主观上的情感、爱好、偏好的影响。与之相对应的，"偏倚性（partility）"观点则强调道德判断的特殊性，拒绝赋予理论或者理论化一个重要的地位，强调某种特殊的人际关系在伦理生活中的重要性，拒斥一种不偏不倚的观点，强调习惯和实践的作用，不对合理性提出强的要求，采用一个非理智化、习惯性的美德概念，强调情感的作用。这种偏倚论的观点主要是随着德性伦理学的复兴，对功利主义和康德的伦理学的不偏不倚进行了猛烈的批评，认为现代道德哲学过于强调不偏不倚性，而忽略了偏倚性，提倡一种偏倚性的观点。

其中，友爱问题成为了不偏不倚论者和偏倚论者争论的主要问题，偏倚论者对不偏不倚论者提出了猛烈的批评，如前面我们也谈到了（威廉斯对康德的批评）。在这种批评中，偏倚论者最喜欢使用的例证就是设置一个具体的道德情景，更确切的是一种道德困境：如电影《泰坦尼克号》中的故事，载着1316名乘客和891名船员的豪华巨轮"泰坦尼克号"与冰山相撞，由于救生艇太少，只能搭救一半乘客，而离沉船的时间就只有2个多小时，一场惨绝人寰的悲剧将要发生。在这个危急的时刻，应该先救谁？是先救头等舱的银行家还是先救三等舱的贫民，是先救男士，还是先救妇孺？是先救自己的亲人或朋友还是先救陌生人？面对这样的一个道德困境，功利主义者的原则是满足最大多数人的最大幸福，他们当然认为银行家能够给人类社会创造更多的财富和更大的社会价值，在进行道德抉择的过程中坚持一种不偏不倚的观点，他们的出发点并不是单个个体的幸福而是整个人类的幸福。这些功利主义者认为银行家的生命比另一个仆人的生命更有价值，尽管这个人可能是自己的亲人或朋友。康德伦理学也坚持这种不偏不倚的观点，相信有普遍有效的规则，并接受这种可普遍化原理。他们会在心里问自己：能够因为仆人是自己的亲人和朋友，就不尊重其他人的生命吗？我能够使我的这个行为的准则成为一种普遍的法则吗？我难道希望别人也和我一样，使这个行为的准则成为普遍规律吗？如果每一个人都把这条行为的准则变成普遍规律，将会产生怎样的后果？如若不是，这一行为的准则就将要抛弃。在康德看来，每一个理性的人，无论是银行家、仆人、亲人、朋友等都是平等的，而这种平等是人性的尊严上的平等，每一个人的生命价值都是一样高的。所以，在做出道德决定的时候，要时刻记住自己是一个实践理性的人，要排除主观上的情感、爱好、偏好的影响，要以一种不偏不倚的观点来做出判断，从一种不偏不倚的观点出发推论出对朋友的关注，而不是将对朋友的关注优先于对陌生人的关注。所有人都平等地值得关注，而且一个人和我的关系这个事实不能使他比一个陌生人更值得我关注。这样，我们看到代表着现代道德哲学的功利主义和康德伦理学都承诺一种不偏不倚的观点。对于这样一个道德困境，亚里士多德的观点与功利主义和康德伦理学的观点显然是不同的，他持有一种偏倚论的观点，更多地强调道德判断的特殊性，强调某种特殊的人际关系在伦理生活中的重要性以及实践和习惯的作用，重视因特殊性关系而形成的爱情、友爱、同情这些社会性情感，重视人与人之间的情感联系，拒斥一种不偏不倚的观点。亚里士多德认为，抢一个伙伴的钱比抢一个公民的钱更可恶；拒绝帮助一个兄弟比拒绝一个外邦人更可憎；殴打自己的父亲比殴打他人更可耻。① 对于促进朋友的幸福和促进陌生人的幸福，他们更愿意选择前者，在银行家和亲人或朋友中，他们会选择和自己有着特殊性情感关系的亲人和朋友。偏倚论者把这种道德困境的例子作为攻击不偏不倚论者的最有杀伤力的靶子，可是这种道德困境更是一种极端的例子，在我们的日常的道德生活中，并不总是面对着这种悲剧性选择。在这种道德困境下，虽然在理论论证是他们有着明确的立场，但在实际的道德困境中，无论是偏倚论者还是不偏倚论都很难做出选择。我们需要面临和解决的更是日常的道德生活中的问题和困难，而不经常是这种极端的道德困境。

因此，面对着偏倚论对不偏倚论的批评，在康德伦理学的阵营内部，一些康德伦理学者们对这种不偏不倚的批评进行了回应：不偏倚论虽然要求一种要用一种不偏不倚的公正的观点评判事物，把每一个人都看作许多人中的一个，没有一个人是特殊的。但这并不意味着每时每刻我们都必须把每个人都看作一般性的，而不是特殊性的。在不偏不倚者中，似乎不允许任何特殊的个人关系的存在，这显然是有悖于人性的，与事实不相符合的。不偏不倚的观点允许个人特殊关系的存在，甚至也认可人对特殊个人关系的偏爱，这种观点要求的是对事物进行公正的判断的时候，不应让这些特殊关系左右自己的判断，要体现着一种不偏不倚的、公正的判断。于是，巴容在此基础上进一步区分了两者层次上的不偏不倚，即在规则或原则的层次上坚持不偏倚性；在决定日常生活中要做什么的层次上坚持不偏倚性。而且她还强调需要弄清楚在什么层次上，就哪类事情，人们应该采取一种不偏不倚的观点。巴容认为，不偏不倚与友谊之间的裂痕并没有那么深，"在偏倚论者和不偏倚论者之间并没有通常设想的那么多和那么深的分歧，让偏倚性和不偏倚性各其所是是可能的"。② 在一定的情况下，不偏不倚中允许偏倚性的存在，同时，偏倚论者也需要一种不偏不倚的观

---

① ［古希腊］亚里士多德：《尼各马可伦理学》，廖申白译，商务印书馆2004年版，第246页。

② 巴容：《不偏倚性与友谊》，蔡蓁译，徐向东编：《美德伦理与道德要求》，江苏人民出版社2007年版，第237—259页。

点，不偏不倚与偏倚性是能够相容的。

二　康德的友爱与不偏不倚如何相容？

既然在康德那里，友爱与准则的普遍性并不冲突，爱与敬重的情感是一种偏倚性的还是一种不偏倚性的，友爱与不偏倚性是否能获得一致呢？因此，回答这个问题的关键是要弄清楚康德的友爱与情感的关系以及情感在友爱中的作用，这是偏倚论者和不偏倚论者争论的一个关键环节。

（一）爱的广度上的不偏不倚

根据对康德的对他人友爱德性的分析和梳理，虽然康德的友爱观经历了一个发展过程，但康德对友爱的基本观点是一致的。康德的友爱的观点更多地从基督教的博爱精神发展而来，是一种普遍的人类之爱和平等之爱。

首先，这种友爱是一种普遍的人类之爱。这种友爱建立在纯粹的实践理性的基础上，在理论上作为一种友爱理念或理性，在实践中落实为对他人的行善责任。在理论上，这个友爱是出自促进他人的幸福和整个人类的完善的动机，而不是出自自爱或偏好的动机。在实践上，这种行善之爱要求我们成为每一个人的朋友，在爱的范围上坚持一种不偏不倚的观点，去对他人行善。而且，这种爱是一种相互之爱，友爱的说法建立在一种相互信任的基础上，从而履行行善的责任。因此，这里的爱更是一种理性之爱，并不是情感（审美）之爱，也不是愉悦之爱，而是一种行善的准则，并且以行善的行动为结果。所以在某种意义上，这种爱更是一种实践之爱。因此，可以说康德的这种理性之爱是与不偏不倚的原则相一致的，而不是相冲突的。康德所说的拥有着善意意志的理性人不是无情感的冷血，全然不顾自己的亲情与友情，只是当他面临着道德原则选择的时候，他身上所具有的这种理性的情感不允许他更偏爱他的亲人和朋友，他要坚持一种不偏不倚的立场和原则，公平地对待每一个理性的人。

其次，这种友爱不仅体现为对他人的行善，还要求行善的过程中相互敬重，这种友爱更是建立在平等的基础上，是一种平等之爱。因为，仅仅对他人行使行善责任，还不真正是友爱，因为如果仅仅因为自己具有优势地位从而去帮助别人，而全然不顾被帮助者的感受，反而以这种优势地位为乐，实际上则造成了不平等。仅仅对他人具有行善之爱还不是真正的友爱，在康德看来还要有敬重作补充，从而来制约对他人的爱的责任，以此来保证友爱双方的平等地位。恰恰由于对他人的敬重责任的狭义性和强制性，制衡着对他人的爱的责任，从而在一定程度上保证了爱的不偏不倚性。这对作用力和反作用力通过彼此之间的相互吸引和相互排斥，保持着不偏不倚的原则。

（二）友爱在程度上的偏倚性

这种对他人爱的责任，是一种广义的责任，具有不完全性。我把自己福祉的一部分奉献给其他人而不图回报这本身是我的责任，但这可以走多远，却不能给出一个明确的界限，这也就为人的自由选择留下了一定的空间。对于不完全责任带来的自由空间前面我们已经有所分析，虽然这种自由空间有着界限，并不是自由的无限大，但比起完全的法权责任和对自我的责任，确实主体有一定的自由选择的空间。因为这里法则规定的是行为的准则，而不是行为本身。另外，比起其他的不完全责任（如道德的完善），对他人的德性责任（特别是对他人的行善责任）具有更大的自由空间。如，以对他人的行善责任为例，我们要使这种对他人行善的准则成为一条普遍的法则，我们有义务公平地对待每一个人，把每一个人当作朋友。当他人遇到困境或需要帮助时，伸出援助之手。但我们应当如何去帮助他人，去促进他人的幸福，但对他人的不完全责任则并不像对他人的完全责任那样给出具体的行为规定，如你应该在多大程度上帮助别人？行为主体在行使行善责任的过程中，有着自身的道德判断和自由选择的空间。主体可以根据自己的实际情况和能力去做行善之事，从而促进他人的幸福和自身道德的完善。至于人们在行善的过程中，使用自己的能力到多大程度，这完全由自身自由选择、自由决定。对他人行善、成为一个有德性的人，这完全更是主体理性自由选择的结果，而不是来自别人的外在强迫。没有人被强迫成为有德性的人，只有自己去选择成为一个有德性的人。

另外，康德的行善责任并不是要求行善者倾其所有去帮助他人，最终落到自己也会需要他人行善的地步。这种对他人的行善在很多大程度上决定于我的实际水平以及它的真正的需要。当然，康德行善之爱并不是鼓励人人都成为"道德圣贤"，而是去鼓励大多数普遍的中间人去帮助他人、互爱互敬。而且，我们去评价一个人的行善行为是否是德性责任，也并不根据行善的程度或数量。如，对于富有的人，行善的数量越大并不能说明他更有德性；相反，对于一个行善能力受到实际水平的限制，依然能默默地去帮助他人，尽管这种帮助比起富有的人少之又少，但却更有德性。同时，这里康德认为当我们行使行善之责的过程中，我们往往帮助的是最需要帮助的人，即真正深处困境、需要帮助的人。我们很难做到去帮助所有的人，我们只是在需要帮助的人当中去帮助最需要帮助的人。因此，从这里可以看出，康德的对他人的行善之责也并不是完全的不偏不倚。

虽然这种普遍的人类之爱的善意在广度上是最广博的，具有不偏不倚性，但在程度上却是不同的。如面对一个和我亲近的人和一个陌生人，我对他们都具有平等的善意的爱，但在具体的行善时，程度必然因被爱者和我的关系的远近而有所不同，这也是不可避免的，我自然在行善中更接近和我亲近的人，但这并不会影响准则的普遍性。"一个人对我来说毕竟比另一个人更近，而我在善意中是我自己最近的人。"① 可见，在康德的不偏不倚的观点中，也是在不侵犯准则的普遍性的前提下，允许某种程度的偏倚性，即在爱的广度上坚持不偏不倚，在爱的程度上允许某种偏倚。康德所说的不偏不倚并不像批评者所说的完全的不偏不倚，在一定意义上不偏不倚也允许一定的偏倚性，同时偏倚论中也需要一定程度的偏倚性。就像巴容所区分的那样，有两种层次上的不偏不倚，一种是原则、规则层次上的不偏不倚，另一种是日常生活意义上的不偏不倚，而不偏倚论者所坚持的主要是原则、规则层次上的不偏不倚。特别是在公共生活中，我们更需要这种不偏不倚的原则，公平地对待每一个人。

第三节　一种公共、伦理共同体内的友爱

一　伦理共同体内的友爱

（一）人的"非社会的社会性"

虽然康德将道德建立在实践理性的内在自由基础之上，从人的理性的意志自由寻找道德的普遍原则，但这并不是说康德所描绘的人完全脱离了社会和实践生活，像当代德性伦理学和社群主义所批评的那样仅仅是抽象的、分离的个人。其实，无论是在康德的《法权论》、《实用人类学》还是《历史理性批判文集》中，康德都很重视和关注人的社会性的一面。可以说，虽然康德在纯粹的人的理性中寻找到道德的形而上学，这只是理

---

① ［德］康德：《道德形而上学》，李秋零译，康德著作全集第6卷，中国人民大学出版社2006年版，第462页。

论的需要，但在实践上他从来没有把人完全地剥离出社会历史生活。特别是在康德的历史批评文集中，在其《世界公民观点之下的普遍历史观念》的第四个命题中，康德明确地提出了人的"非社会的社会性"（unsociable sociability）的概念：命题四："大自然使人类的禀赋得以发展所采用的手段就是人类在社会中对抗性（antagonism），但仅以这种对抗性终将成为人类合法秩序的原因为限。"①康德把这种"对抗性"称为人类的"非社会的社会性"（unsociable sociability），那么如何理解这种"非社会的社会性"？这个词的主词是"社会性"，因此首先是一种社会性，不管它是一种怎样的社会性。人类有进入社会的倾向，要使自己社会化。在这种社会化的过程中，使自己逐渐摆脱自然的状态，从人的野蛮的动物本性上升到人性，使人的理性本性获得发展。其次，它又是一种"非社会"的社会性，人作为独立自由的理性人又具有强大的要求自己单独化（孤立化）的倾向，人身上又同时具有着非社会化的本性，他想要按照自己的想法来安排一切。因此，如果每一个个体都想按照自己的想法来安排一切，必然会造成个体与个体之间的冲突和不和谐，从而遇到来自另一个个体的阻力，而且自身也可能成为别人的阻力。正是由于这种阻力，才唤醒了人的全部能力，使人的自然禀赋实现出来。如康德所描述的："正是由于这种阻力，才唤起了人类的全部能力，推动他去克服自己的懒惰倾向，并且由于虚荣心、权力欲或贪婪心驱使而要在他的同胞们——既不能很好容忍他们，可也不能脱离他们——中间为自己争得一席之地。"②

另一方面，在这种"非社会"的社会性中，在人与人之间比较与竞争的过程中，使得人的自然禀赋中趋恶的倾向逐渐被激发出来。当人处于自然状态中，人与人之间是一种平等的价值。当人进入社会、处于人们中间时，逐渐形成了一种偏好：总是习惯于和他人进行比较，在这种比较中获得一种价值，而且并不希望别人比自己更有价值。这样，由于心中总是担忧别人会比自己更有优势，最终嫉妒、统治欲、占有欲以及怀有敌意的偏好马上就冲击着原本知足的本性。于是，为了比他人更有优势，许多不正当的欲求在心中产生、转化为恶习。虽然人的自然本性中本身具有趋恶的倾向，但这些恶习并不是从人的本性中自然地产生，而是由于社会化的

---

① ［德］康德：《历史理性批判文集》，何兆武译，商务印书馆1996年版，第6页。
② 同上书，第7页。

过程的激发和刺激，为了防止别人比自己更有优势，那么我自身就应该比他人更有优势，这样才能够使自己获得价值。因此，生活在社会中的人时常是矛盾的，他一方面需要与他人合作，不能脱离他人；同时，他又不能很好地容忍他人，总是希望比他人更有优势。康德认为正是这种矛盾和比较，促进了人的自然禀赋的发展和社会的进步。

（二）伦理共同体的建立

1. 从自然的律法社会到公民（政治）的律法社会

在《世界公民观点之下的普遍历史观念》的第四个命题提出"非社会的社会性"后，紧接着康德提出了第五个命题：命题五："大自然迫使人类去加以解决的最大问题，就是建立一个普遍法治的公民社会。"①在康德看来唯有在社会中，在一个普遍法治的公民社会中，人才能真正摆脱野蛮的自然状态，从而从律法的自然状态过渡到社会状态或公民状态。在这个律法的公民社会中，"把每一个人的自由限制在这样一个条件下，按照这个条件，每一个人的自由都能同其他每一个人的自由按照一个普遍的法则共存"。②也就是说，在这个律法的公民社会中，人具有高度的自由，体现为一种理性的外在自由；同时，这种自由却不是完全无界限或无边界的自由，受到他人及其公共法律的限制和强制，使得自己的自由能够与他人的自由相和谐。这也是康德在《法权论》中所做的主要工作，私人法权更停留在自然的法权状态中，而公共法权（国家法权、国际法权）才是公民的法权状态，从而通过公共法律来保障"我的"和"你的"法权。因此，在康德那里，他也很重视建设公正的公民宪法社会，而他所论述的具有善良意志的人首先生活在一个政治的律法的公民社会中，并不是批评者仅仅是抽象的、分离的具有善良意志的人。其中，黑格尔对康德的批评最为激烈，称其为一切不切实际的"空洞的形式主义"。于是，黑格尔在批评康德思想的基础上，提出了自己的法权思想，要把抽象的善良意志的人还原到伦理实体中，即家庭、市民社会和国家中，最后形成了自己的国家理念。然而，康德的私人的正当部分更像是黑格尔在《法哲学原理》中谈到的抽象法阶段，而康德的公共性的正当部分则更像是黑格尔的伦理

---

① ［德］康德：《历史理性批判文集》，何兆武译，商务印书馆1996年版，第8页。

② ［德］康德，李秋零译．道德形而上学［M］．康德著作全集第6卷，北京：中国人民大学出版社，2006．99．

实体的阶段（家庭、市民社会、国家）。可以看出，黑格尔的法哲学思想中很多部分是对康德法哲学思想的继承和发展。在康德的法权论中，很多部分讨论了公共性问题，包含着丰富的公民伦理思想。因此，黑格尔对康德的批判是否合理值得质疑：康德的伦理学中真的像黑格尔所说的抽象的个人脱离了家庭、市民社会和国家这些伦理实体，康德的善良意志真的像黑格尔所说的脱离他所生活的经验的现实生活世界吗，还是这种善良意志从来没有脱离了他所生活的现实的经验的生活世界，每个生活在家庭、市民社会、国家中的人们心中都先天地具有这种善良意志？这种质疑的声音来自一些当代的新康德伦理学者，如艾伦·伍德（Allen. W. Wood）在其《康德的伦理思想》（ *Kant's Ethical Thought* ）一书中，甚至提出康德的伦理学并不是社群主义所批评的"个人主义"，康德在根本上也是一个"共同体主义"①。虽然康德首先从个人的理性出发寻找道德的形而上学基础，但他始终没有将人完全脱离出个人所生活的社会，他最后将人还原到共同体社会中。

2. 从"伦理的自然状态"到"伦理的公民社会"

通过建立公共的律法社会，即公正的宪法社会，人们通过服从共同的具有强制性的律法法则，确实有利于遏制人与人之间的恶，通过法律来限制和惩罚这种恶。但仅仅依靠律法的公民社会并不能抵制这种恶，因为这还是一种外在的强制，而不是来自主体自身的自我强制。因此，要想从人心中真正防止这种恶的产生，要建立一个持久存在的、日益扩展的、纯粹为了维护道德性的、以联合起来的力量抵制恶的社会，即"善的联合体"。在伦理的自然状态中，每一个人心中的善的原则遭到恶的原则的侵袭，善的原则与恶的原则进行着艰苦的斗争。由于人的社会性，这种人类本性中的恶的禀赋被最大化地激发出来，人们彼此之间败坏了道德禀赋。虽然每个人身上具有善良意志，但这种个体的善良意志的力量太微弱了，不足以抵制强大的恶的力量，因此人需要联合起来，建立善的联合体，共同去与恶做斗争。人类可以在善的联合体中，彼此行善，互相尊重，从而更接近道德的完善。正像康德所说的："在此，我们有了一种具有其独特方式的义务，不是人们对人们的义务，而是人的族类对自己的义务。因为

---

① Allen. W. Wood. *Kant's Ethical Thought*. New York：Cambridge University Press. 1999. pp. 283—320.

有理性的存在着的每个物种在客观上，在理性的理念中，都注定要趋向一个共同的目的，即促进作为共同的善的一个至善。但是，由于道德上的至善并不能仅仅通过单个的人追求他自己在道德上的完善来实现，而是要求单个的人，为了这同一目的联合成为一个整体，成为一个具有善良意念的人们的体系。"①因此，人应该走出伦理的自然状态，成为伦理共同体的一员，即从伦理的自然社会过渡到伦理的公民社会。康德所追寻的道德完善，不仅是一个人的完善，而是所有的理性的人的共同完善，而这种共同的完善需要"伦理共同体"的建立。

当然，康德所论述的伦理的共同体并不是脱离他在法权论中所强调的律法的公民社会，伦理的共同体可以处于一个政治的共同体中间，甚至由政治的共同体的成员来构成。在康德看来，政治共同体是伦理共同体的前提和基础，如果没有政治共同体作为基础，伦理共同体就根本不能够实现。因此，政治的共同体与伦理的共同体之间是存着重叠性的。但同时要注意的是，两者又是不同的，政治共同体对公民更具有一种外在的强制性，而伦理的共同体的成员则是无外在强制性的，无法想象政治共同体迫使它的公民进入一种伦理共同体的状态。因为，伦理的共同体的成员更具有内在自由，是一种自愿地结合起来的"精神共同体"。尽管伦理共同体内的成员可以由政治共同体的成员构成，但联系这种伦理共同体的纽带却不是家庭、民族或国家，而是共同的德性，因此也可以把这种伦理的公民社会称为一种善的联合体、德性的联合体或心灵的联合体。在这个伦理的共同体中，需要成员之间的爱与敬重，对他人有爱的责任和敬重的责任，即友爱德性责任。律法的公民社会只能向我们保证提供一个健全自由的法律权利体系，但却不能告诉我们如何去对他人行善、如何敬重他人，如何走向道德的完善，从而成为一个有德性的人。另外，即使律法的公民社会尽可能地通过法权体系保证一个相对公正的公民社会，但却不能避免不公正现象的发生。如：贫富不均现象，政府一方面为了经济增长的考虑，提倡公平竞争、多劳多得，甚至鼓励一些具有经济发展潜力和优势的地方先富起来。但由于人的先天条件和教育背景的不同，在这种公平竞争的体系下也会产生不公平的现象。有

---

① ［德］康德：《道德形而上学》，李秋零译，康德著作全集第6卷，中国人民大学出版社2006年版，第93—94页。

些时候，这种不公正的现象恰恰是由于看似公平的权利体系所造成的。因此，在这种情况下，要想真正地解决不公正的现实，仅仅依靠法权的力量不能实现，还需要德性的力量，即对他人友爱德性去对他人行善，同时保持着敬重之心。因此，康德的友爱德性，并不是一种个人的、内在心理式的意志德性，而是扩展出对他人的、外在的爱和敬重的友爱德性，是一种共同体内的友爱。

二　广泛的开放性和利他性

（一）友爱的广泛性和开放性：从"熟人"到"陌生人"的扩展

首先，康德的这种伦理共同体内的友爱具有更大广泛性，从"熟人"扩展到"陌生人"。显然，康德的这种伦理共同体的友爱和传统的友爱相比，已经发生了很大的变化。比起古希腊语中内涵丰富的友爱（Φιλια），康德的友爱的内涵缩小了许多。古代的"Φιλια"，包含不同性质的爱，朋友之间的友爱之爱、父母子女以及兄弟之间的亲情之爱，还包含爱人之间的爱情、城邦共同体之间的公民之爱；而康德的 Freundschaft 则主要是指一种普遍的人类之爱或者说是一种博爱。相反，康德的 Freundschaft 的外延却比 Φιλια 要大得多，在范围上扩大为一种公共的、陌生人之间的爱和敬重，使友爱的对象具有更广泛性。康德的友爱更多地是从基督教的博爱精神发展而来，这种爱是一种大爱，是对所有人的爱，是一种普遍的人类之爱。

其次，这种伦理共同内的友爱德性具有更大的开放性，不仅仅局限于内在的自我意志德性，扩展为外在德性。康德的德性论不仅仅是一种内部德性，一种作为内在意志力量的德性，追求自我德性的完善，而且这种作为意志力量的德性能够向外扩充，发展为一种外部德性。这种建立在实践理性基础上的德性不仅包括一种对自己的德性责任，即以"自我的完善"为同时是责任的目的，还包括对他人的德性责任，即以"他人的幸福"为同时是责任的目的。无论是自我完善还是他人幸福，都是理性自身为自己设立的目的，是理性主体自由的行为。每一个实践理性的人心中都有着这样的一种内在自由的力量，他们共同具有"同时是责任的目的"：自我的完善与他人的幸福，在"伦理共同体"中共同建立人类的目的王国。相反，康德的德性学说并不像一些学者所批评的那样，这种意志力量的德性更多地是一种个人的、内在的德性，最后把美德逼向自我、逼向意志，不过是心理学式的过分内心的德性学说。恰恰相反，康德的德性责任具有一种外在性和更广泛的利他性，所以我们说这种对他人的爱与敬重的友爱责任更是一种公共德性或社会德性。

面对着当代德性伦理学家对康德的德性力量的批评和质疑，康德伦理学内部的一些当代学者也做出了积极的回应。如，奥尼尔在《康德的美德》一文中，对康德的德性是一种内在的、内省的还是外在的、归因的进行了深入地讨论，最后提出康德的美德学说并不仅仅是一种过分心理学式的且过分内心的美德学说，而是一种开放的、归因的、能够从个体的美德走向一个社会秩序的美德。奥尼尔主要从以下几个方面展开了论述：首先，奥尼尔通过对康德的"同时是义务的目的"的分析，得出康德的美德的义务具有开放性。其次，通过对康德的自我知识观的文本分析，得出康德的美德的义务不可能是一种内在性的。再次，通过对康德准则和行动的理论分析，得出其准则观是归因性的而不是内省性的。最后，奥尼尔得出结论：康德对社会美德的寻求。康德的准则和行动的关系的理论，能够解释为什么康德在几部晚期著作中轻易地且没有顾虑地就把他的注意力从个体的美德转向一个社会秩序的美德①。

（二）友爱：更广泛的利他性

首先，康德的友爱是出于他爱的，是一种相互之爱，并不是出于自爱。康德的友爱以他人的幸福为目的，表现为对他人的爱的责任和对他人的敬重的责任。对于朋友的友爱则是从不偏不倚的观点推导出来，由普遍化的原理推出友爱，而不是从自身的关系中推出友爱。所有人作为理性的人、有尊严的人都平等地值得关注，我并不能因为我和自己或朋友有着特殊性的关系就更值得关注。康德的友爱观更是建立在人的理性基础之上，这种纯粹的友爱德性主要是出于他爱，是一种普遍的相互之爱、实践之爱，体现为对他人的行善和敬重。这种实践之爱更要求从对所有人的爱出发、并以此为道德动机，而不是把建立在自己的偏好基础上的自爱作为动机。可以看出，康德的友爱观的推演过程是与亚里士多德的友爱观的推演过程完全不同的，亚里士多德的友爱更是从对他自身的关系推导出来，更

---

①　欧诺拉·奥尼尔：《康德的美德》，蔡葵译，徐向东编：《美德伦理与道德要求》，江苏人民出版社 2007 年版，第 283—301 页。

是建立在一种自爱①基础上的他爱。他的基本观点是："一个人对邻人的友爱，以及我们用来规定友爱的那些特征，似乎都产生于他对他自身的关系。"② 这些特征包括希望对方的善；希望对方的存在；希望与对方共同生活；同他自身悲欢与共；旨趣一致。这些规定友爱的特征，都充分地表现在一个人同自身的关系中。对朋友的感情都是从自身的感情中衍生的。那么就产生了一个这样的困难：一个人应该最爱自己还是最爱其他某个人？一些人可能回答要最爱自己的朋友，一些人可能回答人应当最爱他自己。亚里士多德回答是后者，因为他相信友爱是从他对他自身的关系推导出来的，一个好人怎样对待自己也就怎样对待朋友，而这个爱他自身的善的人最应当成为自爱者③。而这个自爱者会尽力地满足自身的那个主宰的部分——努斯的部分，并且处处听从它。努斯总是为它自身选取最后的东西，而公道的人总是听从努斯。而这样的自爱者会为了朋友的利益而做事情，甚至不惜牺牲自己的生命，最后寻找到自身是善的东西。

其次，这种出于他爱的友爱具有更广泛的利他性。由以上关于康德与亚里士多德友爱观的比较，由于论证方式的不同，决定了两者友爱的利他性的不同。虽然亚里士多德的自爱者的观点具有着某种程度的利他，但毕竟是从对他人自身关系中推导出来的，这种利他性还不够广泛。相反，康德的从纯粹理性中出自他爱的友爱，则具有更广泛的利他性。而且这种利他的广泛性不仅体现在利他程度上的广泛，而且体现在范围上的广泛。特别较之于亚里士多德所生活的城邦社会、熟人社会，康德描述的更是由陌生人组成的公民社会。南希·谢尔曼（Nancy Sherman）在《德性的必要

---

① 针对亚里士多德的友爱与自爱理论，也有一些学者对其进行了批评。如：Urmson 在其 *Aristotle's Ethics* 第 9 章对亚里士多德的友爱论进行了分析，并且对他将友爱的根据归结于自爱的理论提出了质疑；Lorraine Smith Pangle 在 *Aristotle and the Philosophy of Friendship* 一书中，Smith Pangle 集中对 "self – interest/partiality" 和 "general benevolence/altruism" 的关系进行讨论，认为亚里士多德的友爱中带有一种 self – love 的成分。

② ［古希腊］亚里士多德：《尼各马可伦理学》，廖申白译，商务印书馆 2004 年版，第266 页。

③ 这里的 "自爱者" 不同于我们常识所理解的自爱者。常识一般是把只为自己而不肯为别人做事情的人称为自爱者，经常与自私相连，他们所爱的一般是财钱、荣誉、肉体快乐等外在的善。亚里士多德把这种自爱者称为 "坏的自爱者"，因为他爱的不是我们灵魂中的理性的部分，而是灵魂中的非理性的部分。而亚里士多德认为真正意义上的自爱者爱的应该是灵魂中的理性的部分，爱他自身中的善东西，这才是真正意义上的自爱者。主要参考 ［古希腊］亚里士多德：《尼各马可伦理学》，廖申白译，商务印书馆 2004 年版，第 227 页。廖申白著：《亚里士多德友爱论研究》，河南人民出版社 2000 年版，第 22 页。

性——亚里士多德和康德论德性》（*Making a Necessity of Virtue —Aristotle and Kant on virtue*）第 5 章 "The shared Voyage" 中，也指出了亚里士多德与康德友爱观的不同，通过两者的比较，得出亚里士多德的友爱更多的是一种个人的、城邦共同体中的友爱，但缺少更广泛的利他性；而康德的友爱对于个人的友爱是不成熟的，但对一个更广泛的伦理王国中的政治的、公共的友爱则讨论得比较多①。虽然亚里士多德提出了三种类型的友爱，即实用的友爱、快乐的友爱和德性的友爱，但他重点强调的还是德性的友爱，而这种德性的友爱只有少数的精英或有德性的人能够获得，因此他更侧重的是个人的德性的发展和完善。康德的友爱虽然也是在道德意义上的友爱，而且把这种友爱看作一种不可实现的理念或理想，但它又把这种高高在上的理念落实到具体的对他人的行善和敬重的德性责任上。任何具有善良意志的理性人，都有实现这种友爱德性责任的可能性。

---

① Nancy Sherman, *Making a Necessity of virtue —Aristotle and Kant on virtue*, Cambridge : Cambridge University Press, 1997.

第七章　走向正当与德性的统一

第一节　现代性道德困境问题及其三种思路

现代性的发展、理性主义的盛行、启蒙精神的引领，带来了现代社会的飞速发展，形成了民族国家的政治观念和法的观念，创建了一整套以自由民主平等为核心价值理念的权利正义体系。随着公共交往的扩大和公共生活的展开，社会形态逐渐经历着由熟人组成的共同体社会向由陌生人组成的公民社会转型。这种转型所带来的不仅仅是社会环境、社会制度和社会结构的变化，更深刻地是人的灵魂和精神中的内在结构的本质转化。虽然现代性带来了一系列的繁荣和发展，但却始终未能确立起现代社会精神的生长点。相反，带来的却是道德的危机和自由的失落，现代人经历着人性迷失的困境，即现代性道德困境问题。这种现代性道德困境主要体现在：

首先，道德形而上学基础的丧失。在古典的道德哲学中，无论是亚里士多德伦理学还是康德伦理学，道德形而上学一直作为道德哲学的基石和根基。但随着现代正义理论的发展，逐渐开始拒斥形而上学或反形而上学，试图抛弃这种道德形而上学的基础，将道德建立在经验基础上，特别是以罗尔斯为代表的正义论。虽然罗尔斯自称其正义理论是对康德道德哲学的发展，但罗尔斯在发展康德道德哲学的过程中却逐渐抛弃了康德哲学的道德形而上学基础，将正义理论建立在一种经验和契约论的基础上。在失去了这种道德形而上学的内核之后，就像是失去了灵魂的躯体。现代社会在大力发展外在的正义自由理论的同时，却忽略了正义理论或自由理论的主体——人自身。这种缺乏基础的正义理论仅仅是一种外在于人自身的空洞的理论本身，失去了自身的生命力，使得现代人无法超越地把握生命的意义、追求生命的境界，而仅仅停留在满足于经验的现实生活中。

其次，由于现代普遍理性主义在大力发展外在的制度性规范建构的同时，却忽略了现代人的内在的心灵秩序问题。由于对这种制度伦理的过分强调，忽视了人的心灵结构的建设和人的品质和德性的培养，造成了人格发展的不平衡。人的心灵面临着前所未有的挑战，现代化带给人的是心灵秩序的感觉化趋势，个人的无意义感、无归属感、无认同感、孤独感，这些就是现代人的精神气质的体现。① 现代人生活在碎片之中，原有的价值体系受到质疑和冲击，而新的价值体系尚未确立起来，价值观念呈现了一种多元化的局面。现代人越来越把遵守和服从有助于促进社会稳定的规则作为道德生活的最低要求，人们更关注"应该如何行为"而不是"如何成为一个有德性的人"及"怎样的生活才是一种好的生活"。尽管现代社会看到了社会正义原则的重要性和底线伦理的必要性，但仅仅具有这种薄的底线伦理是远远不够的。诸如大量道德冷漠现象的出现，直接冲击着现代人的价值观念，人们感到无所适从。

一　德性伦理学的复兴

（一）善的目的论：善与德性

传统的德性伦理学是从目的论伦理学中产生的，被理解为目的（τέλοs）的善（άγâθόs）概念统辖着德性（άρετη）概念。善的目的论伦理学认为存在着自身是善因而值得人们追求的事物。柏拉图把这种目的解释为善的型相，亚里士多德将这种目的理解为幸福（εύδαιμονία）。虽然柏拉图和亚里士多德对目的（善）的理解有着很大的不同，但他们在用目的（善）来规定德性和正当方面却是根本一致的。在柏拉图那里，善的理念是最高的，也是最真实的，即善本身。这种善就像太阳一样，高于正义、智慧、勇敢、节制等其他德性，德性具有善的品质是因为分有了善的理念，这个善的理念就是目的本身。那么，这种善的理念如何统辖着其他的善（包括正义、智慧、勇敢、节制等德性）？善的理念居于理智世界的顶端，在这种理念之光的照耀下，才能认识到其他的善事物，才会有正义、智慧、勇敢、节制等德性。善的理念是其他一切善的基础和源头，统辖着其他德性。人只有通过人的灵魂才能认识到这种善，只有人的灵魂

---

① 李佑新：《走出现代性道德困境》，人民出版社 2006 年版，第 3 页。

的理性能够探索它，因此我们需要的是灵魂的回忆。可见，柏拉图的善的目的更多的是一种先验的目的，建立在人的先验灵魂基础上，而亚里士多德在批评柏拉图的善的理念的基础上，提出这种德性的自然目的应该是属人的可获得的善——幸福。亚里士多德在《尼各马可伦理学》的开篇就提出："每种技艺与研究，同样地，人的每种实践与选择，都以某种善为目的。"①亚里士多德认为善是有层级的，位于最顶端的是最高的目的，也就是至善，其他万物皆以高一级的目的为目的而实现自身，于是建立了他的目的论体系。亚里士多德把幸福解说为合于德性的实现活动，幸福的实现依靠德性的实现活动。虽然德性不是至善（幸福）本身，但却值得我们追求，因为只有通过合于德性的实现活动才能去接近善。因此可以看出，无论是柏拉图的先验的理念论，还是亚里士多德的经验幸福论，德性概念都是从目的中产生出来，德性与目的不可分离。只有首先确定了善目的，才能知道如何成为一个有德性的人。

（二）德性中包含着正当

在传统的德性伦理学中，目的、善、德性是内在统一的，德性中自然就蕴含着正当概念。在希腊语中，我们甚至不能发现一个专门和"正当"相对应的词，只有希腊语 καλόν 与我们所说的正当一词有相近之处。καλόν 是一个中性的形容词，它的阳性、阴性的形式分别是 καλόϛ 和 καλή。καλόν 一词在希腊语中的意思极其丰富，它的本义为美的，如 το καλόν 意为美，由美发展出好的（good）、公正的（fair）、高尚的（noble）、高贵的意思。因此，το καλόν 也有善良、高尚、美德的意思，是指在道德上的美善的东西、正确的行为，καλόν 是对这种美善、正确的行为的崇敬。καλῶϛ为 καλόν 的副词形式，为美好地（beautifully）、顺利地（well）、应当地。可以看出，这个词含有强烈的正确、正当、公正的意思。但同时也要注意，这里的正确或正当之意，是在美善的尺度上，正确的行为本身就具有美善的性质，因而值得崇敬。另外，在希腊语的文本中，我们也可以看到 καλόν（高尚、高贵）与 ὰγαθόϛ（善）经常同时出现，合德性的活动是良好的、高尚的活动。通过对这个希腊词 καλόν 的分析，进一步证明了传统的德性伦理学中的目的善与德性自身就蕴含着正

---

① ［古希腊］亚里士多德：《尼各马可伦理学》，廖申白译，商务印书馆 2004 年版，第3页。

当概念，并不含有独立的、不依赖于善目的或德性的正当概念，正当包含在德性之内，并不需要展开。在德性伦理学看来，作为善的目的永远优先于正当，它更关心的是我们如何过一种好的生活，如何成为一个有德性的人，而不是我们应当如何行为。

（三）好公民与好人

当然，这里我们所提的善的目的的内容中不仅涵盖着个人的德性或正当，还统辖着社会制度的正义或正当。在传统的德性伦理学中，个人幸福与城邦幸福是统一的，向着共同的善生活。在柏拉图那里，个人灵魂与城邦共同体具有同构性，在国家里存在的东西在每一个个人的灵魂里也存在着，且数目相同。在他看来，人的灵魂由三部分组成，由高到低分别是理智、激情和欲望；相对应地，城邦也由三部分组成，分别是哲学家、护卫者和生产者。灵魂的正义则是理智、激情与欲望三部分井然有序，相互和谐；而城邦的正义则是三个阶层各自发挥自己的功能，又能和谐统一。可以看出，柏拉图是把善的目的论作为正义理论的基础，从人的心灵出发，来设计一种正义的城邦制度。类似地，亚里士多德也提出个人幸福与城邦幸福是相统一的。但亚里士多德的正义理论是建立在其目的论基础上的，正义就是让人们得到他应该得到的东西。政治生活的目的在于塑造品格，培养公民的德性，是向着善生活的；而公民也只有在政治生活的实践活动中，才能实现他的社会本性，从而获得德性。因此，城邦共同体的生活对于公民来说，比个人或家庭更重要。在城邦共同体中，德性之美与城邦之善是相统一的。

现代政治自由理论的盛行遭到了当代德性伦理学家的猛烈批评，他们在批评现代道德哲学的基础上，掀起了一场德性伦理学运动，使得德性伦理学获得了当代复兴。一些当代德性伦理学家，比如开启德性伦理学运动先河的伦理学家麦金太尔就提出"回到亚里士多德"的口号，继承并发展了亚里士多德的德性观念，提出德性发展所需要的三个内在要素：善的内在利益、传统和整体的生活，主张道德应与我们所生活的具体的道德实践和历史文化传统相联系。在亚里士多德的城邦社会中，政治生活与德性生活始终是相联系、不可分开的，两者的关系是一种包含关系。（如图8）这种正当与德性的关系并不是一种真包含关系，即两者的外延是不同的，而是德性的外延要大于正当的外延，即正当作为德性的子集。古希腊城邦，政治生活建立在道德生活基础之上，德性生活中自然就包含着政治生活，没有分离出德性的正当，正当包含在德性概念之下。在古希腊哲学中，没有独立地分离出德性的正当概念。人在成为一个有德性的人的过程中自然知道怎样的行为是正当的或正义的①。我们承认亚里士多德的道德哲学具有重要的意义和价值，但现代社会发生了结构转型，它已经不再是亚里士多德所生活的由熟人组成的城邦社会。虽然在希腊城邦中，也出现了一定形式的公共政治生活和公共交往，但这主要还是发生在少数熟悉的公民之间。相反，现代社会是由一个众多的陌生人组成的开放的、公共的公民社会，社会公共生活和交往方式发生了根本变化，公共领域逐渐分离出私人领域中，成为了社会交往生活中的重要部分，德性已不再能包含或统辖日益发展壮大的正当概念，原有的德性体系逐渐失去了作用。我们更需要的是一种理性的公共交往规则，而不是建立在地缘和亲缘关系基础上的熟人交往规则。因此，本文认为仅仅通过这种"回到亚里士多德"的德性伦理学的思路，并不能真正地解决现代性道德困境问题。

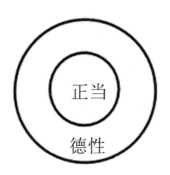

图 8

二　康德的道德形而上学

以往我们对康德伦理学的理解主要停留在一种义务论的理解上，但随着德性伦理学的复兴以及康德晚期作品的发现，康德阵营内的学者对康德伦理学进行了重新解读，特别是对康德伦理学的德性式解读，为我们寻找

①　此观点主要受益于廖申白教授，参见廖申白：《伦理学概论》，北京师范大学出版社2008 年版。

这种正当与德性的融合提供了一种新的思路。当人们的视线逐渐由《道德形而上学原理》转向《道德形而上学》，人们逐渐意识到"康德的伦理学"是不同于"康德式伦理学"的：在义务论的框架下，康德的伦理学获得了一种"康德式"的发展，而这种"康德式的伦理学"远远不能涵盖康德伦理学的全部，"康德的伦理学"比"康德式的伦理学"涵盖的内容更多也更复杂。康德在晚期的《道德形而上学》中将道德形而上学分为两类，正当（法权）形而上学与德性形而上学，分别通过《法权论》（*Rechtslehre*）和《德性论》（*Tugendlehre*）来完成，在实践理性基础上发展出了一种正当（法权）学说和德性学说，而且二者是相互统一的。

（一）正当从德性概念中的剥离

康德的法权论（正当学说）深受斯多亚—希伯来律法主义的影响，他把道德理解为对道德律法的尊重，责任就是由于尊重规律而产生的行为的必要性。这种普遍规律，并不是一个自然规律，而是一个自由规律。我们唯有通过这个普遍规律的道德命令（绝对命令），使我们认识到我们自己的自由，正是由于我们是自由的，才产生一切权利和责任。权利（正当）也是从这个绝对命令发展而来的，权利的普遍原则正是从实践理性的普遍法则中引申出来。那么，随之而来的问题是：权利的普遍法则又是如何从绝对命令中引申出来的，它又对应着绝对命令的哪个公式？正当（法权）的普遍规律是："任何一个行为，如果它本身是正确的，或者它依据的准则是正确的，那么，这个行为根据一条普遍法则，能够在行为上和每一个人的意志自由并存。"①表面上看，这条正当（法权）的普遍规律似乎同绝对命令的第一个公式有相似之处，但却不是从绝对命令的公式直接引申出来的。绝对命令的三个公式，从不同的方面完善了绝对命令，使绝对命令获得了最完善的表达。这种完善正是人的心灵的内在自由的状态，永远把"意志自律性（自主性）"作为道德的最高原则。康德的《道德形而上学原理》这本书的主要目的就是找到道德的最高原则。其实，《实践理性批判》在纯粹实践理性的基础上充分说明这种自由，回答了自由如何可能的问题，最后得出纯粹实践理性本身就是自由。在《道德形而上学原理》和《实践理性批判》中，康德并没有对自由进行划分，也

---

① ［德］康德：《法的形而上学原理——权利的科学》，沈叔平译，商务印书馆 1991 年版，第 40 页。

没有出现外在自由和内在自由的概念。只有在康德晚期的《道德形而上学》中，外在自由和内在自由的概念才首次出现，自由的法则被区分为内在律法和外在律法两个层次，康德将自由扩展为外在自由和内在自由。实践理性的道德法则的立法是一种内在的立法，即善德的义务或伦理的义务，拥有着实践理性的人进行自我立法，是人的实践理性的内在自由。而实践理性的权利法则的立法则是一种外在的立法，即法律的义务或权利的义务，是指那些由外在立法机关可能规定的义务，更多地是一种外在的自由。这种外在的自由是实践理性的内在自由的一种扩展，正当的行为仅仅是出于我们对外在性律法的尊重，关于这类责任的研究属于法权论（Rechtslehre）。

德语中的"Recht"①，有着丰富的含义，有法、公正、正义、正当、权利等意思，对于"Recht"的翻译存在着很大的困难，在英语世界中，主要有三种译法"law"、"justice"和"right"。德语世界中"Recht"有一个客观的区分和主观的区分，它既有客观的法律、法规的含义，同时它又有主观上的正当、权利的含义。在德国的法哲学传统中，权利与法是一种互相依存的关系：前者与主体的意志相关，是一种主观性的存在，因此称为"主观性的法"或"主观意义上的法"；而后者，是权利的客观化，因此称为"客观权利"或"客观意义上的法"。在英语世界"law"、"justice"、"right"则没有这种区分，因此我们不能找到一个很好的词与之相对应，它兼有三者的含义。虽然汉语中我们将其翻译为"法权"，既包括"法"的含义，也包括"权利（正当）"的含义，但显然在汉语世界中它依然是一个合成词。因为中国的法律中并不兼有"权利"（正当）的含义，我们需要另外创造"权利"这个词。从以上对于"Recht"的词源学分析可见，"Recht"包含着丰富的含义，使其不仅仅限于一般法律意义上

---

① 对于"Recht"的翻译存在着很大的困难，在英语世界中，主要有三种译法"law"、"justice"、"right"。德语世界中"Recht"有一个客观的区分和主观的区分，它既有客观的法律、法规的含义；同时它又有主观上的正当、权利的含义。在德国的法哲学传统中，权利与法是一种互相依存的关系：前者与主体的意志相关，是一种主观性的存在，因此称为"主观性的法"或"主观意义上的法"；而后者，是权利的客观化，因此称为"客观权利"或"客观意义上的法"。在英语世界"law"、"justice"、"right"则没有这种区分，因此我们不能找到一个很好的词与之相对应，它兼有三者的含义。虽然汉语中我们将其翻译为"法权"，既包括"法"的含义，也包括"权利（正当）"的含义，但显然在汉语世界中它依然是一个合成词。因为中国的法律中并不兼有"权利"（正当）的含义，我们需要另外创造"权利"这个词。

的理解，也并不是指具体的法律，而是可以容纳道德性的正当。这主要是康德在《道德形而上学》的第一部分《法权论》中探讨的问题，其法权论的目的不在于谈具体的权利（正当），而是为权利或正当寻找一个形而上学的基础，以纯粹理智的方式来理解权利或正当。从正当（权利）的普遍规律可以看出，这种与别人自由共存的正当，并不要求行动者自身德性的完善，只需要行动本身的正当。我只要不侵犯他人的正当，并与他人的自由相容就可以了。显然，这种与别人的自由并存的正当，主要应用于人的交往实践活动，主要处理的是人与人之间的外在的实践关系，关乎人的外在行为和外在自由，为人与人之间的外在的交往实践活动提供一种正义原则。另外，这种正当（法权）责任是与意愿无关的，只是关于一个人的自由行为和别人自由行为的关系，而且在这种相互关系中，不考虑意志的内容和目的，只是形式本身。可以看出，从康德开始，正当逐渐从德性中剥离出来，不须再从善的目的中寻找基础，而是从人的实践理性的外在自由中直接引申出独立的正当概念。这种正当更多地体现为一种法律、正义、规则、权利、制度、秩序，是通过社会的正义来实现的。对于社会共同生活而言，体现社会正义的正当（法权）比起德性更具有优先性，具有首要的价值，它是社会生活、交往实践生活能够正常运行的坚实基础。

因此，康德认为亚里士多德是错的，在他看来支持某种公平自由的权利体系和追求好生活是两回事。他认为政治生活、法律权利体系的目的并不像亚里士多德所认为的那样，建立在善的目的基础上，并包括一种好的生活方式，而仅仅是建立一种公平的自由权利体系，从而保障个体的自由而独立的自我，并与其他人的自由相容。人们可以在这样一个公平的自由权利体系中，作为一个自由而独立的自我（主体）存在，去追求自己的美好生活。我要成为怎样的人完全是我自己的事情，我是我自己选择的那个人。我要按照我自己的准则而行动，并为自己的自由选择而承担责任。从这里可以看出，康德的正义理论同亚里士多德的正义理论有很大的不同，其根本的不同在于对自由的理解，一个自由的人究竟意味着什么，是作为自由和独立的自我进行自由选择，还是在城邦共同体中使自己的潜能获得实现。这也是亚里士多德面临的最大的诘难，为何将正义捆绑在善的目的上，善的目的论到底为自由留下了多大的空间，是否威胁到公民自由平等的自由权利？康德的另一个反对理由是，在善的目的论的基础上如何能够推出一个普遍的、认同的共识？如果在相对较小的熟人社会还可以实现，那么在一个普遍交往疏离的陌生人社会中如何实现，不同的人对于善有不同的理解，很难形成统一的善观念。

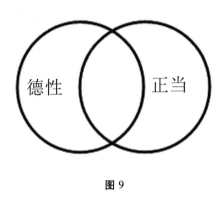

图 9

（二）德性的变化：作为意志力量的德性

虽然对于社会共同生活而言，正当（法权）形而上学具有优先的地位，但这只是一个最基本的责任，只是道德形而上学的第一阶段，也只是一种外在自由，德性形而上学才是道德形而上学的最高阶段，人只有在德性形而上学阶段才真正实现了自由。人不仅要从自然状态过渡到用公共法律来维护的"我的和你的"文明状态，而且要上升到自由状态，自由状态才是人的最高境界，才真正是人的目的王国。因此，正当形而上学要上升到德性形而上学。康德在强调正当的同时，并没有摒弃德性，而是把德性放在了比正当更高的地位。但随着正当从德性剥离出来的同时，德性概念自身也发生了变化，成为一种作为意志品质的德性，德性是一种力量。

普遍的绝对命令，使人们认识到自己是自由的，永远把"意志自律作为最高的道德法则"。拥有着实践理性的人，作为一个自主的道德人，具有选择自己行为准则的自由。道德法则不是外部的力量强加的，而是我们作为自主的道德人对自身的约束，即"人为自己立法"。正是由于人的实践理性的自主性，在人的实践理性内部产生了一种意识，一种使我的意志服从于规律的意识，即尊重。这种尊重情感虽然也是一种情感，但决定这种情感的原因仍然在于纯粹实践理性之中，是实践理性自身产生出来的一种内在的理性情感。意志并不是简单地服从、尊重规律或法律，他之所以如此是由于他自身就是一个立法者，规律法律是他自己制定的，所以他才必须服从、尊重。因此，康德所说的道德法则，正是人自己心中的道德法则，是自己制定、尊重、服从的道德法则。这种内在的道德律法，是人的实践理性自主性的充分表达，表达着我们内在的自由。

那么，这种出于责任的行为如何去摆脱爱好，纯粹地出于对道德规律的尊重而行为，这就需要德性的力量。康德将这种德性定义为："Virtue is the sthength of a human being's maxims in fulfilling his duty（德性就是人在遵循自己的义务时准则的力量）"①，德性是一种力量，意志的一种道德力量。这种力量是人通过意志使自己的准则成为法则，在履行义务的过程中所体现的道德力量，是一种把由于尊重而产生的行为必要性转变为现实的力量。英语中的 virtue 是从拉丁语 virtus 派生的，vir 意为男子，所以 virtus 就是有力量和丈夫气概的。而德语中的德性（Tugend）来自 taugen（有能力）②。可见这种力量不是谨慎、不是正义、不是节制，而是勇气（tortitudo）、坚强、坚毅。康德把这种力量解说为一种气质或意向（disposition），一种在道德上善的气质或意向，一种出于道德法则的尊重而履行义务的道德意向。这种德性需要战斗、斗争，是一种"冲突中的道德气质"，在这种战斗中德性作为力量而出现。"反抗一个强大但却不义的敌人的能力和深思熟虑的决心是勇气（tortitudo），就我们心中的道德意向的敌人而言只是德性（virtus, fortitudo moralis 道德上的勇气）。"③ 这种坚强的决心是逐渐获得的，但并不是通过习俗的转变，而是通过心灵的转变，需要一场心灵的革命。这场心灵的革命，是从思维方式的转变和从一种性格的确立开始，需要不断地通过我们心中的纯粹理性法则之尊严的沉思。

当这种德性的责任最后走向了一种心灵的内在自由的力量的时候，这种力量超越了责任本身，上升为德性。这里的德性自身就是目的，是"同时也是责任"的目的。这种"同时也是责任"的目的（包括自我的完善和他人的幸福），已经远远超出了"出于责任"的道德要求，追求的是一种完善——德性的完善，成为一个好人或善人。但这种完善的目的，依然是纯粹实践理性自身为自己设立的目的，从古希腊的好生活的目的中分

---

① Kant, I. *The Metaphysics of Morals*, in Gregor, M., *Practical Philosophy*, Cambridge：Cambridge Press，1996：524 IX What is a duty of virtue?

② ［德］康德：《道德形而上学原理》，苗力田译，上海人民出版社 2002 年版，序言。

③ ［德］康德：《道德形而上学》，李秋零译，康德著作全集第 6 卷，中国人民大学出版社 2006 年版，第 396 页。

离出来，完全是一种脱离了经验的、纯粹抽象的目的。虽然我们也把康德的 Tugend 翻译为德性，并将其理解为一种作为意志品质力量的德性，但其含义已同古希腊的 ajreth 有很大的不同。德性不再是那个完整的统一的、与善关联的德性，而仅仅是一种意志品质力量。在康德那里，ajreth 被拆解为正当和作为意志力量的德性，分别建立了正当的形而上学和德性的形而上学。

三　现代正义自由理论的发展

（一）作为外部性道德自由的正当的发展

从康德以后，这种作为外部性道德自由的正当获得了突飞猛进的发展，各种正义理论、权利学说、政治哲学方兴未艾。例如，契约论伦理学通过契约来规定正当；程序正义则完全从程序中引出正当；商谈伦理则通过公共商谈的方式导出正当。虽然他们的论证方式不同，但在"正当优先于善"的原则上却是根本一致的。其中，最有影响的是罗尔斯，他的《正义论》产生了广泛的影响，复兴了政治哲学，在当代政治哲学的发展中具有核心地位和主导影响。罗尔斯提出了公平的正义观，在"原初状态"和"无知之幕"的基础上推导出正义的两个原则。虽然他的正义原则的证明是建立在对功利主义与康德的义务论的批评基础之上的，但我们每时每刻都能在罗尔斯的身上看到康德的影子。显然，罗尔斯正义论的理论直接来源于康德，康德伦理学对罗尔斯产生了深远的影响，这一点罗尔斯自己也承认，他（罗尔斯）正是批判地发展了康德的法权论部分。虽然在康德那里，他没有明确地提出政治哲学的概念，但却是当代政治哲学的一种重要的理论根源。随着作为外部性道德自由的正当（法权）的发展，正当逐渐从德性中剥离出来，逐渐成为了同善概念对立的基本概念。"西方伦理学从康德伦理学起形成了以正当概念为核心概念的一脉，并发展成为同样源远流长的伦理学传统。"① 从康德开始，道德哲学逐渐发生了一种现代转向：一种从传统到现代，从善到正当，从以"行动者"为中心到以"行动"为中心，从德性伦理学到现代道德哲学的转化。因此，我们说康德的伦理学是一种承前启后的伦理学，是传统德性伦理学向现代道德哲学转化过程中的一个重要环节。

---

① 廖申白：《伦理学概论》，北京师范大学出版社 2008 年版，第 38—39 页。

（二）德性与正当的分离

在这种现代正义自由理论体系中，政治生活（正当）与德性生活
（德性）是一种全异关系。（如图10）在逻辑学上，全异关系的两个概念
的外延完全不相同，并没有交集，正当之中不存在德性，德性中也不存在
正当。在这种关系中，政治生活中的外部性正当获得了大力发展，而人的
心灵的成长却发生了偏离，仅仅满足于对法律和规则的遵守，忽视了人的
内在心灵境界的提升，使得人原本整体的实践生活发生了分离：政治生活
和德性生活似乎是两个完全不相干的领域，政治生活的发展仅仅需要正当
不再需要德性，而人的个人德性的提升似乎与公民社会的发展也毫无联
系。结果这种不平衡性使得正当获得了大力发展，而德性却处于停滞甚至
倒退的状态。随着作为外部性道德自由的正当（法权）的发展，正当逐
渐从德性中剥离出来，逐渐成为了同善概念对立的基本概念。由于过多地
发展了正当的部分，却忽视了德性自身的发展，政治哲学逐渐取代了伦理
学的位置，好生活（善生活）从伦理学中消失了。正是在这个背景下，
德性伦理学获得了复兴，当代德性伦理学家在批评现代道德哲学的基础
上，掀起了一场德性伦理学运动。由此可知，这种现代正义自由力量的过
度发展，正是造成这种现代性道德困境的原因之一，显然这种思路不能够
真正地解决现代性道德困境问题。

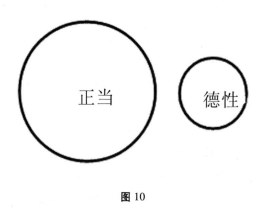

图10

（三）正当与德性分离的伦理学后果：德性的缺失

从康德以后，正当与德性发生了真正意义上的分离，但这分离的后果
就是德性的严重缺失。由于过多地发展了正当的部分，却忽视了德性自身

的发展。政治哲学逐渐取代了伦理学的位置,比起德性与好生活来说,正当具有更优先的位置。正当与德性分离的最直接的后果是:好生活(善生活)从伦理学中消失了。正是在这个背景下,德性伦理学获得了复兴,当代德性伦理学家在批评现代道德哲学的基础上,掀起了一场德性伦理学运动。他们认为现代道德哲学对于个人的好的生活以及这种幸福生活的获得、个人的品质、情感等的关注则比较少。古代伦理学的幸福、目的、品质、情感这些概念在现代伦理学中逐渐失去了其核心地位。因此,当代德性伦理学家们主张要回到亚里士多德,重新找回幸福、目的、品质、情感等,这些也正是现代社会中所缺失的东西。随着好生活的消失,德性的力量也正在削弱。在康德的作为外部性的正当大力发展的同时,他的德性论却被放在了被人遗忘的角落,没有受到应有的重视。面对当下这样一个德性缺失的时代,我们如何去拯救伦理学、拯救伦理生活,回到亚里士多德就真能解决问题吗?我们当下的生活世界毕竟不再是亚里士多德所生活的城邦社会,而是日趋公开化的开放的公民社会,而这种公开化的社会所需要的是社会公共规范伦理,一个拥有公正自由的权利体系的社会。但同时,我们也要注意在我们大力发展正义规则的同时,不要丢失了人的生命中最美好的东西,对德性的向往和好生活的追寻,只有灵魂的善才是人的生命中更为本质的东西。因此,对于如何统一正义和美德的问题,就成为了我们进一步深入思考的问题。

第二节 一种可能的思路:正当与德性的融合

一 为道德形而上学奠基:道德如何作为义务的基础?

为了走出康德伦理学的"义务论"和"德性论"之争,让我们重新回到康德道德哲学的思想本身。下面的论证将在康德的整个道德形而上学体系中,通过康德伦理学理论的上升与下降之路①的考察,来重新反思康德伦理学的理论旨趣。康德伦理学的上升之路主要是在《道德形而上学原理》中来完成的,康德多次强调建立道德形而上学的必要性和重要

---

① 主要参考:张传有:《康德道德哲学的上升之路与下降之路》,《道德与文明》2007 年第 6 期;张盾:《"道德政治"谱系中的卢梭、康德、马克思》,《中国社会科学》2011 年第 3 期。

性①，要在形而上学的出发点上建立道德哲学，完全先天地在纯粹理性的概念中寻找约束性的根据，即道德基础的问题。康德通过从一般道德理论上升到道德形而上学，再从道德形而上学上升到纯粹实践理性批判，最后确立了道德的最高原则——绝对命令。绝对命令的确立，表明道德的基础既不能从人类的经验本性中寻找，也不能从功用的结果中考虑，更不能从所处的不同情境来判断，否则将丧失了道德的普遍性和纯粹性。康德最后将这种绝对命令建立在人的先天的纯粹实践理性中，人只有在先验世界和本体世界中，才真正地实现了道德自由。

在这种"道德自由"状态中，人的本性已经超越了"动物性"和"理性"的层次，上升为"人格中的人性"。人区别于动物在于人的理性，人拥有理性能力，具有克服经验欲望的自由选择的独立性。这种自由选择的理性能力主要体现为自由任意（Willkür），这种能力可向善也可向恶，没有人能够规定人一定要走向善，如果是那样就不再是自由本身，而是一种外在的强制。这种理性的自由任意，是人的精神本质的第一个层次的体现。但这种理性的自由任意并不是人的本质的最终体现，虽然人的理性使人具有自由选择的能力，但在抽象和本体的意义上，只有人格中的人性使人作为"本体"和"物自体"而存在，是人的精神本质的更高层次的体现。虽然人可向善可向恶，但每个人都具有善良意志，具有向善的可能性，人一直朝向不断的道德努力和追寻人类的"永久和平"的希望之路上，人才真正地实现了自由（道德自由）。在人格的人性中，人既具有自由意志（Wille），也具有善良意志，体现了人之为人的尊严和价值所在。由此，康德从"常识道德"到"绝对命令"的上升之路中，实质是人性的上升过程，从动物性上升到理性，再由理性上升到道德人格性。

由此可见，康德在为道德进行形而上学的奠基过程中，始终是把德性作为约束性的根据或规范性的来源，为义务寻找道德基础。在康德的道德形而上学体系中，康德从道德推出义务，在纯粹实践理性的层面上，正当和德性是统一的。康德认为，能够在他的纯粹实践推理观中推出正义理论和德性理论，发展出"正当的形而上学"（《法权论》）和"德性的形而上学"（《德性论》）。无论是法权义务还是德性义务，都在康德的道德形

① ［德］康德：《道德形而上学原理》，苗力田译，上海人民出版社 2002 年版，前言；第二章。

而上学体系中，具有道德形而上学的基础。如在《道德形而上学原理》中，法权义务和德性义务共同构成了义务的主要类型。如在《道德形而上学原理》的第二部分，首次对义务进行分类，分为对自己的责任和对他人的责任；完全的责任和不完全的责任。在对绝对命令及其几个公式的论证中，一直使用由此分类产生的著名的四个义务例子。①显然，在这里，康德并没有将法权责任和德性责任作完全意义上的划分，把两者都作为一种道德责任看待。在晚期的《道德形而上学》中，法权责任（守诺责任）逐渐清晰，成为《法权论》中正义责任的主要原型；其他三种责任，共同构成《德性论》中的德性责任。虽然在《道德形而上学》中，法权责任与德性责任的界限逐渐清晰，但是康德始终还是坚持把两者都放在其道德形而上学体系中，只是正当形而上学作为道德形而上学的第一部分，而德性形而上学作为道德形而上学的第二部分。虽然在《道德形而上学》中，康德并不像在《原理》中那样强调绝对命令，法权责任并不是直接从绝对命令推出，但他还是坚持由纯粹实践理性的内在自由衍生出外在自由，试图在道德形而上学的基础上寻找正义责任的基础。康德所强调的法权和自由，并非是一种"无责任的权利和自由"，相反恰恰是一种"有责任的权利和自由"。人只有在道德上才真正是自由的，道德作为自由的基础所在，法权和正义概念来源于道德最高原则的自由概念和价值。虽然以罗尔斯所代表的现代政治自由主义者声称自己是康德义务论的发展，但在某种程度上，罗尔斯恰恰抛弃了康德的"道德形而上学"的基础，是一种经验的"非道德形而上学"的权利和正义理论，他们所强调的正义和自由缺少道德基础，最终走向一种"非道德"或"无道德"的自由。

二 道德形而上学：从正当上升到德性

康德道德哲学的下降之路早在他提出"道德形而上学"的时候，就已经预设了下降之路，即"如果能把纯粹理性原则，事先加以提高，并令人充分满意了，然后把它下降到常人的概念，这当然是值得欢迎的。也就是说，首先要把道德哲学放在形而上学的基础之上，等它站稳了脚跟之

---

① 康德的四个义务例子，即：1. 对自己的完全责任：保存生命，不应该自杀；2. 对他人的完全责任：守诺；3. 对自己的不完全责任：自我的完善；4. 对他人的不完全责任：对他人的爱与敬重。康德. 道德形而上学原理 [M]. 苗力田，译. 上海：上海人民出版社，2002：40—43；48—51.

后，再通过大众化把它普及开来"。① 康德的下降之路，主要体现在他的晚期作品中，主要是他的《道德形而上学》、《实用人类学》及法权哲学和历史哲学的文集中。而且，特别值得一提的是，在《道德形而上学》中，康德对于经验的态度有所缓和，而不像《道德形而上学原理》中那样强烈，而是更加重视这种先验的道德法则如何应用于人类学的问题②。在《法权论》和《德性论》中，康德并不像《道德形而上学原理》中主要寻找道德的最高原则，而是更多地讨论具体的法权责任和德性责任，显然康德已经很难将理性和经验分开，更多地是实践理性的最高原则如何应用到经验中的问题③。

　　《道德形而上学》中的《法权论》和《德性论》呈现的更是经验的道德世界和现实图景。康德所论证的"本体世界"更是一个先验的理性世界，而常人生活的"现象世界"更是一个经验的、理性与情感混合的复杂世界。在"本体世界"中，人性既具有向善的可能性，也具有向善的实在性和现实性。但在"现实世界"中人性恰恰不都是向善的，人类无法摆脱"根本恶"的纠缠，表现为"向恶"或非善非恶的"平庸"，在人的经验本性中的欲望、偏好及利益的诱惑下，容易动摇并失去理性的自由和独立，这恰恰是人所生活的真实的现实世界。因此可以说，这种下降并不是康德理论自身的下降，而是人性本身（人性的人格性）的下降，特别是人的动物性和理性自由选择能力充分的展现。人的理性的自由选择能力，使得人既能够向善也能够向恶，在这里，道德（德性）的约束性非常有限，康德自身也意识到仅仅具有道德自律或德性力量是不够的④，现实的生活世界特别是现代社会的公共生活领域中，恰恰需要外在的具有外在强制和相互强制的法权力量，特别是强调"惩罚"的作用。在政治生活和社会层面，法权更具有优先性。因此，康德在晚期著作中开始重视

---

　　① ［德］康德：《道德形而上学原理》，苗力田译，上海人民出版社 2002 年版，第 60 页。

　　② ［德］康德：《道德形而上学》，李秋零译，康德著作全集第 6 卷，中国人民大学出版社 2006 年版，第 224 页。

　　③ 艾伦·伍德（Allen. W. Wood）在"康德实践哲学的最后形式"（The Final Form of Kant's Practical Philosophy）中对"道德形而上学"概念的分析中，指出了这一点。他认为，康德在不同时期运用"道德形而上学"概念是具有不同意思的，特别是对于经验在道德理论中的作用是不同的。道德形而上学中，康德允许纯粹的道德原则应用于人类本性中，道德形而上学不能免除原则的应用。

　　④ 主要参考：张盾：《"道德政治"谱系中的卢梭、康德、马克思》，《中国社会科学》2011 年第 3 期；邓晓芒：《康德论道德与法的关系》，《哲学研究》2009 年第 4 期。

法权哲学和历史哲学，虽然在纯粹实践理性的层面，法权（正义）和道德保持着一定的联系，法权体现着道德自由和价值，但却出现了法权中道德中分离和独立的趋势，这对罗尔斯及其以后的契约论的发展产生了重要的影响。

总体来说，康德的正义理论还是在康德的整个道德形而上学体现和框架中，正义理论作为道德形而上学的第一部分，而德性理论是比正义理论更高的第二部分。在康德这里，人的实践的生命活动是统一的，既包括政治生活，也包括道德生活。虽然在社会的维度上，康德承认正义的优先性，但这只是一种外在自由，而在个人的维度，德性比正当具有更高的地位，人只有在德性的形而上学阶段才真正实现了人的自由。在人的实践生命活动中，人首先过一种政治的生活，通过不断地实践理性的觉解，从外在自由上升到内在自由，最后上升为德性的生活。

现代德性伦理学家对康德理解的仅仅局限于对康德的正当（法权）部分，没有看到他的德性论部分，因此他们的批评也只是集中在对"康德式的伦理学"的批判。在康德的伦理思想中，正当的形而上学仅仅是道德形而上学的第一阶段，德性的形而上学才是更高的阶段。这种德性形而上学在根本上仍然是目的论，而不是义务论。随着对康德的伦理学的重新解读，以及"康德伦理学"和"康德式伦理学"的区分，康德的目的论思想逐渐吸引了康德学者的视线，并开始关注和研究。[①]一些学者甚至提出康德的伦理思想中也存在着目的论思想，而且康德的伦理学思维在根本上是目的论的[②]。特别是对《道德形而上学》中康德提出的"同时是责任的目的"，这种目的是纯粹实践理性自身的目的，理性为自身设立的目的，具体体现为自我的完善和他人的幸福（对他人的爱和敬重）。可见，这种德性的生活不仅仅是向内发展的人的理性精神的内在品质和意志力量，而是在此基础上发展出具有公共色彩的社会美德，即对他人的爱和

---

① 当代康德学者对康德目的论思想的关注和研究：1. Christine M. Korsgaard, 1996, *Creating the Kingdom of Ends*, Cambridge: Cambridge University Press. 2. Allen. W. Wood, 1999, *Kant' Ethical Thought*, Cambrige: Cambridge University Press. 3. Paul Guyer, 1993, *Kant and the Expirience of Freedom*, Cambridge: Cambridge University Press. 4. Thomas Auxter, 1982, *Kant' Moral teleology*, Mercer: Mercer University Press. 5. John D. Mc - Farland, 1970, Kant's Concept of Teleology, Edinburgh: University of Edinburgh Press.

② 徐向东：《道德要求与现代道德哲学》，徐向东编：《美德伦理与道德要求》，江苏人民出版社 2007 年版，第 1—40 页。

敬重德性责任，康德的德性理论是面向公共政治生活的。因此，康德所描述的正义理论并不是罗尔斯的"无美德的正义理论"或"善的中立性的正义理论"，而是一种"有美德的正义理论"，康德最后还是试图寻找德性与正义的统一。在人的实践生活中，虽然正义理论具有优先性，但政治生活仅仅是德性生活的第一步，人的精神和自由本质更体现在德性生活中。

三　走向正当与德性的统一

（一）正当与德性的统一如何可能？

比起传统德性论中正当与德性相统一的包含关系，康德的特有的实践理性推理观基础上的正当与德性的整合是不同的，正当与德性以一种特有的交叉关系融合在一起。

在传统的共同体社会中，正当是与善的目的论紧密结合在一起的，公民的政治生活也是隶属于德性生活之下的，德性包含正当，正当是德性的子集，人们在成为一个有德性的人的过程中自然知道怎样的行为是正当的。另外，建立在血缘或地缘基础上的传统共同体社会中，交往的主体主要是家庭成员之间、家族之间、伙伴之间，如父子、夫妻、兄弟、朋友等。这种交往主要发生在私人生活领域，在这个领域中的交往主要是一种私人交往，维系这一交往的纽带是一种自然的情感。虽然在亚里士多德所描述的城邦共同体中，存在着某种程度的公民之间的交往，但也仅仅局限在小的城邦共同体中，这种交往关系基本上还是面对面的情况下发生的，是一种熟人之间的交往。因此可以说，在传统的共同体社会中，公共生活领域与私人生活领域是融合在一起的，并没有分离出独立的公共生活领域。

随着现代社会从传统到现代的转型，公共交往和公共领域的扩大，正当不再仅仅满足于作为德性的子集，而是从德性中分离出来，发展成为独立于德性的部分而单独存在。随着市场社会的兴起、公民社会的发展，交往逐渐突破了古代的私人领域，交往活动发生在大范围的陌生人之间，体现为陌生的公民之间的公共交往，这种交往建立在一种非血缘、非熟人的利益关系基础之上。随着这种陌生人之间公共交往的扩大，交往的领域逐渐突破私人交往领域，分离出一种独立的公共生活领域。正像哈贝马斯在《公共领域的结构转型》一书中所描绘的，"迄今为止一直局限于家庭经济的主动性和依附性冲破了家庭的藩篱，进入了公共领域……私有化的经济活动必须以依靠公众指导和监督而不断扩大的商品交换为准绳；其经济基础在自己的家庭范围之外；它们是第一次带有公共目的"。① 在康德的道德形而上学体系中，虽然政治生活与道德生活依然是一个整体的生活，但正当与德性确是以一种特殊的方式保持着联系。

显然，康德深刻地看到了从传统共同体社会到现代公民社会的社会结构和社会生活的巨大转变，认识到追求公共正义的权利体系（政治生活）和追求德性生活（德性生活）是两个不同的维度（如图11）。从横向的社会发展来看，正当具有优先的地位，正当、公正、权利和责任成为价值标准；从纵向的个体完善来看，德性占据更重要、更为根本的位置，善、幸福、品质和情感成为价值标准。我们不能用德性的标准来限定正当，同时也不能仅仅用正当的底线要求来规范德性。虽然正当作为独立的部分，成为一个与德性并列的重要部分存在。但在康德那里，人只有一种生活，政治生活和德性生活是人的实践生活的两个不同的维度，分别代表着人的公共的政治生活和私人的德性生活。

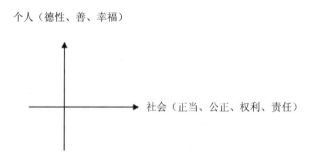

图 11

（二）友爱如何成为正当与德性的交集？

虽然正当从德性中分离出来，成为一个独立的部分存在，正当与德性的关系并不像是现代正义自由理论所理解的那样，两者只是一种全异关系，而是一种交叉关系。人的复杂的实践生活更是一个整体，在很多情况

①　［德］哈贝马斯：《公共领域的结构转型》，曹卫东等译，学林出版社1999年版。

下我们不能把德性生活和政治生活严格地分开。人既需要公共的政治生活，需要与他人的合作和竞争；同时人也需要建立在内在自由基础上的德性生活，去追求自己的自然和道德的完善。无论是德性生活或是政治生活的主角都是人自身，人游离于个人与社会之间，处理着与自身及其与他人的关系。在很多情况下，两种社会生活交织在一起、相互叠加，有着共同的交集。

康德正是看到了人的实践生活的复杂性和真实性，他一方面看到人的个体性和自由性的一面，同时也看到了人的社会性和依赖性的一面。因此，在某种意义上可以说康德既不是完全的自由主义者，也不是完全的共同体主义者。他既重视个体的内在自由的德性完善（即对自己的不完全的自然完善和道德完善德性责任），为人的个体性和自由性保有独立的自由空间；同时，他也很重视外在的公正自由的权利体系的建设（即对他人的完全的法权责任），并没有使个体完全脱离出共同体的范围，特别是康德的对他人的友爱德性在个人与他人之间起着重要的联结作用。因此我们说，政治生活和德性生活的共同的交集正是康德所说的友爱德性，友爱成为连接个人与社会的一个重要纽带（如图12）。那么，这种友爱德性如何作为沟通个人的德性生活和公共的政治生活的桥梁？

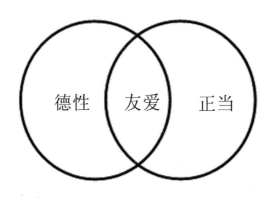

图 12

一方面，这种友爱德性的基础来自人的实践理性自身，是由人的作为力量的意志德性发展和扩充而来的对他人的德性。康德的作为力量的德性并不仅仅是一种心理式的内在性意志品质，而是具有一种广泛性、开放性和利他性，能够扩展为一种公共的、政治的对他人的友爱德性。首先，这种对他人的友爱德性具有更大的广泛性和开放性，这里的"他人"不仅仅是局限在少数的有着特殊关系的亲属或朋友之间，而是由"熟人"扩展到"陌生人"。另外，这种友爱德性是出于他爱，是一种相互之爱，具有更广泛的利他性。康德的友爱是以他人的幸福为目的，表现为对他人的爱的责任和对他人的敬重的责任。对于朋友的友爱是从不偏不倚的普遍化原理推出，而不是从自身的关系中推出。所有作为理性的、有尊严的人都平等地值得关注，我并不能因为我和自己或朋友有着特殊性的关系就更值得关注。

另一方面，这种友爱德性又作为沟通个人的德性生活和公共的政治生活的桥梁。对于社会来说，仅仅具有正义是不够的，要想建立真正公平自由的社会，还需要社会德性、公共德性作为一种重要的补充，如对陌生人的爱（行善）与敬重。在政治的法律社会中，尽管人们努力去建设更加公正的法权体系，从而去保证公民的正当的权利，但恰恰一些不公正的现象确实是由于政府的不公正的分配造成的，如贫富不均、机会不均等问题。当法权体系无能为力的时候，就需要德性的力量，培养人们对他人行善和敬重的责任，培养一种公共的、社会的友爱德性。在我们大力强调建设相对公正的法权体系或制度的同时，不要忘记了这种公民社会正是由每一个理性人组成的，因此不要忘记了人的心灵自身的建设和完善。

（三）人的实践的生命活动：政治生活和道德生活

在这种特殊的正当与德性的整合方式中，康德的道德完善的进程也是不同于传统的德性伦理学的。在康德的道德形而上学体系中，人的道德完善的过程是一个自下而上的过程，而不是一个自上而下的过程。人并不是首先进入一种更高的德性状态，成为一个有德性的人，然后成为正当的人。相反，康德正是看到了人的现实生活的复杂性，人的实践理性的发展过程是，人首先进入政治生活，成为一个正当的人，随着实践理智的觉解和发展，逐渐成为一个有德性的人。相反，亚里士多德的善的目的论的伦理学则更是一种精英式的德性生活。人首先成为一个有德性的人、通过合德性的行为获得幸福。在有德性的行为中，自然包含着怎样的行为是正当的，从而成为一个好公民。因此，亚里士多德的德性完善的过程是自上而下的。虽然康德的理论看起来很高远，但其实是对现实的公民社会的思考。康德的人的道德完善过程，更是属于每一个普遍的有理性的人。每一个有理性的人都具有善良意志，具有成为善人的可能性，人具有向善性。康德的普遍的道德法则具有更多的包容性，既包括法权责任，也包括德性责任。人首先并不能成为一个有德性的人，而是首先要遵守道德法则，通过遵守法权责任，成为一个守法的人。在这种政治生活的基础上，人逐渐发展自己的实践理智，意识到人的理性具有自主性，自我立法，逐渐上升为一种有德性的人。这也是康德的德性论在道德形而上学中的"放置"所内含的深刻的意义所在。

第三节　康德伦理学的现代意义

以上关于康德伦理学的"义务论"和"德性论"之争，不仅仅是对康德伦理思想本身的争论，争论的背后实质上是现代道德哲学与德性伦理学当代对峙的反映，主要体现为"正义"与"美德"的对立。无论是在现代道德哲学那里，还是德性伦理学那里，"正义"与"美德"似乎都是不相容的。"正义"的支持者坚持一种普遍理性主义的立场，他们高扬权利和责任的地位，而对于良善生活或德性生活，更属于个人生活，在一个正义的社会和国家里应该保持善的自由性和中立性。相反，"美德"的支持者则坚持一种特殊主义的立场，重视善目的和德性的作用，且把美德放在传统、实践和社群的特殊性中加以解释和论证①。由此，关于康德伦理学的"义务论"和"德性论"之争更是"正义论者"与"美德论者"之争的结果。以上通过对康德整个形而上学体系的考察，无论从"思想的逻辑"还是从"历史的逻辑"上，德性都是康德伦理学的核心所在。在思想的逻辑上，纯粹理性的道德自由作为道德的基础，由此衍生出法权责任和德性责任；在历史的逻辑上，人从正当走向德性。虽然正义生活具有优先性和基础性，但在康德看来，德性生活是更高的。在康德的道德形而上学体系中，正义理论和德性理论是统一的。正像奥尼尔在《康德的美德》一文中所说的，"康德的美德学说是对当代假设——正义与美德是对立——的一个更加直接的挑战，因为他设计了一种对正义和美德的普遍标

---

① 主要参考：［英］奥尼尔：《迈向正义与美德：实践推理的建构性解释》，应奇等译，东方出版社 2009 年版，第 1—12 页。

准的学说……"①

　　通过对康德伦理学思想本身的考察和核心价值的挖掘，有助于我们跳出"正义反对美德"抑或"美德反对正义"的误区，重思美德与正义、德性伦理学与规范伦理学的关系，追寻一种正义与美德相统一的观点。在现代道德哲学启蒙筹划失败和德性伦理学复兴的背景下，重思康德伦理学的思想主题和核心价值就更具有现代意义。位于传统德性伦理学与现代道德哲学转折点的康德伦理学，是伦理学主题从"善"到"正当"转变的一个重要环节。它既传承了传统的理性主义的思想资源，同时也具有现代道德哲学的特征，标志着现代道德哲学的开启。由于这种承上启下的思想地位，康德的伦理学既具有传统的理性和德性色彩，也具有现代的正当与责任特征。特别是康德的"道德的普遍性"、"人的目的与尊严"、"人的自由"等思想观念，恰恰为"现代社会"和"现代人"提供了社会正义理论和公共德性理论，这些现代法权论和德性论不仅面向个体的德性生活，更面向社会政治生活本身。康德伦理学中包含的"正义"和"法权"价值已经在现代社会确立和完善，这些价值在某种意义上已经成为现代社会的核心价值②，但其思想资源中更为根本的"自由"和"德性"价值还需要我们深入挖掘。康德伦理学为我们留下了丰富的思想资源和价值理念，既蕴含正义理论，也蕴含德性理论，更是一种"有美德的正义理论"。现代性道德困境的解决，既不是要回到传统的"有正义的美德"，也不是回到现代政治哲学的"无美德的正义"，而是一种寻求美德与正义的融合和统一。

---

　　①　欧诺拉·奥尼尔：《康德的美德》，蔡蓁译，徐向东编：《美德伦理与道德要求》，江苏人民出版社 2007 年版，第 283—301 页。

　　②　主要参考：甘绍平：《康德伦理学的历史遗产——兼论商谈伦理学与康德伦理学的内在联系》，《学术月刊》2010 年第 4 期。

结语　我们需要怎样的德性伦理学？

从当代德性伦理学者对现代道德哲学的批评可以看出，德性伦理学复兴对现代性道德困境的解决有着重要的意义，他们看到了启蒙运动以来现代性发展过程中带来的一系列问题。在以寻求普遍性规范的"普遍理性主义规范伦理"成为现代伦理学的中心主题的过程中，正当、规则、义务和责任逐渐成为道德哲学的核心。现代道德哲学关注的焦点是行为与规则。虽然他们也谈到德性，但这种德性是从行为与规则的关系中推出。由于现代普遍理性主义过于强调外在的制度性规范的建设，而忽略了现代人内在心性秩序的完善，将具有丰富的道德人格内涵的道德问题仅仅简化为一个外在的制度性规范的道德建构问题。"外在的法律与公共伦理本质上是一套抽象的普遍性规范体系，这种规范只是一种外在性的约束体系，具有无人格的特点，它的有效性最终需要落实到具有道德人格的行为主体的实践上来。"① 由于外在性普遍规范的抽象性、外在性，往往这些普遍规范失去了普遍的有效性。虽然人们制定了规范，但往往不遵守规范。同时，在当代德性伦理学对现代道德哲学猛烈批评的基础上，德性伦理学获得了很大的发展，掀起了一场德性伦理学运动。他们认为现代道德哲学对于个人的好生活以及这种幸福生活的获得、个人的品质、情感等的关注则比较少。古代伦理学的幸福、目的、品质、情感这些概念在现代伦理学中逐渐失去了其核心地位。因此，当代德性伦理学家们主张要回到亚里士多德，重新找回幸福、目的、品质、情感等。

但从另一个方面来看，这种批评是否过于严重呢？随着现代社会结构发生公共转型以来，私人生活领域与公共生活领域逐渐发生了分离，"现

---

① 李佑新：《走出现代性道德困境》，人民出版社 2006 年版，第 10 页。

代社会是一个日趋公开化的开放的社会，这种公开化的社会所需要的是社会公共规范伦理而非私人性的美德伦理"。①现代道德哲学正是在这个背景下提出的，这种正当的责任不是伦理学家发明的，而是现代社会本身需要的一种公民伦理。在这个日渐"疏离"的陌生人社会中，交往逐渐突破了古代的私人领域，交往活动不仅仅发生在具有血亲关系的熟人之间，而且扩展到大范围的陌生人之间，体现为陌生的公民之间的私人交往与公共交往。现代正义自由理论正是对"疏离"的陌生人社会的交往实践活动提供了一种正义原则，这种正义原则是人们通过公开且充分地运用理性，在公共交往与公共生活中相互提出的普遍有效性的要求。"对于现代性道德哲学的困境，我们可以去批评、修正、补充，但对其完全否定是否是恰当的？我们也应该看到，现代道德哲学（康德义务论、功利主义和契约论伦理学）积极探讨如何和平、公正地解决西方近代社会由于价值和利益多元化而产生的冲突以及建立公民社会基本规则制度的积极意义。"②对于社会而言，这种正当（法权）作为一种外在的理论，比德性更具有优先性，是德性部分的重要补充，它是社会生活、交往实践生活能够正常运行的坚实基础。只是这种现代正义自由理论在大力强调社会公正、建设权利自由体系的过程中，过度地发展了社会正当的部分，却忽略了人的心灵结构的建设问题，将两者完全地割裂开来，使得人原本整体的实践生活发生了分离，最后导致了现代性道德困境问题的产生。

本论文主要是基于以上对康德伦理学的重新理解，按照"正当与德性相融合"的思路，来对康德伦理学进行反思与重构，试图为现代性道德困境的解决提供一种可能的思路。康德伦理学不仅仅是一种义务论，而且具有更大的包容性，他的绝对命令不仅包含着正当，而且还涵盖着德性。康德的道德形而上学的思路既不像现代正义自由理论那样过分强调正当，也不像当代德性伦理理论那样过分注重德性，而是一种正当与德性相融合的思路。在康德看到正当对于公民社会的优先性的同时，他也看到了德性的作用，特别是德性的道德形而上学的基础地位。在《道德形而上学》中论述《法权论》的基础上，康德提出了《德性论》，即在他的实践推理观基础上统一了其正义理论和德性理论。康德认为，正当的形而上学

① 万俊人：《关于美德伦理学研究的几个理论问题》，《道德与文明》2008 年第 3 期。
② 陈泽环：《多元视角中的德性伦理学》，《道德与文明》2008 年第 3 期，第 32—36 页。

作为基础，而德性的形而上学则是更高、更根本的东西。正当是人的道德形而上学的第一阶段，而人只有在德性的形而上学阶段才达到真正的自由、可能更接近幸福。这种作为力量的德性，经历着从实践理性的自由选择、对于内心的道德法则的尊重、由尊重到责任到德性对责任的超越这样的历程。这种作为力量的德性，成为人的心灵中内在自由的力量，是人的实践的生命力量的展开。另外，在康德那里所强调的来自人类理性自身的"作为力量的德性"并不仅仅是一种个人的、内在心理式的意志德性，这种内在力量的德性可以扩展为一种公共德性，这种从个人到社会的桥梁就是对他人的友爱德性，即对他人的爱与敬重的结合。康德认为，在公民社会中每一个人具有实践理性的心中都具有这样的一种内在自由的力量，他们统统具有"同时是责任的目的"，即自我的完善与他人的幸福，在"伦理共同体"中共同建立人类的目的王国。

那么，对于尚未完全实现现代化的中国，在"转型社会"的关键时期，我们需要怎样的德性伦理学，是亚里士多德的品质德性还是康德的责任德性？对于这些问题的解决，我们可以借鉴西方德性伦理学研究的最新成果。但是，我们还应特别注意西方德性伦理学毕竟属于前现代和后现代的伦理学，而体现现代化要求的恰恰是备受批评的现代自由正义理论。随着现代化的发展、公共领域的扩大、公民社会的形成，更需要公民伦理思想，发展公共社会美德，加强公共理性和尊重情感的培养。因此，我们既不是选择回到亚里士多德，也不是回到康德，而是要回到社会生活本身，寻找亚里士多德与康德的对话和契合。事实上，在整个规范伦理学的体系之中，德性伦理学与规则伦理学是相辅相成、不可或缺的。社会美德与个人德性是一个问题的两个层面，在横向的层面上，即社会的层面，社会的公正或正当更具有优先性；而在纵向的层面，即个人的层面，个人的幸福或善更具有优先性。正是这两个层面——社会美德与个人德性共同构成了社会生活本身。在德性建设的过程中，我们更需要一种公共德性的培养。对于素有"德性传统"而无"公民传统"的中国而言，我们的德性建设任重道远。我们的传统文化中并不缺少德性理论资源，特别是传统的儒家伦理中蕴含着丰富的德性资源，那为什么对于转型社会的中国变得不那么适应了，造成当下道德沦丧的真正原因何在？随着公共交往的扩大，公共生活的展开，家庭逐渐边缘化，人们在公共交往与公共生活中遇到了越来越多的问题：即对待陌生人的态度问题以及对待公共生活规则的态度问题①。传统伦理学更多地告诉人们在家庭中如何与家人相处，在友人中如何与朋友相处，而不懂得如何对待素不相识的陌生人、不懂得尊重别人，更不懂得如何去帮助陌生的需要帮助的人，结果造成了一系列的、让人心痛的道德冷漠的现象。随着公共生活领域的扩展，私人交往向公共交往的转变，今日之公共交往与公共生活问题的解决，则有赖于这种公共友爱德性的培养，即对陌生人的行善和敬重德性责任。虽然传统的德性伦理学家看到了现代道德哲学的困境，对现代道德哲学展开了猛烈的批评，但显然他们的"回到亚里士多德"的口号并不能为现代性道德困境寻找一种出路。康德的道德哲学恰恰为现代公民社会提供了相应的德性理论，特别是他的公共的友爱德性论，对于当下的现代性道德困境的解决具有重要的现实意义。

---

① 廖申白，儒家伦理与今日之公共生活问题 [L]，中州学刊，2005（3）：141—145.

参考文献

一　外文文献

（一）康德著作

1. Kant. Kritik der reinen Vernunft, Hamburg: Felix Meiner Verlas, 2009.

2. Kant. Kritik der Urteilskraft, Hamburg: Felix Meiner Verlas, 2009.

3. Kant. Grundlegung zur Metaphysik der Sitten, Hamburg: Felix Meiner Verlas, 1999.

4. Kant. Metaphysische Anfangsgründe der Tugendlehre, Felix Meiner Verlas, 2009.

5. Kant. Metaphysische Anfangsgründe der Rechtslehre – Metaphysik der Sitten Erster Teil, Felix Meiner Verlas , 2009.

6. Kant. Die Religion innerhalb der Grenzen der bloßen Vernunft, 2009.

7. Kant. *Critique of Pure Reason*, trans. by Smith. London: Macmillan, 1965.

8. Kant. *Critique of Practical Reason*, trans. by Beck. London: Macmillan, 1993.

9. Kant. *Foundations of the Metaphysics of Morals*, trans. by Beck. London: Macmillan, 1959.

10. Kant. *Groundwork for the Metaphysics of Morals*, edited and translated by Wood. New Haven: Yale University, 2002.

11. Kant. *Critique of Judgment*, Trans. by Pluhar. Uniontown: Hackett, 1987.

12. Kant. *The Metaphysics of Morals*, translated and edited by Gregor, Cam-

bridge：Cambridge Press，1991.

13. Kant，（ed.）Peter Heath and J. B. Schneewind，（trans.）Peter Heath，*Lecture on ethics*，Cambridge：Cambridge University Press，1997.

（二）研究性著作

1. Beck. *A Commentary on Kant's Critique of Practical Reason*，The University of Chicago Press，1960.

2. Gregor. *Laws of Freedom*，Oxford：Blackwell，1963.

3. Gregor. *Practical Philosophy*，Cambridge：Cambridge Press，1996.

4. Allison. *Kant's Theory of Freedom*，Cambridge University Press，1990.

5. Guyer. *Kant*，Cambridge University Press，1992.

6. Guyer. *Kant on Freedom*，*Law*，*and Happiness.* Cambridge University Press，2000.

7. Wood. *Kant's Moral Religion.* Ithaca，NY：Cornell University Press，1970.

8. Wood. *Self and Narure in Kant's Philosophy.* Cambridge，MA：Harvard University Press. 1984.

9. Wood. *Kant's Ethical Thought.* New York：Cambridge University Press. 1999.

10. Wood. *Kantian Ethics*，Cambridge University Press，2008.

11. Höffe，*Immanuel Kant*，München，Beck，1983.

12. Höffe，（trans.）Christine Salazar，*Aristotle*，New York：State University of New York Press，2003.

13. Kant. Grundlegung zur Metaphysik der Sitten – Kommentar von Christoph Horn，Corinna Mieth und Nico Scarano，Frankfurt ：Suhrkamp Verlag Frankfurt am Main，2007.

14. Christine. *Creating the Kingdom of Ends.* Cambridge University Press. 1996.

15. O' Nell，*Constructions of Reason – Explorations of Kant's Practical Philosophy.* Cambridge University Press. 1989.

16. Herman. *The Practice of Moral Judgment.* Cambridge，MA：Harvard University Press. 1993.

17. Baron，*Kantian Ethics Almost Without Apology*，Cornell University Press，1999.

18. Betzler, ed. *Kant's Ethics of Virtue*, Berlin: Walter de Gruyter, 2008.

19. Sherman, *Making a Necessity of virtue —Aristotle and Kant on virtue*, Cambridge: Cambridge University Press, 1997.

20. Sedgwick, *An Introduction Kant's Groundwork of the Metaphysics of Morals*, Cambridge: Cambridge University Press, 2008.

21. Denis, *Moral Self – Regard: Duties to Oneself in Kant's Moral Theory*, Oxford: Blackwell Publishers, 1997.

22. Louden, *Kant's Impure Ethics: From Rational Beings to Human Beings*, New York: Oxford University Press, 2000.

23. Stratton – Lake, *Kant, Duty and Moral Worth*, London: Routledge, 2000.

24. O' Nell, *Acting on Principle: An Essay on Kantian Ethics*, New York: Columbia University Press, 1975.

25. Stephen Engstrom, Jennifer Whiting (ed.), *Aristotle, Kant, and Stoics—rethinking happiness and duty.*

26. Munzel, *Kant's Conception of Moral Chracter: The "Critical" Link of Morality, Anthropology, and Reflective Judgment*, Chicago and London: The University of Chicago press, 1999.

27. Baxley, *Kant's Theory of Virtue: The value of Autocracy*, Modern European Philosophy, 2010.

28. Auxter, *Kant' Moral teleology*, Mercer: Mercer University Press, 1982.

29. Mc – Farland, *Kant's Concept of Teleology*, Edinburgh: University of Edinburgh Press, 1970.

30. Hursthouse, 1999, *On Virtue Ethics*, Oxford: Oxford University Press.

31. O' Nell, "Kant' s Virtues", in Crisp (ed), *How Should One Live? Essays on the virtue*, Oxford: Clarendon Press, 1996.

32. Denis, Kant's conception of virtue, in Guyer (ed), The Cambridge Companion to Kant and Modern Philosophy, New York: Cambridge University Press, 2006.

33. Schneedwind, *Why study Kant's Ethics?* In Groundwork for the Metaphysics of Moral, ed. and tr. Wood. New Haven: Yale University Press, 2002.

34. Schneedwind, *Automomy*, *Obligation*, *and Virtue*: *An Overview of Kant's Moral Philosophy*, The Cambridge Companion to Kant, New York: Cambridge University Press, 2006.

35. Wood, *What is Kant's Ethics?* In Groundwork for the Metaphysics of Moral, ed. and tr. Wood. New Haven: Yale University Press, 2002.

36. Allen. W. Wood, "*Kant's Formulations of the moral Law*", in (ed.) Graham Bird, *A Companion to Kant*, Blackwell Publishing, 2006.

37. Allen. W. Wood, "*The Final form of Kant's Practical Philosophy*", in (ed.) Mark Timmons, *Kant's Metaphysics of Morals Interpretative Essays*, Oxford: Oxford University Press.

38. Baron, *Acting from duty*, In Groundwork for the Metaphysics of Moral, ed. and tr. Wood. New Haven: Yale University Press, 2002.

39. Allison, "*Kant's Doctrine of Obligatory Ends*", in ed. B. Sharon Byrd, Joachim Hruschka, Jan C. Joerden, Jahrbuch für Recht und Ethik (5), Berlin: Duncker & Humblot, 1997.

40. Baron, Melissa Seymour Fahmy. "*Beneficence and Other Duties of Love in The Metaphysics of Morals*", in ed. Hill, *The Blackwell Guide to Kant's Ethics*, Wiley – Blackwell, 2009.

41. Willaschek, *Why the Doctrine of Right does not belong in the metaphysics of Morality*, in (ed.) B. Sharon Byrd, Joachim Hruschka, Jan C. Joerden, Jahrbuch für Recht und Ethik (5), Berlin: Duncker & Humblot, 1997.

42. Guyer, *Kant's Deductions of the Principles of Right*, in (ed.) Mark Timmons, *Kant's Metaphysics of Morals Interpretative Essays*, Oxford: Oxford University Press.

43. Hill, *Kant on Imperfect Duty and Supererogation*, Kant – Studien, 62: 1 (1971).

44. Chishlom, *Supererogation and Offense*, Ratio, vol. (1963), p. 13; Hill, Th. E., Jr, Los Angeles, *Kant on Imperfect Duty and Supererogation*, Kant – Studien, 62: 1 (1971).

45. Eisenberg, *Basic Ethical Categories Kant's Tugendlehre*, The American Philosophical Quarterly. Vol. 3 (1966).

46. Julia Annas, *The Morality of Happiness*, Oxford: Oxford University Press, 1993.

47. Alasdair MacIntyre. *After Vitue: A Study in Moral Theory*, Indiana: University of Notre Dame Press, 1981.

48. Anscombe, "*MordernMoral Philosophy*", Philosophy, Vol. 33, No. 124 (Jan.), 1985.

49. Daniel, "*Socrates' Kantian Conception of virtue*", Journal of the History of Philosophy, 33: 3 (1995: July) p. 381.

50. Stohr, *Moral Cacophony: When Continence is a Virtue*, The Journal of Ethics, 7, 2003.

51. Johnson, "*Kant's Conception of Virtue*", in ed. B. Sharon Byrd, Joachim Hruschka, Jan C. Joerden, *Jahrbuch für Recht und Ethik* (5), Berlin: Duncker & Humblot, 1997.

52. Christoph Horn, *Kant und die Stoiker*; John M. Cooper, *Eudaimonism, the Appeal to Nature*, and "*Moral Duty*" in Stoicism.

53. Sandel, *Liberalism and the Limits of Justice*, Cambridge: Cambridge University Press, 1982.

54. Blum, *Friendship, Altruism and Morality*, London: Routledge & Kegan Paul ltd, 1980.

二 中文文献

（一）康德原著

1. ［德］康德：《纯粹理性批判》，蓝公武译，商务印书馆 1993 年版。

2. ［德］康德：《纯粹理性批判》，韦卓民译，华中师范大学出版社 1993 年版。

3. ［德］康德：《纯粹理性批判》，邓晓芒译，人民出版社 2004 年版。

4. ［德］康德：《实践理性批判》，邓晓芒译，人民出版社 2003 年版。

5. ［德］康德：《实践理性批判》，关文运译，广西师范大学出版社 2002 年版。

6. ［德］康德：《实践理性批判》，韩水法译，商务印书馆 1999 年版。

7. ［德］康德：《判断力批判上卷》，宗白华译，商务印书馆 1985 年版。

8. ［德］康德：《判断力批判下卷》，韦卓民译，商务印书馆 1985 年版。

9. ［德］康德：《道德形而上学原理》，苗力田译，上海人民出版社 1982
年版。

10. ［德］康德：《道德形而上学原理》，李明辉译，联经出版社 1994 年版。

11. ［德］康德：《单纯理性限度内的宗教》，李秋零译，中国人民大学出
版社 2003 年版。

12. ［德］康德：《道德形而上学》，康德著作全集第 6 卷，李秋零译，中
国人民大学出版社 2006 年版。

13. ［德］康德：《法的形而上学原理》，沈叔平译，商务印书馆 1997 年版。

14. ［德］康德：《实用人类学》，邓晓芒译，重庆出版社 1987 年版。

15. ［德］康德：《历史理性批判文集》，何兆武译，商务印书馆 1996
年版。

16. ［德］康德：《未来形而上学导论》，庞景仁译，商务印书馆 1997
年版。

17. ［德］康德：《康德书信白封》，李秋零译，上海人民出版社 1992
年版。

18. ［德］康德：《康德的道德哲学》，牟宗三译，西北大学出版社 2008
年版。

（二）研究性著作

19. ［美］阿利森：《康德的自由理论》，陈虎平译，辽宁教育出版社
2001 年版。

20. ［日］安倍能成：《康德实践哲学》，于凤梧、王宏文译，福建人民出
版社 1984 年版。

21. ［美］罗尔斯：《道德哲学史讲义》，张国清译，上海三联书店 2003
年版。

22. ［英］奥尼尔：《迈向正义与美德：实践推理的建构性解释》，应奇等
译，东方出版社 2009 年版。

23. ［美］赫尔曼：《道德判断的实践》，陈虎平译，东方出版社 2006
年版。

24. ［德］赫费：《康德：生平、著作与影响》，郑伊倩译，人民出版社
2007 年版。

25. ［美］马尔霍兰：《康德的权利体系》，赵明、黄涛译，商务印书馆
2011 年版。

26. ［美］墨菲：《康德：权利哲学》，吴彦译，中国法制出版社 2010 年版。

27. ［美］阿伦特、罗纳德·贝纳尔编：曹明、苏婉儿译，上海人民出版社 2013 年版。

28. ［美］博格：《康德、罗尔斯与全球正义》，刘莘、徐向东等译，上海译文出版社 2011 年版。

29. 郑昕：《康德学述》，商务印书馆 1984 年版。

30. 杨祖陶、邓晓芒：《康德（纯粹理性批判）指要》，湖南教育出版社 1996 年版。

31. 李泽厚：《批判哲学的批判——康德述评》，人民出版社 1984 年版。

32. 邓晓芒：《康德哲学讲演录》，广西师范大学出版社 2005 年版。

33. 邓晓芒：《康德哲学诸问题》，三联书店 2006 年版。

34. 张志伟：《康德的道德世界观》，中国人民大学出版社 1995 年版。

35. 李蜀人：《道德王国的重建——康德道德哲学研究》，中国社会科学出版社 2005 年版。

36. 李梅：《权利与正义：康德政治哲学研究》，社会科学文献出版社 2000 年版。

37. 黄裕生：《真理与自由——康德哲学的存在论阐释》，江苏人民出版社 2002 年版。

38. 靳凤林：《道德法则的守护神——伊曼努尔·康德》，河北大学出版社 2005 年版。

39. 徐向东：《道德哲学与实践理性》，商务印书馆 2006 年版。

40. 徐向东：《自我、他人与道德——道德哲学导论》，商务印书馆 2007 年版。

41. 卢雪昆：《意志与自由——康德道德哲学研究》，文史哲出版社 1986 年版。

42. 徐向东编：《美德伦理与道德要求》，江苏人民出版社 2007 年版。

43. 赵广明：《康德的信仰——康德的自由、自然和上帝理念批评》，江苏人民出版社 2008 年版。

44. 潘卫红：《康德的先验想象力研究》，中国社会科学出版社 2007 年版。

45. 卢春红：《情感与时间——康德共同感问题研究》，上海三联书店

2007 年版。

46. 刘睿:《康德尊严学说及其现实启迪》,中国社会科学出版社 2013 年版。

(三)其他文献

47. [古希腊]柏拉图:《理想国》,郭斌和、张竹明译,商务印书馆 2002 年版。

48. [古希腊] 亚里士多德:《尼各马可伦理学》,廖申白译,商务印书馆 2004 年版。

49. [英] 休谟:《人性论》,关文运译,商务出版社 1980 年版。

50. [英] 休谟:《道德原则研究》,曾晓平译,商务出版社 2001 年版。

51. [德] 叔本华:《伦理学的两个基本问题》,任立译,商务出版社 1996 年版。

52. [德] 黑格尔:《法哲学原理》,范扬译,商务印书馆 1961 年版。

53. [德] 黑格尔:《哲学史讲演录(四卷本)》,贺麟、王太庆译,商务印书馆 1981 年版。

54. [德] 黑格尔:《精神现象学(上卷、下卷)》,贺麟、王玖兴译,商务印书馆 1997 年版。

55. [美] 麦金太尔:《追寻美德——伦理理论研究》,宋继杰译,译林出版社 2003 年版。

56. [美] 约翰·罗尔斯:《正义论(修订版)》,何怀宏、何包钢、廖申白译,中国社会科学出版社 2010 年版。

57. [美] 罗尔斯:《道德哲学史讲义》,张国清译,上海三联书店 2003 年版。

58. [美] 罗尔斯:《政治自由主义》,万俊人译,译林出版社 2000 年版。

59. [德] 哈贝马斯:《公共领域的结构转型》,曹卫东译,学林出版社 1999 年版。

60. [美] 努斯鲍曼:《善的脆弱性——古希腊悲剧和哲学中的运气与伦理》,徐向东、陆萌译,译林出版社 2007 年版。

61. [美] 科尔斯戈德:《规范性的来源》,杨顺利译,上海译文出版社 2010 年版。

62. [美] 施密特:《启蒙运动与现代性——18 世纪与 20 世纪的对话》,徐向东、卢华萍译,上海人民出版社 2005 年版。

63. 徐向东编：《美德伦理与道德要求》，江苏人民出版社 2007 年版。

64. 廖申白：《伦理学概论》，北京师范大学出版社 2009 年版。

65. 廖申白：《交往生活的公共性转变》，北京师范大学出版社 2007 年版。

66. 晏辉：《公共生活与公民伦理》，北京师范大学出版社 2007 年版。

67. 贾新奇：《公民伦理教育的基础与方法》，北京大学出版社 2007 年版。

68. 何怀宏：《底线伦理》，辽宁人民出版社 1998 年版。

69. 汪晖：《文化与公共性》，生活·读书·新知三联书店 2005 年版。

70. 李佑新：《走出现代性道德困境》，人民出版社 2006 年版。

71. 詹世友：《公义与公器——正义论视域中的公共伦理学》，人民出版社 2006 年版。

72. 宋希仁：《西方伦理思想史》，中国人民大学出版社 2004 年版。

73. 高国希：《道德哲学》，复旦大学出版社 2005 年版。

74. 陈真：《当代西方规范伦理学》，南京师范大学出版社 2006 年版。

75. 高全喜：《西方法哲学演讲录》，中国人民大学出版社 2007 年版。

76. 杨河、邓安庆：《康德黑格尔哲学在中国》，首都师范大学出版社 2002 年版。

77. 李义天：《美德伦理学与道德多样性》，中央编译出版社 2012 年版。

78. 赵永刚：《美德伦理学：作为一种道德类型的独立性》，湖北师范大学出版社 2011 年版。

（四）中文论文

79. 邓晓芒：《康德道德哲学的三个层次——〈道德形而上学基础〉述评》，《云南大学学报（社会科学版）》2004 年第 4 期。

80. 邓晓芒：《康德道德哲学详解》，《西安交通大学学报（社会科学版）》2005 年第 5 期。

81. 邓晓芒：《康德论道德与法的关系》，《哲学研究》2009 年第 4 期。

82. 苗力田：《德性就是力量——从自主到自律》，转引自康德：《道德形而上学原理》，苗力田译，上海人民出版社 2002 年版。

83. 陈嘉明：《康德哲学的基础主义》，《南京大学学报（哲学·人文学科·社会科学)》2004 年第 3 期。

84. 叶秀山：《康德之"启蒙"观念及批判哲学》，《中国社会科学》2004

年第 5 期。

85. 张盾：《从启蒙运动看康德先验伦理学的动机》，《吉林大学社会科学学报》2003 年第 4 期。

86. 张盾：《现代性问题图景中的康德先验伦理学》，《学术月刊》2003 年第 6 期。

87. 张盾：《"道德政治"谱系中的卢梭、康德、马克思》，《中国社会科学》2011 年第 3 期。

88. 张传有、张清：《康德伦理学的当代复兴——西方康德伦理学的研究述评》，《湘潭大学学报（哲学社会科学版）》2005 年第 3 期。

89. 张传有：《康德道德哲学中的准则概念》，《西北师大学报（社会科学版）》2004 年第 6 期。

90. 张传有：《亚里士多德伦理学与现代德性伦理学的建构》，《社会科学》2009 年第 7 期。

91. 张传有：《康德道德哲学的上升之路与下降之路》，《道德与文明》2007 年第 6 期。

92. 俞吾金：《一个被遮蔽了的"康德问题"——康德对"两种实践"的区分及当代意义》，《复旦学报（社会科学版）》2003 年第 1 期。

93. 韩水法：《论康德批判的形而上学》，《哲学研究》2003 年第 5 期。

94. 廖申白：《对伦理学历史演变轨迹的一种概述》，《道德与文明》2007 年第 2 期。

95. 廖申白：《德性伦理学：内在的观点与外在的观点——一份临时提纲》，《道德与文明》2010 年第 6 期。

96. 晏辉：《从行动者到行动——伦理主题的现代转换及其问题》，《哲学动态》2010 年第 1 期。

97. 龚群：《德性伦理学的特征与维度》，《道德与文明》2009 年第 3 期。

98. 陈泽环：《多元视角中的德性伦理学》，《道德与文明》2008 年第 3 期。

99. 高国希：《德性的结构》，《道德与文明》2008 年第 3 期。

100. 高国希：《当代西方的德性伦理学运动》，《哲学动态》2004 年第 5 期。

101. 高国希：《康德的德性理论》，《道德与文明》2009 年第 3 期。

102. 詹世友：《康德的美德伦理及其内在困境》，《天津社会科学》2009

年第 1 期。

103. 万俊人：《关于美德伦理学研究的几个理论问题》，《道德与文明》
2008 年第 3 期。

104. 马永翔：《一种综合的良品伦理学体系的建构及其局限——评廖申
白教授的〈伦理学概论〉》，《道德与文明》2011 年第 1 期。

105. 刘玮：《亚里士多德与当代德性伦理学》，《哲学研究》2008 年第
12 期。